Python自然语言处理入门

人工智能·机器学习中的文本分析技术

[日] 赤石雅典　江泽美保 著　陈欢 译

·北京·

内 容 提 要

《Python 自然语言处理入门》是一本使用 Python 解释在人工智能领域备受关注的自然语言分析方法的入门书，内容涵盖"检索技术""实体提取""关系提取""语素分析"和"评估 / 情感 / 概念分析"等自然语言处理中的常用知识，同时对传统技术和引入了 AI 新技术的特点作了对比。全书以一线 AI 工程师的实际项目经验为后盾，对自然语言处理的要点进行了归纳总结，并介绍了使用 Python 程序、API、商业服务（IBM Watson）和 OSS（MeCab / Elasticsearch / Word2Vec）等进行自然语言处理的实用方法，在最后一章中，还介绍了 BERT 的相关内容，特别适合想学习自然语言处理的理工科学生和人工智能工程师进行参考和学习。

图书在版编目（CIP）数据

Python 自然语言处理入门 / (日) 赤石雅典 , (日) 江泽美保 ; 陈欢译 . — 北京 : 中国水利水电出版社 , 2022.1

ISBN 978-7-5170-9829-4

Ⅰ . ① P… Ⅱ . ①赤… ②江… ③陈… Ⅲ . ①软件工具 – 程序设计 Ⅳ . ① TP311.561

中国版本图书馆 CIP 数据核字 (2021) 第 163262 号

北京市版权局著作权合同登记号　图字:01-2021-3678

現場で使える！ Python 自然言語処理入門
(Genba de Tsukaeru! Python Shizengengo Shori Nyumon: 4268-5)

书　　名	Python 自然语言处理入门 Python ZIRAN YUYAN CHULI RUMEN
作　　者	[日] 赤石雅典　江泽美保　著
译　　者	陈欢　译
出版发行	中国水利水电出版社 （北京市海淀区玉渊潭南路 1 号 D 座 100038） 网址：www.waterpub.com.cn E-mail：zhiboshangshu@163.com 电话：(010)62572966-2205/2266/2201（营销中心）
经　　售	北京科水图书销售中心（零售） 电话：(010)88383994、63202643、68545874 全国各地新华书店和相关出版物销售网点
排　　版	北京智博尚书文化传媒有限公司
印　　刷	北京富博印刷有限公司
规　　格	148mm×210mm　32 开本　11.25 印张　334 千字
版　　次	2022 年 1 月第 1 版　2022 年 1 月第 1 次印刷
印　　数	0001—4000 册
定　　价	99.80 元

PREFACE

前言

本书的撰写——缘起

以"文本挖掘"一词为代表，文本分析技术有着悠久的历史，在这个过程中取得了各种各样的成果。近年来也出现了将人工智能技术运用于文本分析的趋势。因此，编写一本俯瞰传统文本分析技术和引入AI技术的新型文本分析技术书籍的想法，就成了本书诞生的缘由。

幸运的是，因为工作关系，笔者参与了很多利用IBM Watson进行文本分析的项目，而且通过在金泽工业大学研究生院讲课的经历，进一步加深了对开源项目OSS文本分析技术的理解。

在对这两方面的技术有所了解之后，笔者对这两种技术之间相通的部分及各自独特的部分有了自己的理解。"如果利用笔者的这些经历和知识，将其总结为一本书，相信一定会为广大读者提供具有实用价值的信息"，这便成了笔者编写本书的首要目的。

Jupyter Notebook + Python

在具体的编写过程中，脑海中最常出现的就是封面上的那句"现场使用！"标语。为了实现这一口号，本书中除了图形界面工具的使用部分以外，所有章节中的练习都支持Jupyter Notebook。因此，在导入必要的第三方软件库后，在Jupyter Notebook的Python中只需反复按Shift+Enter组合键，即可得到与本书中完全相同的执行结果。

像这样有意识地进行写作后，笔者发现本书中所涉及的几乎所有的文本分析相关的工具都提供了对Python API的支持，大部分都可以通过Jupyter Notebook+Python的方式来完成。而且，对于没学过Python或者虽然在用Python但是没用过Jupyter Notebook的读者，笔者也强烈建议一定要借此机会掌握这两个工具的运用方法。不仅仅是在文本分析领域，还有其他各种各样的人工智能任务，如果读者学会通过这两个工具对它们进行简单的实现，那么这个世界一定会发生翻天覆地的变化。

合著者

本书是笔者的第三本书，却是第一次迎接“合作编写”的挑战。这次有幸邀请到已经出版过其他有关Watson书籍的江泽美保先生来共同参与本书的编写。

拜托给江泽先生编写的是与其前作相同的Watson系统功能的部分（第4章的大部分内容）。江泽先生对Watson各项服务的细微功能有着很好的理解，正因为如此，本书才得以将较新的Watson功能囊括在内。笔者相信这是一本网罗性非常强的书。借此机会，请允许我向江泽先生表示由衷的感谢。

注意点

在本书中，有几处标为“※”（注意点）的专栏部分。虽然这些专栏看上去有些跑题，但是这些都是笔者在实际项目中总结出来的经验，而且很少在产品手册中能找到。而这些正是“真正能够推进人工智能项目顺利开发的前提”，是笔者总结出来的精华部分，请一定要认真对待。

这些信息对中级以上的读者也很有帮助，所以请务必牢记这里交代的内容，顺利完成文本分析项目的开发任务。

BERT

人工智能技术的发展日新月异。虽然在本书的筹划阶段准备将第5章中讲解的文本分析技术Word2Vec作为本书的一大卖点，但是在正式编写本书前，BERT（Bidirectional Encoder Representations from Transformers）这一更为新颖的技术就发布了。当时由于这项技术仍然处于发展之中，本书未能将相应的练习内容包含进来，但最后还是对这项技术最为核心的概念部分进行了浅显易懂的讲解。关于这部分内容，也请读者多多参考。

如果读者能够运用本书中的内容，解决实际开发中遇到的文本分析技术方面的难题，作为作者我将非常高兴。

最后祝愿广大读者学习顺利，马到功成！

赤石雅典

Target audience

本书的阅读对象

本书的阅读对象是希望学习使用人工智能技术进行自然语言处理的理工科学生、研究人员，以及希望尝试编写自然语言处理软件的工程师。

Structure

本书的结构

本书共分为5章。

第1章分别从用户和软件工程师两方面的角度对文本分析技术的概要知识进行讲解。

第2章主要对文本分析中的任务、实际的分析手段等具体的应用方法进行讲解。

第3章从人工智能技术高速发展前所使用的文本分析手段开始，对利用MeCab、Elasticsearch等开源项目的方法进行讲解。

第4章是对利用IBM公司的Watson API技术进行文本分析的方法进行讲解。

第5章主要讲解使用Word2Vec这一开源项目进行分析的方法，并对非常热门的BERT相关知识进行了讲解。

About the Sample

本书示例程序及其执行环境

● 本书示例的执行环境

本书从第1章到第5章的示例代码在如下环境中经过测试，可以成功执行。

表1　本书示例程序的执行环境

OS	macOS Mojave 10.14.6
Python	3.7.3
bash	3.2.57(1)-release
Xcode Command Line Tools	10.3.0.0.1
JDK	jdk-13.0.1_osx-x64_bin.dmg
Google Chrome	78.0.3904.70
Homebrew	2.1.15
以下用Homebrew管理	
cabocha	0.69
crf++	0.58
curl	7.66.0
graphviz	2.42.2
git	2.23.0_1
openssl	1.1 1.1.1
mecab	0.996
mecab-ipadic	2.7.0-20070801
wget	1.20.3_1
Anaconda（安装程序）	Anaconda3-2019.10-MacOSX-x86_64.pkg
以下用Anaconda管理	
keras	2.2.4
tika	1.19
beautifulsoup4	4.8.0
requests	2.22.0
sparqlwrapper	1.8.2
pip	19.2.3
以下用pip管理	
cabocha	0.1.4
cabocha-python	0.69
elasticsearch	7.0.5
gensim	3.8.1
ibm-watson	4.0.1
janome	0.3.10
mecab-python3	0.996.2
naruhodo	0.2.9
pydotplus	2.0.2
wikipedia	1.4.0

本书配套文件的下载

本书中所介绍的Python示例文件，可通过下面的方式下载。

（1）扫描右侧的二维码，或在微信公众号中直接搜索“人人都是程序猿”，关注后输入ziranyuyan并发送到公众号后台，即可获取资源下载链接。

（2）将链接复制到计算机浏览器的地址中，按Enter键即可下载资源。注意，在手机中不能下载，只能通过计算机浏览器下载。

（3）如果对本书有什么意见或建议，请直接将信息反馈到2096558364@QQ.com邮箱，我们将根据你的意见或建议及时做出调整。

关于配套文件中数据的著作权

本书配套文件中数据的著作权是根据如下许可协议提供的。

- 配套文件数据：Apache License 2.0

本书配套文件数据的著作权归作者所有。请读者在遵守上述许可协议的前提下使用。

关于第4.3节和第4.5节使用的日本环境省数据的著作权

本书第4.3节和第4.5节中使用的日本环境省（环保部）数据，是根据环境省的主页中所记载的内容使用条款创建和运用的。

- 关于日本环境省主页内容的使用

URL https://www.env.go.jp/mail.html

免责声明

本书及配套文件中的内容是基于截至2019年11月的相关法律。

本书及配套文件中所记载的URL可能在未提前通知的情况下发生变更。

本书及配套文件中提供的信息虽然在本书出版时力争做到描述准确，但无论是作者本人还是出版商都对本书的内容不作任何保证，也不对读者基于本书的示例或内容所进行的任何操作承担任何责任。

本书及配套文件中所记载的公司名称、产品名称都源自各个公司所有的商标和注册商标。

本书中所刊登的示例程序、脚本代码、执行结果及屏幕图像都是基于经过特定设置的环境中所重现的参考示例。

●关于著作权

翔泳社编辑部

目录

CHAPTER 1

文本分析

在本章中，我们将对“什么是文本分析”进行概要性说明。无论什么技术，通常都有以下两个不同的侧重面，我们在运用技术的同时也应当对其加以注意。一个是**从使用者的角度看，这一技术能够解决什么问题**这一用户视角，通常也被称为**用例（Usecase）**；另一个是**这一技术的内部具体是运用哪些关键技术来实现的**这一工程师视角。

因此，在本章的第1.1节中，将从用户角度对文本分析数据的特点进行讲解。在本章的第1.2节中，将以工程师视角对文本分析中的技术要点进行说明。

1.1 文本分析的目的

究竟为什么需要对文本进行分析呢？其实归根到底就在于，通过这一处理，我们可以找到和发现所需要的信息。本节将通过具体的用例对这两点的具体含义进行讲解。

1.1.1 结构化数据与非结构化数据

本书是一本以文本分析为主题的图书。那么，究竟什么是文本分析呢？在对这个问题进行说明前，我们需要弄清楚结构化数据与非结构化数据之间的差别。

所谓结构化数据，是指类似身高 167（cm）、体重 60（kg）、性别男性等这样可作为数据库项目进行表示的数据，如图 1.1.1 所示。对于计算机来说，处理结构化数据是手到擒来的事情，因此对这类数据库项目的数据进行分析处理是非常简单的事情[※1]。

但是，在计算机所收集的信息中，并非所有的信息都是以这样易于处理的形式存在的。例如，对如下句子的处理。

山田太郎（男性 58 岁）今年健康检查的结果是身高 167cm、体重 60kg。

如果由人类来读这句话，可以很简单地从中提取出与前述相同的结构化数据信息，但是如果直接将这句话交给计算机处理，则无法完成相同的处理。因此，这里我们就需要使用被称为数据标注的文本分析技术。

以上这个问题中最本质的问题实际上在于原始数据的格式是不固定的，即是以被称为自然语言的形式保存的数据。对于这类数据，我们称其为非结构化数据。

※1 例如，收集 10000 人的数据，并分析得到“男性的平均身高为 170cm”“身高的最大值为 205cm”等统计数据。一旦能够以结构化数据的形式获取信息，使用计算机对其进行处理是可以瞬间完成的事情。

非结构化数据
山田太郎(男性58 岁)今年健康检查的结果是身高167cm、体重60kg。
难以使用计算机进行处理
标注处理
结构化数据
姓名 : 山田太郎
身高(cm) : 167
体重(kg) : 60
性别 : 男性
年龄(岁) : 58
使用计算机进行处理很方便

图 1.1.1 结构化数据和非结构化数据

除了文本数据以外，比较典型的非结构化数据还有图像数据和声音数据等。相信大家都知道，随着人工智能技术的发展，包括文本数据在内的非结构化数据日益成为引人关注的分析对象数据。

以上述这三类数据为代表的非结构化数据，据说无论是在企业还是在社会中，都占据了所存储全部数字化数据的八成以上。然而，由于分析这类数据非常麻烦，虽然存储了大量的数据却很难让这些数据发挥出真正的作用。

在人工智能技术的驱动下，对这类数据的分析处理也逐渐成为可能，其中最为重要的一项技术就是所谓的文本分析技术。

那么，能够使计算机实现对这类非结构化数据进行分析处理的文本分析技术，从商业应用的角度上看，究竟能为我们带来怎样的效果呢？笔者认为，可以将其高度地概括为查找和发现这两点用途。下面将通过具体的案例分别对这两点用途进行说明。

1.1.2 查找

第一点用途是从大量的检索对象数据中，挑选出满足特定条件的数据，以达到解决某种业务问题的目的。这种功能的支持技术被称为搜索，通常是由搜索引擎这类软件实现的。

服务工程师的使用手册检索

下面让我们思考某种产品的服务工程师所面临的业务问题，如图 1.1.2 所示。假设现接到客户的产品故障报告要去现场解决，到达现场后需要根据出现故障的现象(故障的状态、错误信息提示等)判断引起故障的具体原因，并采取相应的对策。如果是经验丰富的工程师，过去遇到的所有问题都已装在脑子里，或许能立即分析出故障的原因；如果是经验较少的工程师，或者经验丰富但从未处理过产品中类似故障的工程师，很可能就无法消除故障。

按照以往的做法，通常都是根据产品的维修手册来解决故障问题，但是要带着每次发布新产品后都会变得更厚的维修手册去现场翻阅，显然是不太实际的，而且从又厚又重的手册中查找需要的信息也绝非易事。在这种情况下，如果能根据故障的现象、错误信息的编码、产品名称等线索，从手册中迅速找到对应的内容就再好不过了。

图 1.1.2　服务工程师的手册检索

帮助台业务中的信息搜索

下面是另一个结合非结构化数据——声音数据实现信息搜索的应用案例，如图 1.1.3 所示。

在帮助台业务中，接到客户咨询电话的接线员通过对客户的提问进行复述，将这一复述的声音交给实时语音识别模块进行处理，将其自动转换成文本信息；然后，系统再将这一文本信息作为关键字，在帮助台业务专用的数据库中搜索相关信息。这样接线员就能在与客户对话的过程中获取相关的产品支持信息，从而提高自身的服务质量。

在专心与客户对话的同时，希望能迅速找到所需的参考信息。

业务手册指南

术语集

图 1.1.3　帮助台业务中的信息检索

1.1.3　发现

我们在第1.1.2小节中所介绍的“查找”实际上就是基于“检索”这一已有技术的应用。而与之相比，实现难度更高、效果更好的就是发现这一应用——从作为处理对象的文本数据中提取特定的信息，然后以提取的信息为线索进行分析来看是否能发现新的知识。

下面将通过两个具体的案例进行讲解。

获取产品的相关反馈并运用于新的项目开发

假设现有一位负责企业产品策划的负责人，这位负责人的职责是对产品进行改进，并为新产品策划方案，如图1.1.4所示。实际上，如今产品策划中所需要的参考资料无处不在。例如，Twitter等社交媒体中的评论、客户发给公司的反馈邮件、来自代理商或者直销店的反馈信息等。但这些信息几乎全都是非结构化数据。而且，在一定情况下，作为母公司所收集到的原始数据数量几乎都是极为庞大的。

如果能够从这些数量庞大的原始数据中高效地提取出具有参考价值的信息，那么可以肯定地讲，这些信息对于产品的改进和新产品的策划是具有非常重要的意义的。

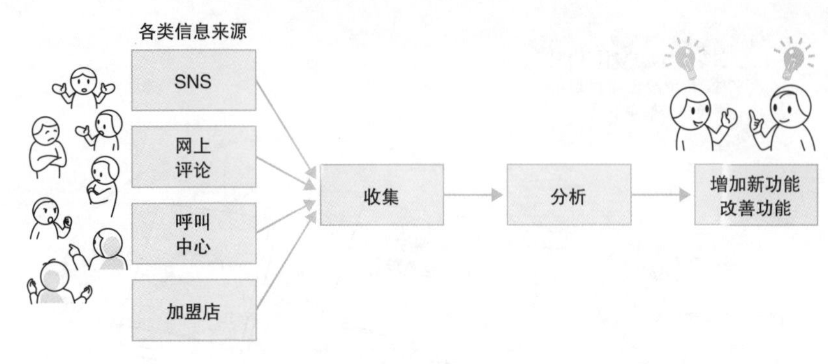

图 1.1.4　将与产品相关的反馈信息运用于新的策划方案中

从客户投诉中发现特定产品的缺陷

某家企业的呼叫中心以每次通话为单位，将客服通话内容的概要进行了记录，如图1.1.5所示，然后从这一记录中将对象产品、故障部位等信息提取出来，并稍后对其进行了统计，发现只有那些刚刚出货的新型计算机产品中特定配件（声卡）出现故障的概率较高。

根据这一发现，该企业便可以对制造流程进行重新审核，在问题变得难以收拾前对计算机的质量进行改善。这一切并非只是设想，而是已经有成功案例了。

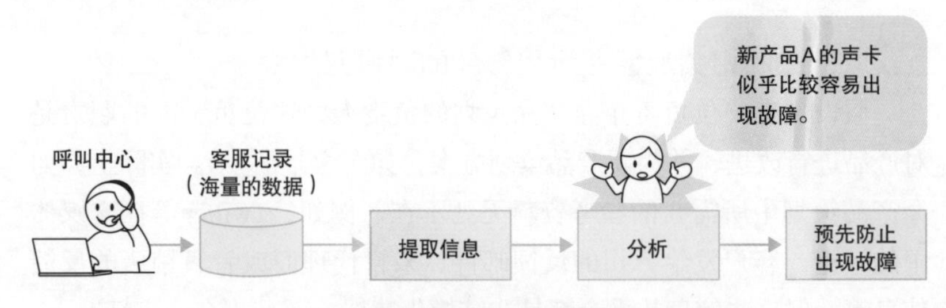

图 1.1.5　从客户投诉意见中发现特定产品的缺陷

类似这样的应用方式，以前被称为文本挖掘。从到目前为止的讲解中我们可以知道，要进行文本挖掘处理，从庞大的对象文档中将我们所关注的部分（单词、句子等）抽取出来的功能是至关重要的。这一功能也被称为数据标注，是文本分析中非常重要的技术之一。

接下来，我们将介绍文本分析中所运用的各种技术，其目的基本上都可以归为上面所介绍的两个用途中的一个。如果在阅读本书的过程中能够意识到这一点，就能把每一项技术与它的应用场景更好地对应起来，也就更容易将这些抽象的技术变得实用化。

1.2 文本分析的基本技术

为了实现文本分析处理，我们就需要从寻找单词的切分方法这一微观层面的分析开始，到对数量庞大的文档进行整体性的统计分析，并从中总结出观点等宏观层面的分析为止，将各种各样的技术加以综合运用。

在本节中，我们将展示文本分析技术的俯瞰图，如图 1.2.1 所示。通过这张图，今后我们在学习文本分析的时候，就能对自己正在学习哪部分的知识一目了然。

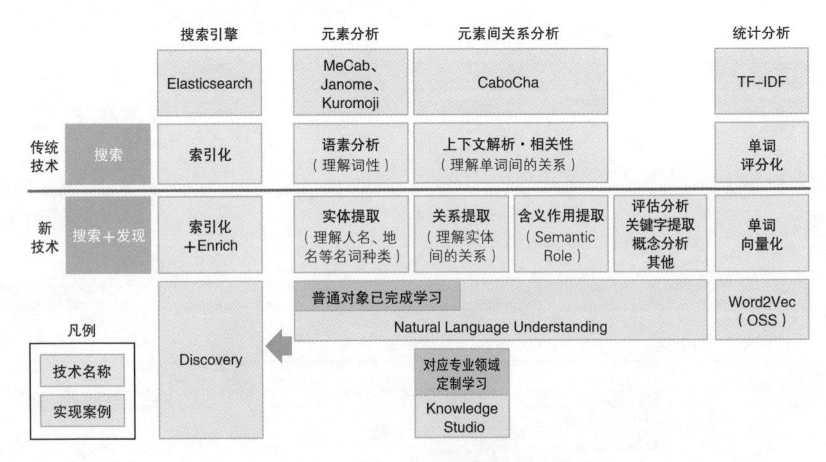

图 1.2.1　文本分析技术的俯瞰图

1.2.1　文本分析技术的全貌

首先看图 1.2.1。这张图展示的是文本分析中重要技术点的概览。

下面将先对其纵轴进行说明。

从总体上看，纵向上的内容是由一根粗线分隔的。其中，粗线上方是文本分析领域中所使用的传统技术；粗线下方列举的是最近十年由于人工智能技术的发展所产生的新型技术。列在粗线下方的新型技术与目前各大公司提供云服务的API是对应的。在本书中，对于这些技术的具体实现，将主要以IBM公司提供的云服务为中心进行介绍，因为IBM的云服务所涵盖的功能范围是较广的。

此外，在粗线下方的新技术中，唯一由开源软件社区提供的技术是Word2Vec。这一技术最早发布于2014年，由于其应用方便且应用范围广泛，因此很多文本分析服务的内部实现都在使用它。

接下来是对横轴部分的说明。

如果从我们在第1.1节中所介绍的应用案例之间的关联角度上讲，查找所对应的是图1.2.1最左边的被称为搜索引擎的技术。

对于应用案例发现而言，被称为数据标注的技术是必不可少的。对应到图1.2.1中就是元素分析和元素间关系分析这两列。

而位于最右边的统计分析则属于比较特殊的领域。使用这一技术的目的是对单词的特性进行调查，因此需要使用对作为分析对象的文档整体进行运用的方法。刚才我们介绍的新技术Word2Vec也采用了与这一思路非常接近的实现技术，因此我们将其放在这一列中展示。

1.2.2 基于文本分析技术的本书结构分析

本书的结构也同样是基于图1.2.1构建而成的。下面我们将对每章的内容进行简要地介绍。

第2章

对于从现在开始着手学习文本分析技术的读者来说，有两个问题是无法回避的。一个是作为分析对象用的文本数据获取方法；另一个是语素分析（使用有意义的单词对日文文章进行分割的技术）。

关于这两个问题，虽然它们并非文本分析技术本身，但是作为必要的技术前提，我们将在第2章中对其进行详细的讲解。

第3章

在第3章中，我们将对粗线上方的传统技术进行集中介绍。

对于搜索引擎技术的具体实现，我们将对近来比较常用的开放源码搜索引擎Elasticsearch进行介绍。为了在Elasticsearch中实现对日文文章的处理，就需要使用kuromoji进行语素分析处理。因此，我们还会对在Elasticsearch中使用kuromoji的方法进行说明。

此外，为了对作为传统技术之一的相关性进行说明，我们采用了CaboCha作为具体的示例。然后，我们对用于决定搜索结果显示顺序的指标“评分”的实现算法之一TF-IDF的相关知识进行了讲解。

第4章

在第4章中，我们将对IBM公司所提供的商用API服务Watson API的功能进行介绍。其中具体涉及的内容包括NLU (Natural Language Understanding)、Knowledge Studio和Discovery。

如果从功能上划分，实现数据标注处理的是NLU和Knowledge Studio模块，而实现搜索引擎对应功能的则是Discovery模块。

第5章

在第5章中，我们将对颇受关注的Word2Vec及其关联技术进行讲解。此外，我们还提供了简单的尝试练习，希望大家通过这些具体的练习来加强对Word2Vec技术的理解。

不知道读者有没有听说过BERT这个词？ BERT是Google公司于2018年10月发布的关于文本分析的技术名称，这是一项有可能彻底改变传统文本分析世界的突破性技术。但是由于这项技术刚刚公布不久，目前还无法进行实际地尝试练习。不过，我们在本书第5.5节中对这项技术进行了尽可能通俗易懂的讲解，谨供大家参考。

CHAPTER 2

日语文本分析：预处理的要点

在实现文本分析的过程中，我们需要先完成包括文本数据的获取、语素分析、字典的准备等处理工作，这些都是在进行实际分析前必须完成的大量预处理任务，而且其中有很多都是日语所特有的处理。在本章中，我们将对这些任务究竟是怎样的、具体是要解决什么问题等内容进行讲解。

2.1 文本数据的获取

由于我们要进行的处理是文本分析，因此作为分析的出发点必然是文本数据本身。然而，等我们准备说“开始分析”的时候，往往才会发现真正能用于分析的文本数据是如此之少。因此，在本节中将对获取可用于分析的文本数据的方法进行介绍。

2.1.1 作为分析对象文本数据的条件

下面将对作为分析对象的文本数据具体需要满足哪些条件或要求进行讲解。

（1）必须是纯文本的数据。本书是以Python编程为前提来进行文本分析处理的。如果阅读对象是人类，无论是Word还是PDF或是网页都可以作为“文档”被识别。然而，当前计算机程序尚不能像人类那样同时可处理多种不同格式，通常其只能对纯文本进行处理。因此，我们就需要将原始文档转换成某种特定格式的数据。即使原始文档是网页，由于其实际的数据仍然是HTML格式的，因此同样需要转换。

（2）不存在版权问题的内容。通常情况下，公开的自然语言文章必然是有作者的，而作者的权利是受著作权法保护的。对文章进行分析操作属于是对原自然语言文章的二次利用，这种利用是否合法需要具体情况具体分析。不能简单地认为公开的文章就是可以无条件二次利用的文章，我们在进行文本分析时需要注意。

（3）文章必须具有一定水准。在进行文本分析时，需要从原始文章中对所需的信息进行提取，因此经常会执行一些统计性的处理。这种情况下，文章本身的质量就显得尤为重要。比如将文章中所使用的字、词表示方法变化较大（同义词、异体字较多）、意思较为隐晦的文章作为统计处理的对象，就会导致处理结果质量低下。相对来说，像报纸、杂志中的报道就属于质量有一定保障的文章。

在本节中，我们将尽量对如何获取满足上述条件文章的方法进行具体示范。

2.1.2 青空文库

所谓青空文库，是指那些作者已经逝世多年，版权已经过期的作品和那些经过作者授权允许在互联网上的电子图书馆中公开的作品。其中包括大量诸如夏目漱石、芥川龙之介等作家的作品，这类文章是满足第2.1.1小节中（2）和（3）的要求的。

这些作品是使用SJIS字符编码的zip文件格式公开的。我们可以从青空文库网站的首页(URL https://www.aozora.gr.jp/)中根据索引下载这些作品。

在下面的代码中，我们以夏目漱石的《三四郎》为例，演示了如何使用Python将这个zip文件转换为可用于分析的纯文本数据的方法(程序2.1.1)。对于这段代码，有以下两点需要注意。

● 文件的下载与zip文件的解压缩

文件的下载和zip文件的解压缩分别是使用wget命令和unzip命令实现的。不过，如果将外部命令与Python代码混合使用，就会造成管理上的混乱，因此我们所有的操作都是在Python代码中实现的。具体的做法是使用urllib软件库取代wget命令，用zipfile软件库取代unzip命令来进行操作。

需要注意的是，在macOS/UNIX中所使用的外部命令，基本上都能在Python的API中找到对应的实现。

● 读取文件时的字符编码转换

青空文库中所提供的文章采用的都是SJIS字符编码形式。但是Python在对数据进行处理时，都是采用Unicode编码形式来处理字符串（严格地说，应当是其内部表现形式是基于Unicode的）。

在打开文件进行读取操作时，只需在open函数中指定参数encoding='sjis'，即可让程序自动对读取的数据进行字符编码的转换。

程序 2.1.1　从青空文库中提取文本（ch02-01-01.ipynb）

In

```
# 程序2.1.1
# 从青空文库中提取文本(夏目漱石《三四郎》)

# zip文件的下载
url = 'https://www.aozora.gr.jp/cards/000148/files/794_
ruby_4237.zip'
zip = '794_ruby_4237.zip'
import urllib.request
urllib.request.urlretrieve(url, zip)

# 将下载的zip文件解压缩
import zipfile
with zipfile.ZipFile(zip, 'r')as myzip:
    myzip.extractall()
    # 从解压缩后的文件中读取数据
    for myfile in myzip.infolist():
        # 获取解压缩后的文件名
        filename = myfile.filename
        # 在打开文件的同时指定字符编码为sjis进行自动转换
        with open(filename, encoding='sjis')as file:
            text_org = file.read()
```

● 文本内容的确认

这样一来，我们就成功地获取了可在Python中进行处理的字符串text_org，因此我们可以尝试对其开头和结尾的部分进行显示(程序2.1.2)。

程序 2.1.2　文本内容的确认（ch02-01-01.ipynb）

In

```
# 程序2.1.2
# 对文本的内容进行确认

print('【整理前的文本开头部分】')
print(text_org[:600])
```

```
# 显示分隔行
print()
print('*' * 100)
print()

print('【整理前的文本结尾部分】')
print(text_org[-300:])
print('*' * 100)
print()
```

Out

```
【整理前的文本开头部分】
三四郎
夏目漱石

-------------------------------------------------------------------
【テキスト中に現れる記号について】(关于文本中出现的特殊符号)

《》:ルビ(旁注的示例)
(例)頓狂《とんきょう》

|:ルビの付く文字列の始まりを特定する記号(用于标记带旁注字符串的符号)
(例)福岡県|京都郡《みやこぐん》

[#]:入力者注　主に外字の説明や、傍点の位置の指定(输入者注释主要用于对外来词进行解释，指定着重号的位置等)
　　(数字は、JIS X 0213の面区点番号またはUnicode、底本のページと行数)
(例)※[#「魚＋師のつくり」、第4水準2-93-37]

〔〕:アクセント分解された欧文をかこむ(用于将标注了重音的英文句子括起来)
(例)〔ve'rite'《ヴェリテ》 vraie《ヴレイ》.〕
アクセント分解についての詳細は下記URLを参照してください
http://www.aozora.gr.jp/accent_separation.html
-------------------------------------------------------------------

[#7字下げ]一[#「一」は中見出し]

　うとうととして目がさめると女はいつのまにか、隣のじいさんと話を始めている。
```

このじいさんはたしかに前の前の駅から乗ったいなか者である。発車まぎわに頓狂《とんきょう》な声を出して駆け込んで来て、いきなり肌《はだ》をぬいだと思ったら背中にお灸《きゅう》のあとがいっぱいあったので、三四郎《さん

****

【整理前的文本结尾部分】
も答えなかった。ただ口の中で迷羊《ストレイ·シープ》、迷羊《ストレイ·シープ》と繰り返した。

底本：「三四郎」角川文庫クラシックス、角川書店
　　1951（昭和26）年10月20日初版発行
　　1997（平成9）年6月10日127刷
初出：「朝日新聞」
　　1908（明治41）年9月1日～12月29日
入力：古村充
校正：かとうかおり
2000年7月1日公開
2014年6月19日修正
青空文庫作成ファイル：
このファイルは、インターネットの図書館、青空文庫（http://www.aozora.gr.jp/）で作られました。入力、校正、制作にあたったのは、ボランティアの皆さんです。

****

● 文本的整理（清洗）

从程序2.1.2所显示的结果中我们可以得出如下结论。

● 文本开头和结尾的数据。在文本的开头和结尾处都包含一部分具有特定格式的信息。在进行文本分析处理时，我们需要先将这部分信息去掉。

● 旁注和注释。文本中还包含旁注和注释等形式的附加信息。在进行文本分析处理时，我们需要先将这部分信息去掉。

程序2.1.3中展示的是对这部分信息进行删除处理的实现代码。其中使用了Python的正则表达式处理模块re来对文本进行匹配操作。

程序 2.1.3　文本的整理 (ch02-01-01.ipynb)

In

```
# 程序2.1.3
# 文本的整理
import re

# 开头部分信息的删除
text = re.split('\-{5,}',text_org)[2]
# 结尾部分信息的删除
text = re.split('底本：',text)[0]
# | 的删除
text = text.replace('|', '')
# 旁注的删除
text = re.sub('《.+?》', '', text)
# 输入注释的删除
text = re.sub('[#.+?]', '',text)
# 空行的删除
text = re.sub('\n\n', '\n', text)
text = re.sub('\r', '', text)
```

整理结果的确认

这里我们将对整理后的字符串text开头和结尾部分的内容进行显示(程序2.1.4)。从结果中可以看出，我们成功地将小说文本部分的内容提取了出来。

程序 2.1.4　整理结果的确认 (ch02-01-01.ipynb)

In

```
# 程序2.1.4
# 整理结果的确认

# 显示开头的100个字符
print('【整理后文本开头的部分】')
```

```
print(text[:100])

# 显示分隔行
print()
print('*' * 100)
print()

# 显示结尾的100个字符
print('【整理后文本结尾的部分】')
print(text[-100:])
```


Out

```
【整理后文本开头的部分】

一
　うとうととして目がさめると女はいつのまにか、隣のじいさんと話を始めている。このじいさんはたしかに前の前の駅から乗ったいなか者である。発車まぎわに頓狂な声を出して駆け込んで来て、いきなり肌をぬい

****************************************************************************************************

【整理后文本结尾的部分】
評に取りかかる。与次郎だけが三四郎のそばへ来た。
「どうだ森の女は」
「森の女という題が悪い」
「じゃ、なんとすればよいんだ」
　三四郎はなんとも答えなかった。ただ口の中で迷羊、迷羊と繰り返した。
```

2.1.3　利用维基百科API获取文本

Python中提供了可用于访问维基百科数据的API，利用这个API可以轻松获取维基百科中公开的文档。在本节中，我们将尝试对这一API进行实际的运用。

注 意 事 项

关于维基百科文章的二次利用

在将维基百科的文章作为分析对象时，需要注意虽然维基百科允许在商业项目中使用其网站中公开的文章数据，但前提是需要遵守相关的规定(见电子版“链接文件”)。在商业项目中需要特别注意。

模块的添加

在执行下面的Jupyter Notebook代码前，我们需要先添加如下的模块。安装完成后，我们需要重新启动Jupyter Notebook。

[终端窗口]

```
$ pip install wikipedia
```

获取维基百科的摘要文字

要实现对维基百科中摘要文字的获取，可以使用如程序2.1.5中所示的summary函数。

程序 2.1.5　维基百科摘要文字的获取（ch02-01-05.ipynb）

In

```
# 程序2.1.5
# 维基百科摘要文字的获取

import wikipedia
wikipedia.set_lang("ja")
text = wikipedia.summary('草津温泉',auto_suggest=False)
print(text)
```

Out

```
草津温泉(くさつおんせん)は、日本の群馬県吾妻郡草津町草津界隈(江戸時代における上野国吾妻郡草津村界隈、幕藩体制下の上州御料草津村界隈〈初期は沼田藩知行〉)に所在する温泉である。草津白根山東麓に位置する。
```

日本を代表する名泉(名湯)の一つであり、万里集九と林羅山は日本三名泉の一つに数えた(cf. 1502,1662)。江戸時代後期以降何度も作られた温泉番付の格付では、当時の最高位である大関(草津温泉は東大関)が定位置であった(cf. 1817)。

获取维基百科的全文

如果需要获取维基百科中文章的全部信息，可以调用page函数实现(程序2.1.6)。

程序 2.1.6　维基百科文章全文的获取 (ch02-01-05.ipynb)

In

```
# 程序2.1.6
# 维基百科文章全文的获取

import wikipedia
wikipedia.set_lang("ja")
page = wikipedia.page('草津温泉',auto_suggest=False)
print(page.content)
```

Out

草津温泉(くさつおんせん)は、日本の群馬県吾妻郡草津町草津界隈(江戸時代における上野国吾妻郡草津村界隈、幕藩体制下の上州御料草津村界隈〈初期は沼田藩知行〉)に所在する温泉である。草津白根山東麓に位置する。
日本を代表する名泉(名湯)の一つであり、万里集九と林羅山は日本三名泉の一つに数えた(cf. 1502,1662)。江戸時代後期以降何度も作られた温泉番付の格付では、当時の最高位である大関(草津温泉は東大関)が定位置であった(cf. 1817)。

== 名称 ==
「草津温泉(くさつおんせん)」も古くからの名称であるが、かつては、「草津湯/草津の湯(くさつのゆ)」、あるいは、上野国の異称である「上州」を冠して「上州草津湯/上州草津の湯」と呼ぶことが多かった。現在でもこれらを踏襲した雅称「草津の湯」「上州草津の湯」は頻用される。また、「上州草津温泉」という名称も現在では用いられるが、この表現は雅称的ニュアンスのほかに、他地域の「草津」や「草津温泉」という紛らわしい地名(※「#上州草津と他の草津」節を参照)と明確に区

```
别する意図を含んでいる場合がある。
当地における「草津」という地名の語源は、温泉の硫化水素臭の強いがゆえに、「臭水（くさみず、くさうず、くそうず）」にあるとされる。また、臭處（くさと）という説もある。草津山光泉寺の縁起は、『大般若波羅蜜多経』（通称·大般若経）の一節「南方有名湯是草津湯」が由来であると説いているが、大般若経にはこのような節はなく、俗説である。同寺には、源頼朝が当地を訪ねた折りに、草を刈ったところ湯が出たという話も伝わっているが、後述するように史実性は疑わしく、民間語源であろう。
なお、草津温泉を、上毛かるたの「く」の札で「草津（くさづ）よいとこ薬の温泉（いでゆ）」と歌っているのは、地元で「草津」を「くさづ」と読むからで、温泉水の持つ強い硫化水素臭から「くそうづ」と呼ばれたことが今日の地名の由来であるという説がある。
        （以下省略）
```

●关于auto_suggest选项

通常在使用维基百科的API时，都会设置auto_suggest=False选项。下面我们将对这个选项的含义进行简单的说明。

auto_suggest选项是在搜索结果中包含多个数据项时，指定是否让维基百科API自动选择其中最为确定的一项作为返回结果的选项。这个选项的默认值为True。因此，如果我们不对该选项的值进行指定，可能会导致API返回意料之外的结果。例如，如果在不指定该选项的情况下搜索赤倉温泉，会得到如程序2.1.7中所示的结果。

程序 2.1.7　在不指定选项的情况下搜索“赤倉温泉”(ch02-01-05.ipynb)

In

```
# 程序2.1.7
# 在不指定选项的情况下搜索“赤倉温泉”

text = wikipedia.summary('赤倉温泉')
print(text)
```

Out

```
最上町（もがみまち）は、山形県の北東部にある町。
```

通过对维基百科API的实际调用可以看到，程序2.1.7搜索结果的内容是最上町。这说明文中包含赤倉温泉这一关键词，所以返回了错误的结果。

接下来，我们将明确地指定auto_suggest=False后再执行搜索。实际的代码（程序2.1.8）及搜索结果如下所示。

程序 2.1.8　设置 auto_suggest=False 选项并搜索“赤倉温泉”(ch02-01-05.ipynb)

In

```
# 程序2.1.8
# 指定auto_suggest=False选项并搜索“赤倉温泉”

text = wikipedia.summary('赤倉温泉',auto_suggest=False)
print(text)
```

Out

```
DisambiguationError: "赤倉温泉" may refer to:
赤倉温泉(新潟県)
赤倉温泉(山形県)
```

实际上，由于维基百科中对“赤倉温泉”这一词条分别在新潟县和山形县进行了登记，因此API返回的搜索结果具有歧义，无法判断这一错误信息。这种情况下，搜索时需要指定具体的县名才行。程序2.1.9中的实现代码考虑了这一情况，并作出了正确的搜索处理和结果的显示。

程序 2.1.9　搜索赤倉温泉时明确指定县名 (ch02-01-05.ipynb)

In

```
# 程序2.1.9
# 搜索赤倉温泉时明确指定县名

text1 = wikipedia.summary('赤倉温泉(山形県)',auto_suggest=False)
print(text1)

text2 = wikipedia.summary('赤倉温泉(新潟県)',auto_suggest=False)
print(text2)
```

Out

```
赤倉温泉(あかくらおんせん)は、山形県最上郡最上町(旧国出羽国、明治以降は羽前国)にある温泉。


赤倉温泉(あかくらおんせん)は、新潟県妙高市(旧国越後国)にある温泉。スキー場が有名で、この地域では随一の温泉街を形成する。妙高戸隠連山国立公園区域内にある。
```

2.1.4 从PDF和Word文档中获取文本

如果作为分析对象的文本数据是公司内部的文档，那么保存数据所用格式大多为Word或PDF等。这种情况下，我们应当如何实现对文本数据的提取呢?

在第4章中介绍的Discovery中提供了对Word和PDF等文档格式数据的读取支持，但如果是使用开源软件解决方案，通常都是使用Apache Tika来实现。

接下来，我们将使用Tika的Python API，在Python程序内部实现对PDF和Word文档中文本数据的提取操作示范。

● JDK的导入

在使用Tika前，我们需要先安装JDK。请从命令行窗口中执行如下的命令。

[终端窗口]

```
$ java -version
```

在程序执行过程中，如果出现“执行java命令前，请先安装JDK”这类错误信息，请从下列网站中下载JDK并进行安装。

- Oracle Technology Network：Java SE Downloads

URL https://www.oracle.com/technetwork/java/javase/downloads/index.html

Tika Python API的导入

Tika Python API可以通过以下命令进行安装。执行这一命令的同时，也会自动安装Tika软件本身，因此我们不需要再另外对Tika进行安装。

［终端窗口］

```
$ conda install -c conda-forge tika
```

PDF文件的读取

对PDF文件的读取可以通过Tika的parser.from_file函数实现。在程序2.1.10的示例代码中，指定URL作为参数(实际上也可以指定本地文件的路径)对文件数据进行读取。

执行这段代码时，Jupyter Notebook的后段会通过Java启动Tika的服务器进程。因此，执行这段代码通常需要花费几分钟时间。

程序 2.1.10　PDF文件的读入 (ch02-01-10.ipynb)

In

```
# 程序2.1.10
# PDF文件的读入

from tika import parser
pdf = 'https://github.com/makaishi2/text-anl-samples/raw/
master/pdf/sample.pdf'
parsed = parser.from_file(pdf)
```

Out

```
2019-05-12 11:57:56,954 [MainThread  ] [INFO ] Retrieving
https://github.com/makaishi2/text-anl-samples/raw/master/pdf/
sample.pdf to /var/folders/2y/pfklj4fs4vx3580dt87dxxc00000gn/
T/https-github-com-makaishi2-text-anl-samples-raw-master-
pdf-sample-pdf.
(…略…)
```

（1）读取结果的确认。首先，对parsed变量进行print操作，以便对从整体上的确认获取的信息（程序2.1.11）。

程序 2.1.11　确认读取 PDF 文件的结果 (ch02-01-10.ipynb)

In

```
# 程序2.1.11
# 确认读取PDF文件的结果

import json
print(json.dumps(parsed, indent=2, ensure_ascii=False))
```

Out


```
{
  "status": 200,
  "content": "\n\n\n\n\n\n\n\n\n\n\n\n\n\n\n\n\n\n\n\n\n\n\n\
n\n\n\n\n\n\n\n\n\n\n\n\n\n\n\n\n\n\n\nMicrosoft Word -
sample.docx\n\n\n現場で使える AI による自然言語処理入門 \n \n 本書
は、Pythonを利用して、人工知能分野で注目されている自然言語の分析手法を
\n\n解説した書籍です。 \n\n 従来技術と新技術を比較しつつ、インデックス化、
エンティティ抽出、関係抽出、構文解\n\n析、評判分析まで、実際のコードを
交えながら解説します。 \n\n \n\n1 章テキスト分析とは \n1.1 テキスト
分析の目的 \n\n1.2 テキスト分析の要素技術 \n\n \n\n 第 2 章 日本語
テキスト分析 前処理の勘所 \nテキスト分析にあたっては、テキスト入手、形
態素解析、辞書の準備など、実際の分析の\n\n前処理にあたるタスクが多数あ
ります。 また、その中には日本語固有の話も数多く存在し\n\nます。 本章では、
このようなタスクとしてどういうものがあるか、また具体的に何を行う必要\n\n
があるのかについて解説します。 \n\n 2.1 テキスト入手 \n\nテキスト分析」
というぐらいなので、分析の出発点はテキストです。しかし、いざ、\n\n分析
を始めようとして気付きますが、分析の対象としてすぐに利用可能なテキス\n\n
トは意外と少ないものなのです。本節では、そのようなテキストをどうやって入
手\n\nできるかを紹介します。 \n\n2.2 形態素解析 \n\n \n\n2.3 辞書
\n\n \n\n \n \n\n\n",
  "metadata": {
    "Content-Type": "application/pdf",
    "Creation-Date": "2019-05-12T02:52:40Z",
    "Keywords": "",

        (…略…)
```

```
    "subject": "",
    "title": "Microsoft Word - sample.docx",
    "xmp:CreatorTool": "Word",
    "xmpTPg:NPages": "1"
  }
}
```

（2）读取结果部分的显示。从程序2.1.11中代码的执行结果可以看出，parsed变量的元素['content']中保存的是正文的内容，而['metadata']['title']中保存的则是文档的标题。下面我们将确认通过这些操作是否能够成功提取文档的文本内容。对于content中的内容，我们使用.replace('\n', '')函数将多余的换行符删除。

程序 2.1.12　PDF 标题的显示 (ch02-01-10.ipynb)

In

```
# 程序2.1.12
# 标题的显示

print(parsed['metadata']['title'])
```

Out

```
Microsoft Word - sample.docx
```

程序 2.1.13　PDF 内容的显示（ch02-01-10.ipynb）

In

```
# 程序2.1.13
# PDF内容的显示

print(parsed['content'].replace('\n', ''))
```

Out

```
Microsoft Word - sample.docx現場で使える AI による自然言語処理入門　　本書は、Pythonを利用して、人工知能分野で注目されている自然言語の分析手法を解説した書籍です。　従来技術と新技術を比較しつつ、インデックス
```

```
化、エンティティ抽出、関係抽出、構文解析、評判分析まで、実際のコードを交えながら解説します。　 1 章テキスト分析とは 1.1 テキスト分析の目的 1.2 テキスト分析の要素技術　第 2 章　日本語テキスト分析　前処理の勘所 テキスト分析にあたっては、テキスト入手、形態素解析、辞書の準備など、実際の分析の前処理にあたるタスクが多数あります。 また、その中には日本語固有の話も数多く存在します。 本章では、このようなタスクとしてどういうものがあるか、また具体的に何を行う必要があるのかについて解説します。2.1 テキスト入手テキスト分析」というぐらいなので、分析の出発点はテキストです。しかし、いざ、分析を始めようとして気付きますが、分析の対象としてすぐに利用可能なテキストは意外と少ないものなのです。本節では、そのようなテキストをどうやって入手できるかを紹介します。 2.2 形態素解析　2.3 辞書
```

从程序2.1.12和程序2.1.13的输出结果可以看到，程序成功地获取了PDF文件中的标题和文本内容。

● Word文件的读取

对于Word文件的读取处理与PDF文件的读取几乎是完全相同的。Tika会自动对文件格式进行判断，根据文件类型执行相应的处理(程序2.1.14 ~ 程序2.1.16)。

程序 2.1.14　Word 文件的读取 (ch02-01-10.ipynb)

In

```
# 程序2.1.14
# Word文件的读取

from tika import parser
word = 'https://github.com/makaishi2/text-anl-samples/raw/
master/word/sample.docx'
parsed = parser.from_file(word)
```

Out

```
2019-05-12 11:56:01,203 [MainThread  ] [INFO ]  Retrieving
https://github.com/makaishi2/text-anl-samples/raw/master/word/
sample.docx to /var/folders/2y/pfklj4fs4vx3580dt87dxxc00000gn/
T/https-github-com-makaishi2-text-anl-samples-raw-master-
word-sample-docx.
```

程序 2.1.15　Word 标题的显示 (ch02-01-10.ipynb)

In

```
# 程序2.1.15
# Word标题的显示

print(parsed['metadata']['title'])
```

Out

```
現場で使えるAIによる自然言語処理入門
```

程序 2.1.16　对 Word 的读取结果进行确认 (ch02-01-10.ipynb)

In

```
# 程序2.1.16
# 对Word的读取结果进行确认

import json
print(json.dumps(parsed, indent=2, ensure_ascii=False))
```

Out


```
{
  "status": 200,
  "content": "\n\n\n\n\n\n\n\n\n\n\n\n\n\n\n\n\n\n\n\n\n\n\n\
n\n\n\n\n\n\n\n\n\n\n\n\n\n\n\n\n\n\n\n\n\n\n\n\n\n\n\n\n\n\n
現場で使えるAIによる自然言語処理入門\n\n現場で使えるAIによる自然言語
処理入門\n\n　本書は、Pythonを利用して、人工知能分野で注目されている
自然言語の分析手法を解説した書籍です。\n　従来技術と新技術を比較しつつ、
インデックス化、エンティティ抽出、関係抽出、構文解析、評判分析まで、実際
のコードを交えながら解説します。\n\n1章テキスト分析とは\n1.1テキスト
分析の目的\n1.2 テキスト分析の要素技術\n\n第2章 日本語テキスト分
析　前処理の勘所\nテキスト分析にあたっては、テキスト入手、形態素解析、
辞書の準備など、実際の分析の前処理にあたるタスクが多数あります。 また、そ
の中には日本語固有の話も数多く存在します。 本章では、このようなタスクと
してどういうものがあるか、また具体的に何を行う必要があるのかについて解説
します。\n2.1 テキスト入手\nテキスト分析」というぐらいなので、分析の出
発点はテキストです。しかし、いざ、分析を始めようとして気付きますが、分析
```

```
の対象としてすぐに利用可能なテキストは意外と少ないものなのです。本節では、そのようなテキストをどうやって入手できるかを紹介します。\n2.2 形態素解析\n\n2.3 辞書\n\n\n\n",
  "metadata": {
    "Application-Name": "Microsoft Office Word",

        (…略…)

"dc:publisher": "",
"dc:title": "現場で使えるAIによる自然言語処理入門",
"dcterms:created": "2019-05-12T02:52:00Z",

        (…略…)
```

对于Word文件，从['metadata']['title']中获取的是如图2.1.1中所示的Word管理信息中"标题"的内容。

sample.docx のプロパティ

全般	概要	統計情報	コンテンツ	ユーザー設定

タイトル:	現場で使えるAIによる自然言語処理入門
件名:	
作成者:	MASANORI AKAISHI
管理者:	
会社名:	

图 2.1.1　示例 Word 文档的属性

对于正文部分使用parsed['content'].replace('\n', '')进行处理与读取PDF文件时完全相同，因此这里省略对代码的说明。

2.1.5　从Web页面中获取文本

从Web页面中获取文本数据是较为常用的手段之一。与我们在浏览器中看到的Web页面不同，下载得到的网页文本中包含很多HTML标签信息。

以标签信息为线索，对特定位置的数据进行提取的处理方法通常被称为网页爬取。网页爬取处理属于较为深奥的技术，因此在本书中将使用简单的示例对其进行介绍性的讲解。关于具体的示例，将尝试从雅虎日本的新闻网站中获取新闻报道的标题一览表。

注 意 事 项

关于网页的爬取

关于网页内容的转发，不同网站的规定也不同。当进行网页内容爬取操作时，需要确认所爬取的内容是否存在著作权方面的问题。

●模块的添加

在执行后续的Jupyter Notebook代码前，我们需要先添加如下的模块。在成功添加模块后，需要重新启动Jupyter Notebook。

[终端窗口]

```
$ conda install beautifulsoup4
```

●读取Web页面中的数据

程序2.1.17中的代码用来读取目标网站的HTML数据，并根据HTML标签对内容进行解析。

程序 2.1.17　读取 Web 页面的数据 (ch02-01-17.ipynb)

In

```
# 程序2.1.17
# 读取Web页面的数据

import requests
from bs4 import BeautifulSoup

# 雅虎日本的新闻网站
```

```
url = 'https://news.yahoo.co.jp'
html = requests.get(url)

contents = BeautifulSoup(html.content, "html.parser")
```

确认Web页面中的信息

下面我们将对读取的数据内容进行显示(程序2.1.18)。

程序 2.1.18　确认 Web 页面的信息 (ch02-01-17.ipynb)

In

```
# 程序2.1.18
# 确认Web页面的信息
print(contents)
```

Out

```
<!DOCTYPE html>
<html lang="ja"><head><title data-reactroot="">

    (…略…)

<div class="newsFeed_item_title">デキる妻に聞いた! やめてよかった
家事BEST10</div><div class="newsFeed_item_sub"><div
class="newsFeed_item_sourceWrap"><span class="newsFeed_item_
media">サンキュ! </span></div></div></div></a></li><li
class="newsFeed_item"><a class="newsFeed_item_link" data-
ylk="rsec:st_maj;slk:byl_ra;pos:3;" href="https://news.
yahoo.co.jp/byline/sagawakentaro/20190512-00125710/"><div
class="newsFeed_item_thumbnail"><div class="thumbnail
thumbnail-middle"><img alt="" src="https://lpt.c.yimg.jp/
im_sigg_WP2bxvPbGeBO6ICZ7m4Jg---x264-y264-xc222-yc0-wc478-
hc478-q90-exp3h-pril/amd/20190512-00125710-roupeiro-000-
view.jpg"/></div></div><div class="newsFeed_item_text">

    (…略…)

<script src="https://s.yimg.jp/images/ds/ult/apj/rapid-
```

```
4.1.1.js"></script><script src="https://s.yimg.jp/images/
jpnews/v2/pc/js/top-a65a2fd0ec7ff520eee8.js" type="text/
javascript"></script></body></html>
```


注 意 事 项

程序2.1.18的执行结果

程序2.1.18的执行结果是执行这段代码时新闻报道的一览表，因此实际的执行结果可能与上述结果不同。

文档信息的解析

接下来，将对新闻报道的标题是使用哪些标签定义的进行调查。例如，在上述执行结果中包含如下一段内容。这部分内容表示的是新闻的标题，因此我们可以对所有具有类似结构的数据进行提取。

```
<div class="newsFeed_item_title">デキる妻に聞いた! やめてよかった
家事BEST10</div>
```

将所需的部分提取出来

如果要将上述标签中所包含的信息提取出来，只需将'.newsFeed_item_title'作为键值进行选择即可(程序2.1.19)。

程序 2.1.19　提取所需的信息 (ch02-01-17.ipynb)

In

```
# 程序2.1.19
# 提取所需的信息

for title in contents.select('.newsFeed_item_title'):
    print(title.getText())
```

Out

```
松居直美さん　きれいな女優さんが本番中に…誰にも来る更年期「神様は公平だ!」デキる妻に聞いた! やめてよかった家事BEST10
R25の車体に320ccエンジンを搭載! 新型YZF-R3の走りを大胆予測
"鉄人"金本氏に並ぶ35試合連続出塁記録の巨人・坂本勇人は「キャッチャー泣かせ」

（…略…）
```

从程序2.1.19的执行结果中可以看到，我们成功地从网页中提取出新闻标题。

2.1.6　使用API获取文本的方法

对于商品评价等信息的获取，通常使用云服务所提供的API进行是比较方便的。但是，如今很多API都对大量获取数据的行为增加了不同程度的限制，而且根据用户使用目的的不同，限制条件也可能不一样，因此我们在使用API获取文本数据时需要注意。

Yahoo！购物的评价和评论数据的API对评论数据的获取和使用方面的限制相对较少，下面将列举通过这一API获取文本数据的示例代码。与我们前面所使用的代码相比，这段代码实现数据获取的步骤要更为复杂，但这主要是由于商品数据与多个层次结构的类目相关联引起的，因此操作步骤难免更为复杂。关于这一API的详细使用方法，请参考Yahoo！开发者网络中所提供的API帮助文档。

- Yahoo! 开发者网络：商品评价搜索

URL http://bit.ly/2vQhTHZ

模块的添加

在执行后续的Jupyter Notebook代码前，我们需要先添加如下模块。在成功地添加模块后，需要重新启动Jupyter Notebook。

［终端窗口］

```
$ conda install requests
```


应用ID的获取

在使用后续的代码调用Yahoo！购物网站的API进行商品评价数据的获取前，我们需要先申请Yahoo！开发者网络的应用ID。具体的申请方法可参见下列链接中的内容。

- Yahoo! 开发者网络：应用ID的注册

URL http://bit.ly/2Ju371y

在申请注册应用ID时，可以使用下列信息填写其中的必填项。对于非必填项保持空白即可。

- 应用的类别：客户端
- 应用的名称：日语文本分析

类目ID的获取

在调用获取用户评价的API时，必须同时指定商品的类目ID。因此，我们需要先使用API获取商品的类目ID列表，从顶级分类开始依次获取各个子类及子类的类目ID（程序2.1.20）。在执行代码时需注意的是，程序获取类目ID通常需要几分钟的时间。

- Yahoo! 开发者网络：类目ID的获取

URL http://bit.ly/2VV4VXX

程序 2.1.20　获取 Yahoo！购物的类目 ID 一览表 (ch02-01-20.ipynb)

In

```
# 程序2.1.20
# 获取Yahoo！购物的类目ID一览表

import requests
import json
```

```
import time
import csv

# 端点
url_cat = 'https://shopping.yahooapis.jp/ShoppingWebService/
V1/json/categorySearch'

# 应用id
appid = '[illegible]'

# 全部类目的文件
all_categories_file = './all_categories.csv'

# 调用API请求的函数
def r_get(url, dct):
    time.sleep(1) # 每调用一次暂停1s
    return requests.get(url, params=dct)

# 获取类目的函数
def get_cats(cat_id):
    try:
        result = r_get(url_cat, {'appid': appid, 'category_
id': cat_id})
        cats = result.json()['ResultSet']['0']['Result']
['Categories']['Children']
        for i, cat in cats.items():
            if i != '_container':
                yield cat['Id'], {'short': cat['Title']
['Short'], 'medium': cat['Title']['Medium'],  'long':
cat['Title']['Long']}
    except:
        pass
```

在成功地执行完程序2.1.21中的代码后，类目ID的一览表会被保存在名为./all_categories_file.csv的CSV文件中。

程序 2.1.21　生成类目一览表的 CSV 文件 (ch02-01-20.ipynb)

In

```
# 程序2.1.21
# 生成类目一览表的csv文件

# 表头项
output_buffer = [['类目代码lv1', '类目代码lv2', '类目代码lv3',
'类目名称lv1', '类目名称lv2', '类目名称lv3', '类目名称lv3_long']]

with open(all_categories_file, 'w')as f:
    writer = csv.writer(f, lineterminator='\n')
    writer.writerows(output_buffer)
    output_buffer = []

# 类目层级1
for id1, title1 in get_cats(1):
    print('类目层级1 :', title1['short'])
    try:
        # 类目层级2
        for id2, title2 in get_cats(id1):

            # 类目层级3
            for id3, title3 in get_cats(id2):
                wk = [id1, id2, id3, title1['short'],
title2['short'], title3['short'], title3['long']]
                output_buffer.append(wk)

            # 写入文件
                with open(all_categories_file, 'a')as f:
                    writer = csv.writer(f, lineterminator='\n')
                    writer.writerows(output_buffer)
                    output_buffer = []
    except KeyError:
        continue
```

Out

```
类目层级1 : ファッション     #时尚
类目层级1 : 食品
```

```
类目层级1 : アウトドア、釣り、旅行用品    #户外、垂钓、旅行用品
类目层级1 : ダイエット、健康    #瘦身、健康
    (…略…)
```

结果的确认

在成功地执行完程序2.1.21中的代码后，我们可以继续使用程序2.1.22中的代码对程序生成的CSV文件内容进行确认。

程序 2.1.22　确认 CSV 文件的内容 (ch02-01-20.ipynb)

In

```
# 程序2.1.22
# 确认CSV文件的内容

import pandas as pd
from IPython.display import display
df = pd.read_csv(all_categories_file)
display(df.head())
```

Out

	类目代码 lv1	类目代码 lv2	类目代码 lv3	类目名称 lv1	类目名称 lv2	类目名称 lv3	类目名称 lv3_long
0	13457	2494	37019	フアッション	レディース フアッション	コート	レディース フアッション > コート
1	13457	2494	37052	フアッション	レディース フアッション	ジャケット	レディース フアッション > ジャケット
2	13457	2494	36861	フアッション	レディース フアッション	トップス	レディース フアッション > トップス
3	13457	2494	36913	フアッション	レディース フアッション	ボトムス	レディース フアッション > ボトムス
4	13457	2494	36887	フアッション	レディース フアッション	ワンピース、チュニック	レディース フアッション > ワンピース、チュニック

\# フアッション：时尚，レディース：女性，コート：外衣，ジャケット：夹克，トップス：上衣，ワンピース：连衣裙，チュニック：长衫，ボトムス：裤装

●智能手机（安卓）代码的确认

使用程序2.1.23的代码可以对后面在调用API时所使用的代码49331代表的是智能手机(安卓)进行确认。如果使用程序2.1.22的输出结果中所列出的其他代码，还可以对其他商品的评价信息进行获取。

程序 2.1.23　智能手机代码的确认 (ch02-01-20.ipynb)

In

```
# 程序2.1.23
# 智能手机代码的确认

df1 = df.query("类目代码lv3 == '49331'")
display(df1)
```

Out

	类目代码 lv1	类目代码 lv2	类目代码 lv3	类目名称 lv1	类目名称 lv2	类目名称 lv3	类目名称 lv3_long
954	2502	38338	49331	スマホ、タブレット、パソコン	スマホ	アンドロイド	スマホ、タブレット、パソコン > スマホ > アンドロイド

\# スマホ：智能手机，タブレット：平板，パソコン：个人电脑，アンドロイド：安卓

●商品评价信息的获取

程序2.1.24中展示的是根据ID中所指定的类目对商品评价信息进行获取的函数定义。

程序 2.1.24　获取商品的评价信息 (ch02-01-20.ipynb)

In

```
# 程序2.1.24
# 获取商品的评价信息

import requests
import time

url_review = 'https://shopping.yahooapis.jp/ShoppingWebService/
V1/json/reviewSearch'
```

```
# 应用id
appid = '[illegible]
[illegible]'

# 设置获取评价的数量（最多为50条）及对API的限制
num_results = 50
num_reviews_per_cat = 99999999

# 设置文本的最大和最小字符长度。对长度大于或小于此范围的评价信息进行忽略
max_len = 10000
min_len = 50

def r_get(url, dct):
    time.sleep(1)# 每调用一次暂停1s
    return requests.get(url, params=dct)

# 根据指定的类目ID返回评价信息
def get_reviews(cat_id, max_items):
    # 实际返回的评价条数
    items = 0
    # 保存结果的数组
    results = []
    # 起始位置
    start = 1

    while(items < max_items):
        result = r_get(url_review, {'appid': appid,
'category_id': cat_id, 'results': num_results, 'start':
start})
        if result.ok:
            rs = result.json()['ResultSet']
        else:
            print('返回了错误信息 : [cat id] { } [reason]
{ }-{ }'.format(cat_id, result.status_code, result.reason))
            if result.status_code == 400:
                print('状态码400(对于badrequest不停止处理)，跳
过并继续')
                break
            else:
```

```
                exit(True)

        avl = int(rs['totalResultsAvailable'])
        pos = int(rs['firstResultPosition'])
        ret = int(rs['totalResultsReturned'])
        #print('总评价条数： %d 起始位置： %d 获取的数量： %d'
%(avl, pos, ret))
        reviews = result.json()['ResultSet']['Result']
        for rev in reviews:
            desc_len = len(rev['Description'])
            if min_len > desc_len or max_len < desc_len:
                continue
            items += 1
            buff = {}
            buff['id'] = items
            buff['title'] = rev['ReviewTitle'].replace('\n',
'').replace(',', '、')
            buff['rate'] = int(float(rev['Ratings']['Rate']))
            buff['comment'] = rev['Description'].
replace('\n', '').replace(',', '、')
            buff['name'] = rev['Target']['Name']
            buff['code'] = rev['Target']['Code']
            results.append(buff)
            if items >= max_items:
                break
        start += ret
        #print('有效评价条数： %d' % items)
    return results
```

●评价一览表的获取

程序2.1.25中展示的是对程序2.1.24中定义的get_reviews()函数进行调用的示例。其中，在get_reviews()中指定了从哪个类目获取多少条评价数据。例如，指定49331 **スマホ> アンドロイド**（智能手机>安卓）为目标类目，并从中获取5条评价数据。

程序 2.1.25 评价一览表的获取和保存 (ch02-01-20.ipynb)

In

```
# 程序2.1.25
# 评价一览表的获取和保存

import json
import pickle
# get_reviews(code, count)用来获取评价信息
# code: 类目代码文件(all_categories.csv)中所记录的代码
# count: 指定获取几条数据

result = get_reviews(49331,5)
print(json.dumps(result, indent=2,ensure_ascii=False))
```

Out

```
[
  {
    "id": 1,
    "title": "商品について",
    "rate": 3,
    "comment": "子供の為に購入しました。目的のアプリはバージョン、性能
が合わずに使用出来ませんでした。ただ、Bランクの割にはとてもきれいで思っ
たより美品だったかと思います。",
    "name": "[illegible] シルバー　タブレッ
ト　中古　美品　保証あり　Bランク　白ロム　あすつく対応　0227",
    "code": "garakei_403hw66073"
  },
  {
    "id": 2,
    "title": "使い易い",
    "rate": 5,
    "comment": "今までプリペイド携帯を使っていましたがもうじきサービ
xxxxxいれて使ってます。特にこまった事はないです。さすがはxxxxxも綺麗
に写りますし、音がまた良いですよ。まだまだ慣れないですが私でも何とか使え
るのですから使いやすいんでしょうね。",
    "name": "保証付|新品同様フルセット[illegible] 16GB SIMフリー
ホワイト",
```

```
    "code": "grapeseed_z3wh"
  },

          (…略…)

]
```

从上述代码的执行结果可以看出，程序成功地获取了由评论(comment)和评价(rate)所组成的数组集。这一数据可以作为我们在构建机器学习模型时所需要的训练数据来使用。

2.1.7 从DBpedia中获取文本

关于维基百科数据的利用，虽然使用第2.1.3小节中所介绍的维基百科API实现是最简单的，但是我们还可以使用DBpedia来实现。在本小节中，我们将对DBpedia的示例代码进行介绍。在使用DBpedia时，通过使用下面介绍的查询语言SPARQL，可以实现非常复杂的查询处理。在实际应用中，可以根据项目的需求选择上述两种方法中的一种来使用。

SPARQL 的运用

在使用DBpedia时，通过对SPARQL这种查询语言的运用，我们可以像使用SQL语句那样以多种方式来提取信息。

程序2.1.26和程序2.1.27是使用DBpedia的两段示例代码。如果需要了解更详细的信息，可以参见下列链接中的内容。

- littlewing

URL https://littlewing.hatenablog.com/entry/2015/05/12/103923

DBpedia 模块的添加

在执行示例代码前，需要先使用下列命令安装并添加DBpedia模块。安装结束后，重新启动Jupyter Notebook。

[终端窗口]

```
$ conda install -c conda-forge sparqlwrapper
```

程序 2.1.26　SPARQL 检索示例 1(ch02-01-26.ipynb)

In

```
# 程序2.1.26
# SPARQL检索示例1
# 获取在东京证券第一市场部上市的企业一览表，并显示企业的名称和概要信息

from SPARQLWrapper import SPARQLWrapper

sparql = SPARQLWrapper(endpoint='http://ja.dbpedia.org/sparql',
returnFormat='json')
sparql.setQuery("""
select distinct ?name ?abstract where {
    ?company <http://dbpedia.org/ontology/wikiPageWikiLink>
<http://ja.dbpedia.org/resource/Category:東証一部上場企業> .
    ?company rdfs:label ?name .
    ?company <http://dbpedia.org/ontology/abstract> ?abstract .
}
""")
results = sparql.query().convert()

# 从检索结果中提取名称（name）和概要（abstract）信息
import json
items = []
for result in results['results']['bindings']:
    item = {}
    item['name'] = result['name']['value']
    item['abstruct'] = result['abstract']['value']. replace
('\n', '')
    items.append(item)

# 显示提取结果中的前5行数据
for item in items[:5]:
    print(json.dumps(item, indent=2, ensure_ascii=False))
```

Out

```
{
  "name": "ピー・シー・エー",
  "abstruct": "ピー・シー・エー株式会社は東京都千代田区に本社を置く、コンピュータソフトの開発および販売会社。東京証券取引所第一部上場。企業向けの会計・販売管理用パッケージソフトなどに強く、日本の会計ソフト業界ではオービックビジネスコンサルタント(OBC)・弥生等と並ぶ業界大手の一社である。"
}
{
  "name": "アークランドサービス",
  "abstruct": "アークランドサービス株式会社は、東京都千代田区に本社を置く外食産業の株式会社。豚カツの『かつや』などで知られる。"
}
{
  "name": "KDDI",
  "abstruct": "KDDI株式会社(ケイディーディーアイ、英:KDDI CORPORATION)は、日本の大手電気通信事業者である。"
}
{
  "name": "NTTドコモ",
  "abstruct": "株式会社NTTドコモ(エヌティティドコモ、英語: NTT DOCOMO, INC.)は、携帯電話等の無線通信サービスを提供する日本の最大手移動体通信事業者である。日本電信電話株式会社(NTT)の子会社。TOPIX Core30の構成銘柄の一つ。"
}
{
  "name": "WOWOW",
  "abstruct": "株式会社WOWOW(ワウワウ、英: WOWOW INC.)は、日本を放送対象地域とする衛星基幹放送事業者。当初は日本初の有料放送を行う民放衛星放送局として開局した。2014年4月現在、フジ・メディア・ホールディングス、東京放送ホールディングスの持分法適用関連会社である。コーポレートメッセージは「見るほどに、新しい出会い。WOWOW」。"
}
```

程序 2.1.27　SPARQL 检索示例 2(ch02-01-26.ipynb)

In

```
# 程序2.1.27
# SPARQL检索示例2
# 获取手塚治虫文化奖的得奖作家和作品名称一览表

from SPARQLWrapper import SPARQLWrapper

sparql = SPARQLWrapper(endpoint='http://ja.dbpedia.org/
sparql', returnFormat='json')
sparql.setQuery("""
PREFIX dbp:     <http://ja.dbpedia.org/resource/>
PREFIX dbp-owl: <http://dbpedia.org/ontology/>
PREFIX rdfs:    <http://www.w3.org/2000/01/rdf-schema#>
SELECT ?creatorName ?comics
{
?creator a  dbp-owl:ComicsCreator;
dbp-owl:award dbp:手塚治虫文化賞;
dbp-owl:notableWork ?comic;
rdfs:label ?creatorName.
?comic rdfs:label ?comics .
}
""")
results = sparql.query().convert()

# 从检索结果中提取得奖作家名字（creatorName）和作品名称（comics）信息
import json
items = []
for result in results['results']['bindings']:
    item = {}
    item['creatorName'] = result['creatorName']['value']
    item['comics'] = result['comics']['value']
    items.append(item)

# 显示提取结果中的前5行数据
for item in items[:5]:
    print(json.dumps(item, indent=2, ensure_ascii=False))
```

Out

```
{
  "creatorName": "藤子不二雄A",
  "comics": "プロゴルファー猿"
}
{
  "creatorName": "藤子不二雄A",
  "comics": "怪物くん"
}
{
  "creatorName": "ラズウェル細木",
  "comics": "酒のほそ道"
}
{
  "creatorName": "森下裕美",
  "comics": "少年アシベ"
}
{
  "creatorName": "伊藤理佐",
  "comics": "おるちゅばんエビちゅ"
}
```


2.1.8 其他获取文本的方法

在其他不需要在意著作权问题的文本数据来源中，政府部门公开的资料是不错的选择。其中，由环境省公布的与温泉相关的资料将作为我们在第4章中进行练习所使用的资料。

- 环境省关于国民保养温泉地的信息（PDF）

URL https://www.env.go.jp/nature/onsen/area/

经济产业省和总务省也同样公开了很多不存在著作权问题的文本资料，我们可以通过前面所介绍的方法对其加以利用。

- 经济产业省

URL https://www.meti.go.jp/main/rules.html

引用 经济产业省的Web网站中所公布的信息（以下称为“内容”），任何人都可以依据1）到7）条规定，自由地进行复制、公开传播、翻译、编辑等改编操作。同时也允许在商业项目中使用。

- 总务省

URL http://www.soumu.go.jp/menu_kyotsuu/policy/tyosaku.html#tyosakuken

引用 在本网站中所公开的信息（以下称为“内容”），任何人都可以依据1）到7）条规定，自由地进行复制、公开传播、翻译、编辑等改编操作。同时也允许在商业项目中使用。

2.2 语素分析

相信刚接触文本分析技术的读者对语素分析这个词一定会觉得很耳熟。在本节中，将对需要进行语素分析的理由进行简单的说明，并对常用语素分析软件的实际操作进行介绍。

2.2.1 语素分析的目的

首先，看一看以下两个英文和日文句子。

```
This is an English sentence. Words are separated by spaces.
```

これは日本語の文章です。単語間の区切り記号は特にありません。(这句话是日文。单词之间是没有任何分隔符号的。)

从上面的示例可以看出，在英文句子中单词与单词之间由空格隔开；而在日文句子中，单词之间没有使用任何用于分隔的符号。当人们在阅读日文句子时，会下意识地对单词间的前后关系进行划分，并在此基础上对整句话的意思加以理解。

这种语言之间的差异在进行文本分析时是一个非常大的问题。无论是运用传统技术进行搜索，还是使用最新的人工智能技术进行搜索，在处理日文时都需要在预处理过程中对单词之间的划分方式进行判断。而这种用于判断单词之间划分方式的操作就被称为语素分析。

从上述说明中可以很明显地看出，在进行日语文本分析时，语素分析是一种不可或缺的技术。

实际上，将语素分析作为预处理阶段的操作是具有一定优势的。因为在这个阶段中，语素分析引擎在进行分词处理的同时，还可以对单词的词性和特征进行分析。如果能对这些分析结果加以灵活运用，就可以实现更为复杂的后期分析处理。

2.2.2 语素分析引擎的种类

在Python中可以使用的具有代表性的开源语素分析引擎主要有如

下几款。

MeCab

MeCab这个名称实际上源自日语“和布蕪(一种食物，裙带菜的根)”。作为不依赖于任何编程语言、字典及基于数据库实现的语料库，MeCab的一大设计特点就是注重通用性。在MeCab所支持的编程语言中包括C、C#、C++、Java、Perl、Python、Ruby、R等。此外，MeCab还支持与各种不同类型的字典进行联动，因此它是日语语素分析引擎中应用最为广泛的一种。

Janome

Janome这个名称源自日语“蛇の目(蛇之眼)”。其代码是完全使用Python语言编写的，与JUMAN类似提供了自带的字典。截至2019年11月23日，其使用的自带字典是mecabipadic2.7.020070801。此外，在v3.0.10版本的字典中，还添加了新年号“令和”这个词。这个语素分析引擎的一大特点是安装十分简便(只需使用pip命令即可完成安装)。

JUMAN

JUMAN是由京都大学大学院信息学研究科智能信息学专业的黑桥・河原研究室所开发的语素分析引擎。其一大特点是可以使用从网页文本中自动生成的字典和从维基百科中提取而成的字典；另一大特点是可以根据单词的含义进行比MeCab更为细致的分类处理。

2.2.3 MeCab分词包的使用

接下来，让我们对上面提到的三种语素分析引擎中人气最高的MeCab的使用方法进行介绍。

安装步骤

MeCab与本书中所介绍的其他软件库相比，其安装方法要稍微复杂一些。本书中对MeCab安装步骤进行了详细的描述，希望大家能够尽量克服安装中可能出现的问题。此外，如果只是想简单尝试一下语素分析处理，建议大家使用安装过程更为简单的Janome。关于Janome

的安装和使用方法，将在第2.2.4小节中进行说明。

[终端窗口]

```
$ brew install mecab
$ brew install mecab-ipadic
```

注 意 事 项

使用brew 命令安装失败时的对策

如果在安装过程中出现brew command not found这一错误信息，表示brew命令还未安装到系统中。

关于brew命令的安装方法可以在本书的附录A中找到，可以参考其中的安装方法说明。

MeCab 的测试

当成功地安装MeCab后就可以进行一些简单的测试操作了。

在终端窗口中执行mecab 命令，出现输入提示符后输入“**これは日本語の文章です**(这是一句日文)”这句话，按Enter键。如果一切顺利，会看到如下所示的画面。

[终端窗口]

```
$ mecab
これは日本語の文章です。
これ	名詞,代名詞,一般,*,*,*,これ,コレ,コレ
は	助詞,係助詞,*,*,*,*,は,ハ,ワ
日本語	名詞,一般,*,*,*,*,日本語,ニホンゴ,ニホンゴ
の	助詞,連体化,*,*,*,*,の,ノ,ノ
文章	名詞,一般,*,*,*,*,文章,ブンショウ,ブンショー
です	助動詞,*,*,*,特殊・デス,基本形,です,デス,デス
。	記号,句点,*,*,*,*,。,。,。
EOS
```

在确认执行结果后，按Ctrl+C组合键即可退出mecab命令的执行。

mecab-python3的导入

此步是实现在Python中通过API调用MeCab的功能。为了实现这一目标，我们需要使用pip 命令安装mecab - python3模块。

[终端窗口]

```
$ pip install mecab-python3
```

mecab-python3的测试

在成功安装mecab-python3后，重新启动Jupyter Notebook的内核并执行程序2.2.1中的代码，最后确认执行结果。

程序 2.2.1　mecab-python3 的测试 (ch02-02-01.ipynb)

In

```
# 程序2.2.1 mecab-python3的测试

# 从Python程序中调用MeCab
import MeCab

# 用于分析的目标句子
text = 'これは日本語の文章です。'   # 这是一句日文。

# 处理模式1 对句子进行分词处理
tagger1 = MeCab.Tagger("-Owakati")
print('【处理模式1】对句子进行分词处理')
print(tagger1.parse(text).split())
print()


# 处理模式2 以单词为单位显示全部的分析结果
tagger2 = MeCab.Tagger()
print('【处理模式2】分析词性')
print(tagger2.parse(text))
```

Out

```
【处理模式1】对句子进行分词处理
['これ', 'は', '日本語', 'の', '文章', 'です', '。']

【处理模式2】分析词性
これ	名詞,代名詞,一般,*,*,*,これ,コレ,コレ
は	助詞,係助詞,*,*,*,*,は,ハ,ワ
日本語	名詞,一般,*,*,*,*,日本語,ニホンゴ,ニホンゴ
の	助詞,連体化,*,*,*,*,の,ノ,ノ
文章	名詞,一般,*,*,*,*,文章,ブンショウ,ブンショー
です	助動詞,*,*,*,特殊・デス,基本形,です,デス,デス
。	記号,句点,*,*,*,*,。,。,。
EOS
```

在处理模式1中，原始的日语文本被划分成了将单词作为元素的数组。这种对日文的处理方式将在第5章中进行讲解。这一处理是我们在使用Word2Vec等文本分析工具前必须执行的预处理操作。

在处理模式2中，分析引擎对每个单词的词性都进行了详细的分析。如果能充分运用这些分析结果，就能实现非常复杂的文本分析处理。

2.2.4 Janome分词包的使用

对于那些看到上述安装步骤后感觉MeCab的安装还真是比较麻烦的读者，请尝试下面介绍的Janome安装方法。相比之下，Janome的安装要简单得多，而且可以在Python程序中对语素进行分析。

●导入步骤

执行下列pip 命令安装Janome引擎。

[终端窗口]

```
$ pip install janome
```

成功执行上述命令后，安装Janome的整个过程也就结束了。安装完成后，重新启动Jupyter Notebook环境的内核。

Janome 示例代码

程序2.2.2中展示的是Janome的示例代码。其使用方法与MeCab比较相似。

程序 2.2.2　Janome 的示例代码 (ch02-02-02.ipynb)

In

```
# 程序2.2.2 Janome的示例代码

# 用于分析的目标句子
text = 'これは日本語の文章です。'  # 这是一句日文。

# 处理模式1 对句子进行分词处理
from janome.tokenizer import Tokenizer
t1 = Tokenizer(wakati=True)

print(t1.tokenize(text))
print()

# 处理模式2 以单词为单位显示全部的分析结果
t2 = Tokenizer()

for token in t2.tokenize(text):
    print(token)
```

Out

```
['これ', 'は', '日本語', 'の', '文章', 'です', '。']

これ    名詞,代名詞,一般,*,*,*,これ,コレ,コレ
は      助詞,係助詞,*,*,*,*,は,ハ,ワ
日本語  名詞,一般,*,*,*,*,日本語,ニホンゴ,ニホンゴ
の      助詞,連体化,*,*,*,*,の,ノ,ノ
文章    名詞,一般,*,*,*,*,文章,ブンショウ,ブンショー
です    助動詞,*,*,*,特殊・デス,基本形,です,デス,デス
。      記号,句点,*,*,*,*,。,。,。
```

2.2.5 与字典的结合使用

我们在第2章中所介绍的语素分析引擎都提供了内置的日文字典，但是这些字典都是通用型字典，因此一些专业领域中特有的术语就有可能被细分成多个单词。根据我们使用的文本分析方法的不同，有时候可能需要避免对那些较长的专有名字进行分割，这种情况下我们就需要使用到所谓的扩展字典功能。

无论是MeCab还是Janome都提供了内置的允许用户进行定制的扩展字典功能，但是MeCab的扩展字典使用起来要稍微麻烦一些，后面给出了相应的参考链接。不过，我们会对每天都在升级为最新信息的扩展字典mecab-ipadic-neologd的使用方法进行介绍。

Janome的扩展字典使用非常简单，因此后面我们将会给出相应的示例代码进行说明。

MeCab的通用扩展字典（mecab-ipadic-neologd）

在使用MeCab的通用扩展字典mecab-ipadic-neologd前，需要在终端窗口中执行如下的一系列命令。

［终端窗口］

```
# 导入依赖的模块(如果已经导入，可以跳过此步骤)
$ brew install git curl xz

# 指定保存所下载mecab - ipadic - neologd的路径(可指定任意目录)
$ cd [保存下载文件的目录]

# 下载mecab - ipadic - neologd
$ git clone--depth 1 https://github.com/neologd/mecab-ipadic-neologd.git
# 导入构建好的mecab - ipadic - neologd
$ cd mecab-ipadic-neologd
$ ./bin/install-mecab-ipadic-neologd -n -y
```

如果需要使用扩展字典，在生成MeCab.Tagger类的实例时需要在参数中指定字典的名称。

程序2.2.3展示的是不使用扩展字典的示例代码，程序2.2.4中展示的是使用扩展字典的示例代码及其相应执行结果。

程序 2.2.3　使用 MeCab 扩展字典前 (ch02-02-03.ipynb)

In

```
# 程序2.2.3 使用MeCab扩展字典前

# 使用扩展字典前的结果
import MeCab

# 用于分析的目标句子
text = '令和元年6月1日に特急はくたかに乗ります。'
#令和元年6月1日乘坐白鹰号特快列车。

# 执行分析
tagger1 = MeCab.Tagger()
print(tagger1.parse(text))
```

Out

```
令	名詞,一般,*,*,*,*,令,リョウ,リョー
和	名詞,一般,*,*,*,*,和,ワ,ワ
元年	名詞,一般,*,*,*,*,元年,ガンネン,ガンネン
6	名詞,数,*,*,*,*,*
月	名詞,一般,*,*,*,*,月,ツキ,ツキ
1	名詞,数,*,*,*,*,*
日	名詞,接尾,助数詞,*,*,*,日,ニチ,ニチ
に	助詞,格助詞,一般,*,*,*,に,ニ,ニ
特急	名詞,一般,*,*,*,*,特急,トッキュウ,トッキュー
はく	動詞,自立,*,*,五段・カ行イ音便,基本形,はく,ハク,ハク
たか	名詞,非自立,一般,*,*,*,たか,タカ,タカ
に	助詞,格助詞,一般,*,*,*,に,ニ,ニ
乗り	動詞,自立,*,*,五段・ラ行,連用形,乗る,ノリ,ノリ
ます	助動詞,*,*,*,特殊・マス,基本形,ます,マス,マス
。	記号,句点,*,*,*,*,。,。,。
EOS
```

程序 2.2.4　使用 MeCab 扩展字典后 (ch02-02-03.ipynb)

In

```
# 程序2.2.4 使用MeCab扩展字典后

# 使用扩展字典后的结果
import MeCab

# 用于分析的目标句子
text = '令和元年6月1日に特急はくたかに乗ります。'
#令和元年6月1日乘坐白鹰号特快列车。

# 执行分析
tagger2 = MeCab.Tagger('-d /usr/local/lib/mecab/dic/mecab-ipadic-neologd')
#chasen = MeCab.Tagger()
print(tagger2.parse(text))
```

Out

```
令和元年	名詞,固有名詞,一般,*,*,*,2019年,レイワガンネン,レイワガンネン
6月1日	名詞,固有名詞,一般,*,*,*,6月1日,ロクガツツイタチ,ロクガツツイタチ
に	助詞,格助詞,一般,*,*,*,に,ニ,ニ
特急	名詞,一般,*,*,*,*,特急,トッキュウ,トッキュー
はくたか	名詞,固有名詞,一般,*,*,*,はくたか,ハクタカ,ハクタカ
に	助詞,格助詞,一般,*,*,*,に,ニ,ニ
乗り	動詞,自立,*,*,五段・ラ行,連用形,乗る,ノリ,ノリ
ます	助動詞,*,*,*,特殊・マス,基本形,ます,マス,マス
。	記号,句点,*,*,*,*,。,。,。
EOS
```

对上述使用MeCab扩展字典前后的处理结果进行比较后，我们会发现以下几个不同点。

- 成功地识别了“令和”这个新的年号。
- 在分析“令和”的时候，将与其相关的“元年”作为一个完整的词“令和元年”进行划分。

● 将“6月1日”识别为一个完整的表示日期的词。
● 将“はくたか（白鹰）”识别为一个专有名词。

无论是上述哪种结果，对于日文的分析都是正确的解释。通过对上述结果的对比，我们可以对使用扩展字典前后的差别有一个直观的理解。

MeCab 定制扩展字典的使用方法

有关在MeCab中对扩展字典进行定制的方法，可以参考下列链接中的内容。

- 添加单词的方法

URL https://taku910.github.io/mecab/dic.html

Janome 的定制扩展字典

首先，我们将在Janome的默认状态下对前面使用MeCab分析的示例进行语素分析的结果确认(程序2.2.5)。

程序 2.2.5　使用 Janome 定制字典前 (ch02-02-05.ipynb)

In

```
# 程序2.2.5 使用Janome定制字典前

# Janome 的示例代码
from janome.tokenizer import Tokenizer
t1 = Tokenizer()

# 用于分析的目标句子
text = '令和元年6月1日に特急はくたかに乗ります。'
#令和元年6月1日乘坐白鹰号特快列车。

for token in t1.tokenize(text):
    print(token)
```

Out

```
令和	名詞,固有名詞,一般,*,*,*,令和,レイワ,レイワ
元年	名詞,一般,*,*,*,*,元年,ガンネン,ガンネン
6	名詞,数,*,*,*,*,6,*,*
月	名詞,一般,*,*,*,*,月,ツキ,ツキ
1	名詞,数,*,*,*,*,1,*,*
日	名詞,接尾,助数詞,*,*,*,日,ニチ,ニチ
に	助詞,格助詞,一般,*,*,*,に,ニ,ニ
特急	名詞,一般,*,*,*,*,特急,トッキュウ,トッキュー
はく	動詞,自立,*,*,五段・カ行イ音便,基本形,はく,ハク,ハク
たか	名詞,非自立,一般,*,*,*,たか,タカ,タカ
に	助詞,格助詞,一般,*,*,*,に,ニ,ニ
乗り	動詞,自立,*,*,五段・ラ行,連用形,乗る,ノリ,ノリ
ます	助動詞,*,*,*,特殊・マス,基本形,ます,マス,マス
。	記号,句点,*,*,*,*,。,。,。
```

Janome虽然也能够成功地识别新的年号"令和"，但是对于"はくたか（白鹰）"这种列车名似乎还无法成功识别。对于这个问题，我们就需要使用扩展字典来解决。具体的方法是在与Notebook相同的目录中创建一个包含如下内容的CSV格式文件，文件名定为userdict.csv（程序2.2.6）。

程序 2.2.6　userdict.csv

```
はくたか,1285,1285,7265,名詞,固有名詞,*,*,*,*,はくたか,ハクタカ,ハクタカ
```

程序2.2.6中CSV文件的格式与MeCab中使用的是相同的，具体的定义可以参见以下链接中的内容。

- 添加单词的方法

URL https://taku910.github.io/mecab/dic.html

程序 2.2.7 使用 Janome 定制字典后 (ch02-02-05.ipynb)

In

```
# 程序2.2.7 使用Janome定制字典后

# Janome 的示例代码
from janome.tokenizer import Tokenizer
t2 = Tokenizer('userdict.csv')

# 用于分析的目标句子
text = '令和元年6月1日に特急はくたかに乗ります。'
#令和元年6月1日乘坐白鹰号特快列车。

for token in t2.tokenize(text):
    print(token)
```

Out

```
令和	名詞,固有名詞,一般,*,*,*,令和,レイワ,レイワ
元年	名詞,一般,*,*,*,*,元年,ガンネン,ガンネン
6	名詞,数,*,*,*,*,6,*,*
月	名詞,一般,*,*,*,*,月,ツキ,ツキ
1	名詞,数,*,*,*,*,1,*,*
日	名詞,接尾,助数詞,*,*,*,日,ニチ,ニチ
に	助詞,格助詞,一般,*,*,*,に,ニ,ニ
特急	名詞,一般,*,*,*,*,特急,トッキュウ,トッキュー
はくたか	名詞,固有名詞,*,*,*,*,はくたか,ハクタカ,ハクタカ
に	助詞,格助詞,一般,*,*,*,に,ニ,ニ
乗り	動詞,自立,*,*,五段・ラ行,連用形,乗る,ノリ,ノリ
ます	助動詞,*,*,*,特殊・マス,基本形,ます,マス,マス
。	記号,句点,*,*,*,*,。,。,。
```

从上述分析结果中可以看出，“はくたか(白鹰)”确实被识别为了一个单独的专有名词。

CHAPTER 3

传统的文本分析与检索技术

在本章中，我们将对在最近几年的人工智能技术出现突飞猛进发展前所使用的、具有代表性的文本分析技术进行介绍。

如图3.0.1所示的是我们在第1章的图1.2.1所介绍的整体图中，对应传统技术部分的内容。具体地说，就是指Elasticsearch 、CaboCha及TF-IDF等软件技术。在本章中，我们将对这些技术的相关知识进行讲解。

搜索引擎	元素分析	元素间关系分析	统计分析	
Elasticsearch	MeCab, Janome, Kuromoji	CaboCha	TF-IDF	实现案例
索引化	语素分析（理解词性）	上下文解析・相关性（理解单词间的关系）	单词评分化	技术名称

图 3.0.1　第 3 章中要介绍的开源软件间的关系

3.1 相关性分析

与我们在第 2 章中所介绍的用于划分句子中的单词并对单词的种类进行分析的语素分析不同，相关性是对单词之间的关系进行分析的技术。在本节中，我们将对这一技术中具有代表性的开源软件 CaboCha 进行讲解，以加深读者对相关性分析技术的理解。

3.1.1 语素分析与相关性分析的关系

假设现在需要对今日はいい天気ですね（今天天气真好啊）这句话进行分析。利用我们在第 2.2 节中介绍的语素分析处理会将这种自然语言的句子处理成如下所示形式的单词列表。

```
今日、は、いい、天気、です、ね
```

所谓相关性分析，是指将经过语素分析的结果作为输入数据，按照如图 3.1.1 所示的形式对单词之间的关系进行分析处理。

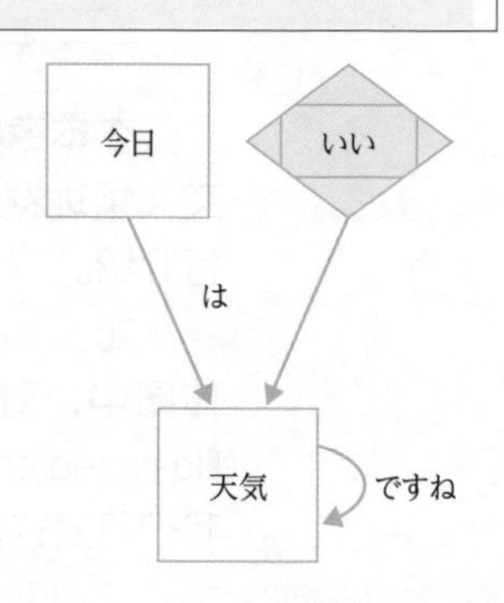

图 3.1.1 相关性分析的结果

3.1.2 CaboCha 的使用

接下来，我们将尝试使用相关性分析软件中具有代表性的 CaboCha 软件进行相关性分析处理。

注 意 事 项

CaboCha 所依赖的软件

在使用CaboCha前，必须保证系统中能够成功地运行我们在第2.2节中所介绍的MeCab引擎（可以在命令行中使用mecab -v命令进行确认）。

有关MeCab的安装步骤可参考第2.2节中的相关说明。

CaboCha 的安装

CaboCha可以通过下列命令进行安装。

［终端窗口］

```
# 安装依赖的模块
$ brew install git curl xz
$ brew install crf++

# 安装CaboCha
$ brew install cabocha
```

测试

在成功完成上述安装步骤后，可以执行如下命令检查安装是否正确。

［终端窗口］

```
$ cabocha
```

执行上述命令后，等到出现输入提示符时输入“今日はいい天気ですね（今天天气真好啊）”这句话，然后按 Enter 键。如果终端窗口中出现如下所示的结果，则说明软件安装成功了。

[终端窗口]

```
今日はいい天気ですね
    今日は---D
        いい-D
    天気ですね
EOS
```

如果要退出程序的执行，则按Ctrl+C组合键。

● Python 封装库的安装

接下来，我们将实现从Python中调用CaboCha的功能。具体的步骤有点长，可以参考下面的示例。

[终端窗口]

```
# 用于执行处理的目录可以任意指定
$ WORK_DIR=(执行处理用的目录)
$ cd $WORK_DIR

$ curl -OL https://github.com/taku910/cabocha/archive/master.zip
$ unzip master.zip
$ pip install cabocha-master/python/

$ git clone https://github.com/kenkov/cabocha
$ pip install cabocha/
```

> **注意事项**
>
> **执行pip install cabocha-master/python/失败时**
>
> 如果执行上述命令时出现了错误，则很可能是因为command line tool的版本不匹配。其旧版本可以从https://developer.apple.com/download/more（从官方网站下载软件时，需要先使用AppleID进行登录操作。如果没有AppleID则需要先注册账号）中进行下载。推荐下载Command Line Tools(macOS_10.13)for Xcode 9.4的安装文件

Command_Line_Tools_macOS_10.13_for_Xcode_9.4.dmg 并执行安装（这样可以将新版本的软件覆盖）。在完成CaboCha的安装后，再恢复成新版本的command line tool即可。

● 从 Python 中调用 CaboCha

首先，我们将尝试通过调用CaboCha的API对名为 chunk 的列表进行从头到尾的遍历操作（程序3.1.1 ~ 程序3.1.3）。

程序 3.1.1　从 Python 中调用 CaboCha (ch03-01-01.ipynb)

In

```
# 程序3.1.1
# 从Python中调用CaboCha

# CaboCha的使用（取得Token）
from cabocha.analyzer import CaboChaAnalyzer
analyzer = CaboChaAnalyzer()
tree = analyzer.parse('今日はいい天気ですね')
for chunk in tree:
    for token in chunk:
        print(token)
```

Out

```
Token("今日")
Token("は")
Token("いい")
Token("天気")
Token("です")
Token("ね")
```

程序 3.1.2　从开头遍历 Chunk 的示例 (ch03-01-01.ipynb)

In

```
# 程序3.1.2
# CaboCha的使用(从开头对Chunk进行遍历)

chunks = tree.chunks
start_chunk = chunks[0]
print('起始Chunk: ', start_chunk)
next_chunk = start_chunk.next_link
print('下一个Chunk: ', next_chunk)
```

Out

```
起始Chunk:  Chunk("今日は")
下一个Chunk:  Chunk("天気ですね")
```

程序 3.1.3　从结尾开始对 Chunk 进行遍历 (ch03-01-01.ipynb)

In

```
# 程序3.1.3
# CaboCha的使用(从结尾开始对Chunk进行遍历)

end_chunk = chunks[-1]
print('终止Chunk: ', end_chunk)
prev_chunk = end_chunk.prev_links
print('前一个Chunk: ', prev_chunk)
```

Out

```
终止Chunk:  Chunk("天気ですね")
前一个Chunk:  [Chunk("今日は"), Chunk("いい")]
```

3.1.3　使用naruhodo进行可视化处理

以相关性分析得到的结果作为数据虽然可以很简单地交由计算机进行处理，但是对于人类来说则是非常难以理解的。而naruhodo是MeCab和CaboCha的可视化处理软件库。由于需要使用GUI进行图形输出，因此我们还需要添加graphviz和pydotplus 模块。这些模块虽然安装有些复杂，但是方便我们对相关性分析结果的理解，建议大家亲自体验一下。

naruhodo、graphviz、pydotplus 的导入

执行下列命令安装所需的软件库。

[终端窗口]

```
$ brew install graphviz
$ pip install -U pydotplus
$ pip install naruhodo
```

示例代码

接下来，让我们对“今日はいい天気ですね”这句简单例句的相关性分析结果进行可视化处理（程序 3.1.4）。

程序 3.1.4　使用 naruhodo 进行可视化处理之一（ch03-01-04.ipynb）

In

```
# 程序3.1.4
# 使用naruhodo进行可视化处理之一

from naruhodo import parser
dp = parser(lang="ja", gtype="d")
dp.add('今日はいい天気ですね')
dp.show()
```

Out

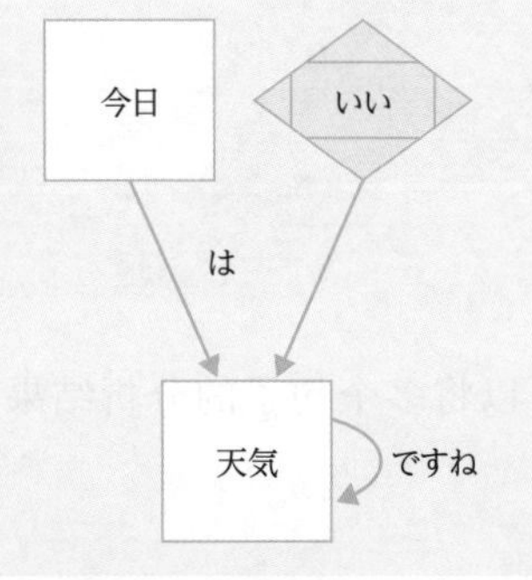

请将上图与程序3.1.2和程序3.1.3中的执行结果进行比较。相信大家就能理解起始Chunk、下一个Chunk、终止Chunk、前一个Chunk各代表什么含义了。

下面让我们继续使用"一郎は二郎が描いた絵を三郎に贈った。(一郎将二郎画的画送给了三郎)"这句稍微复杂一点的句子进行相关性分析(程序3.1.5)。

程序 3.1.5　使用 naruhodo 进行可视化处理之二（ch03-01-04.ipynb）

In

```
# 程序3.1.5
# 使用naruhodo进行可视化处理之二


dp = parser(lang="ja", gtype="d")
dp.add('一郎は二郎が描いた絵を三郎に贈った。')
dp.show()
```

Out

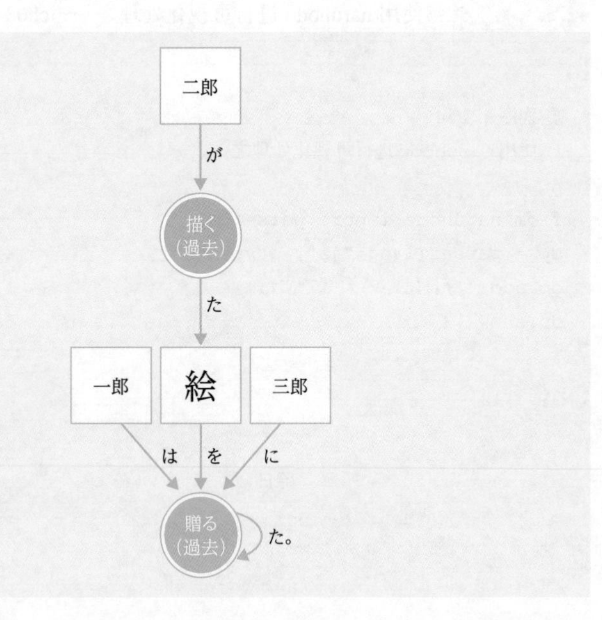

这个软件库还可以将多个句子的分析结果集中到一张图中进行显示。

最后，我们将对由3个例句所组成的更为复杂的分析示例进行可视化处理。程序会自动将这3个句子中所出现的田中三郎、絵和市場识别为同一个对象，并生成最终的图形化结果(程序3.1.6)。

程序 3.1.6 使用 naruhodo 进行可视化处理之三 (ch03-01-04.ipynb)

In

```
# 程序3.1.6
# 使用naruhodo进行可视化处理之三

# 图表的初始化操作
dp.reset()
#  依次添加例句
dp.add("田中一郎は田中次郎が描いた絵を田中三郎に贈った。")
#dp.add("田中一郎将田中次郎画的画送给了田中三郎。")
dp.add("田中三郎はこの絵を持って市場に行った。")
#dp.add("田中三郎带着这幅画去了市场。")
dp.add("市場には人がいっぱいだ。")
#dp.add("市场里挤满了人。")

#  图形的显示
dp.show()
```

Out

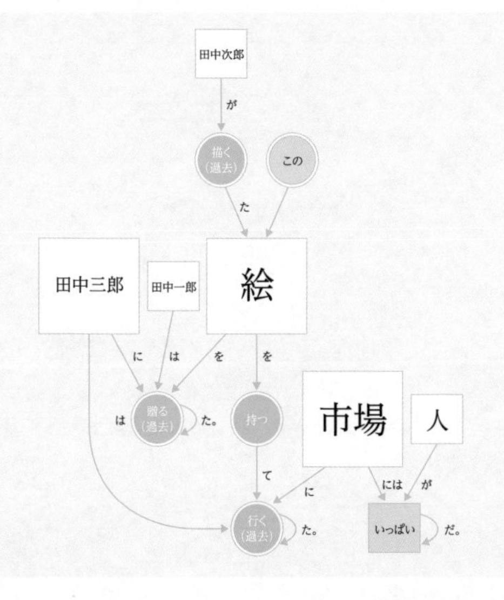

上面我们所分析的例句较为复杂，即使是由人类来分析，也很难在瞬间内厘清各个单词之间的关系。通过将分析结果绘制成上述结构图的方法，我们可以很简单地对单词之间的关系进行理解。

以上就是相关性分析这一传统技术的概要。虽然这是一项非常有趣的技术，但是相信大家仍然很难将其与我们在第 1.1 节中所介绍的具体应用案例联系在一起。而实际上，这一技术在实际的业务应用中也几乎没有任何成功的先例。如果运用人工智能技术，我们就可以将这一技术的思路进一步拓展，从而实现更为接近实际理解含义的被称为关系抽取的技术。关于这种技术的细节，我们将在第 4 章中进行更深入的讲解。

3.2 检索

检索是文本分析技术中历史最为悠久的技术之一。在本节中，我们将以其中具有代表性的、开源的搜索引擎Elasticsearch为对象，对检索中所涉及的各种重要技术和概念进行说明。

此外，本节中对Elasticsearch所执行的操作大多数是通过Kibana的UI进行的。其中所使用的命令都已上传到本书专用下载站点中的文本文件(kibana.txt)中。在阅读本书的过程中，可以通过将这个文件的内容复制到剪贴板中的方式，输入到Kibana中执行相应的操作。

3.2.1 Elasticsearch的安装

首先，我们将对最具代表性的开源搜索引擎Elasticsearch进行安装。Elasticsearch是使用Java语言编写的，因此如果读者的计算机中还未安装JDK，需要先完成JDK的安装操作。此外，对Elasticsearch的操作大多数是通过Kibana这一图形界面管理工具进行的，因此建议读者也安装Kibana。

JDK的导入

执行下列命令可以确认系统中是否已成功地安装了JDK。

[终端窗口]

```
$ java -version
```

如果系统中还未安装JDK，可以从下列网站链接中下载JDK软件包并安装。

- Java SE Downloads

URL https://www.oracle.com/technetwork/java/javase/downloads/index.html

Elasticsearch 的下载和安装

使用如下所示的命令下载Elasticsearch并进行安装。在下面的示例中，Elasticsearch的相关文件被下载到$HOME/ES目录中。

[终端窗口]

```
# 保存下载文件的目录
$ mkdir $HOME/ES
$ cd $HOME/ES
# wget的导入
$ brew install wget

# 下载文件
$ wget https://artifacts.elastic.co/downloads/elasticsearch/
elasticsearch-7.0.0-darwin-x86_64.tar.gz

# 解压缩
$ tar -xzf elasticsearch-7.0.0-darwin-x86_64.tar.gz
$ cd elasticsearch-7.0.0
```

插件的导入

由于后面执行对日文的处理时会使用到插件，因此我们还需要使用下列命令安装相应的插件。

[终端窗口]

```
$ bin/elasticsearch-plugin install analysis-kuromoji
$ bin/elasticsearch-plugin install analysis-icu
```

注意事项

导入时的警告信息

在安装插件时，程序会显示若干条WARNING信息。不过，这并不影响插件的使用，因此不必担心。

Elasticsearch 的启动

使用下列命令启动Elasticsearch。

[终端窗口]

```
$ bin/elasticsearch
```

执行过程中，程序会在控制台界面中显示各种各样的信息，但是最后会看到类似下面这样的信息显示。

[终端窗口]

```
publish_address {127.0.0.1:9200}, bound_addresses
{[::1]:9200}, {127.0.0.1:9200}
```

当看到这样的信息后，可以在浏览器中输入如下的URL地址。

- 浏览器的URL

URL http://localhost:9200

如果看到返回如下的信息，则说明软件安装成功了。

Out

```
{
  "name" : "MasanoMacBook-Air.local",
  "cluster_name" : "elasticsearch",
  "cluster_uuid" : "w2oSDL1fRJucuJJVtblsfA",
  "version" : {
    "number" : "7.0.0",
    "build_flavor" : "default",
    "build_type" : "tar",
    "build_hash" : "b7e28a7",
    "build_date" : "2019-04-05T22:55:32.697037Z",
    "build_snapshot" : false,
    "lucene_version" : "8.0.0",
    "minimum_wire_compatibility_version" : "6.7.0",
    "minimum_index_compatibility_version" : "6.0.0-beta1"
```

```
  },
  "tagline" : "You Know, for Search"
}
```

Kibana 的安装和启动

通过图形界面管理工具Kibana管理Elasticsearch服务器是最方便的。因此，接下来我们将安装Kibana。

在Elasticsearch服务器启动好的状态下，不要关闭执行Elasticsearch时使用的终端窗口，另外开启一个新的终端窗口，并执行如下的命令。

[终端窗口]

```
# 移动到执行处理的目录中
$ cd $HOME/ES
$ wget https://artifacts.elastic.co/downloads/kibana/kibana-
7.0.0-darwin-x86_64.tar.gz
$ tar -xzf kibana-7.0.0-darwin-x86_64.tar.gz
$ cd kibana-7.0.0-darwin-x86_64/
```

Kibana的启动是通过以下命令完成的。

[终端窗口]

```
$ bin/kibana
```

Kibana UI 的启动

在浏览器中输入如下的URL即可启动Kibana图形界面。

- 浏览器的URL

URL http://localhost:5601

如果看到如图3.2.1所示的界面，就说明Kibana UI的启动成功了。单击界面右下方的Explore on my own按钮，进入下一个界面。

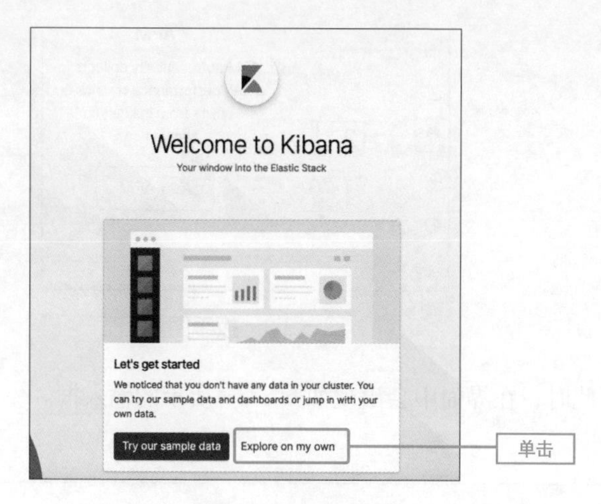

图 3.2.1 Kibana 的初始界面

然后，正常情况下，我们会看到如图 3.2.2 所示的界面。

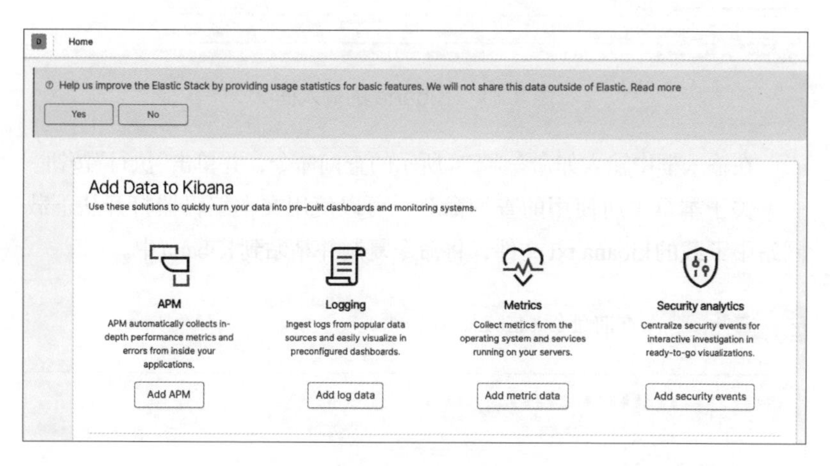

图 3.2.2 Kibana 的操作界面

第一次查询

接下来，我们将通过 Kibana 对 Elasticsearch 执行首次查询操作。在界面左下方的工具栏中单击如图 3.2.3 所示的扳手图标。

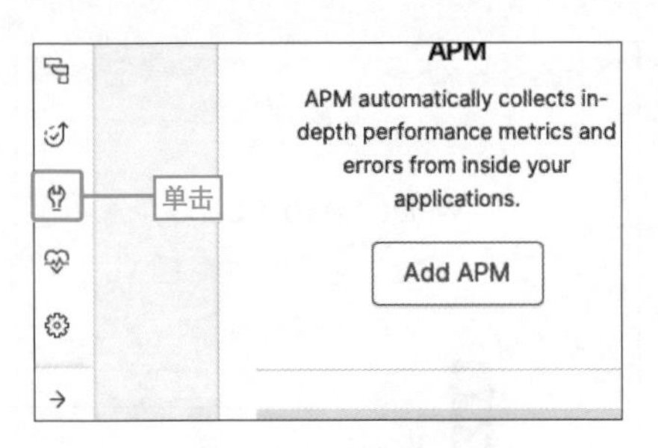

图 3.2.3　扳手图标

此时，在界面中会出现如图 3.2.4 所示的输入框。

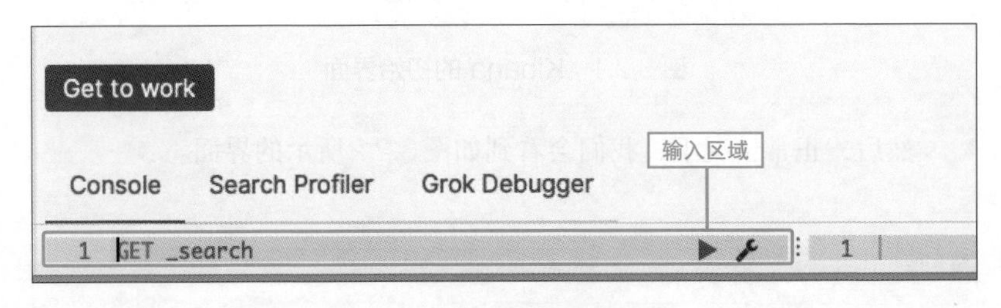

图 3.2.4　Kibana 的输入框

在输入框中输入如命令 3.2.1 所示的查询命令，并单击“执行”按钮。

关于本章中所使用的查询命令，可以使用文本编辑器打开从下载网站中下载的kibana.txt文件，将命令复制并粘贴到Kibana中。

命令 3.2.1　查询命令（kibana.txt）

```
######################
# kibana-3-2-1
# 第一个查询命令
######################

GET _search
{
  "query": {
    "match_all": {}
  }
}
```

查询语句

成功地执行上述命令后，我们会看到如图3.2.5所示的查询结果。

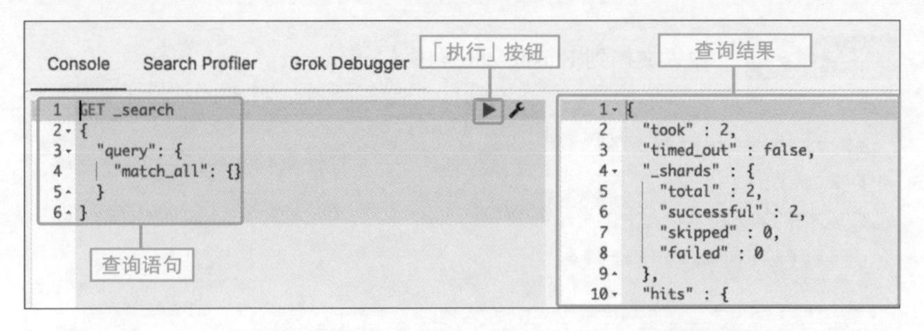

图3.2.5 在Kibana中执行Elasticsearch查询操作的结果

3.2.2 Elasticsearch的使用

在第3.2.1小节所导入的Kibana中，我们也可以使用REST API对Elasticsearch执行查询操作。

接下来，我们将实际地尝试使用Elasticsearch进行检索。不过，在正式开始前，让我们先整理Elasticsearch中所使用的概念和术语。

Elasticsearch的概念可以对应于任何标准的关系数据库。其具体的对应关系见表3.2.1。

表3.2.1 关系数据库与Elasticsearch概念的对比

关系数据库	Elasticsearch概念
数据库	Index
表	_doc(Type)
行	Document

文档的输入

输入文档(Document)到Elasticsearch的操作是通过PUT 命令实现的。在下面的命令3.2.2中依次输入了3份文档到Elasticsearch中。

此外，这些命令已经事先保存在kibana.txt文件中，可以直接将命令3.2.2的内容复制并粘贴到Kibana的控制台界面中，然后单击“执行”

按钮。需要注意的是，这3段PUT语句是相互独立的，请依次分别执行每段命令。

命令 3.2.2　输入文档到 Elasticsearch 中（kibana.txt）

```
########################
# kibana-3-2-2
# 文档的输入
########################

PUT /names/_doc/1
{
    "title": "My Name Is Yamada",
    "name": {
        "first": "Taro",
        "last": "Yamada"
  },
    "content": "I love sushi."
}

PUT /names/_doc/2
{
    "title": "My Name Is Tanaka",
    "name": {
        "first": "Jiro",
        "last": "Tanaka"
  },
    "content": "I love soba."
}

PUT /names/_doc/3
{
    "title": "My Name Is Watanabe",
    "name": {
        "first": "Saburo",
        "last": "Watanabe"
  },
    "content": "I love tenpura."
}
```

文档的检索

检索操作是通过GET <Index名>/_search的方式实现的。命令3.2.3中展示的是检索title中包含Tanaka的文章及其检索到的结果。

命令 3.2.3　文档的检索（kibana.txt）

In

```
#######################
# kibana-3-2-3
# 文档的检索
#######################

GET names/_search
{
  "query": {
    "match": {
      "title": "Tanaka"
    }
  }
}
```

Out

```
{
  "took" : 15,
  "timed_out" : false,
  "_shards" : {
    "total" : 1,
    "successful" : 1,
    "skipped" : 0,
    "failed" : 0
  },
  "hits" : {
    "total" : {
      "value" : 1,
      "relation" : "eq"
    },
    "max_score" : 0.9808292,
    "hits" : [
```

```
        {
          "_index" : "names",
          "_type" : "_doc",
          "_id" : "2",
          "_score" : 0.9808292,
          "_source" : {
            "title" : "My Name Is Tanaka",
            "name" : {
              "first" : "Jiro",
              "last" : "Tanaka"
            },
            "content" : "I love soba."
          }
        }
      ]
    }
  }
```

从上述检索结果可以看出，在输入的3份文档中，只有Tanaka（人名）那份被成功匹配了。

3.3 日文检索

本节将继续对Elasticsearch 的使用方法进行讲解。在第3.2节中，我们对Elasticsearch进行了概要性介绍，作为检索对象的文档也都是英文的；在本节中，我们将继续对日文文档进行处理。在对日文文档的分析处理中一直存在着几个难点，我们将依次进行说明，以加深读者的相关理解。

3.3.1 Python 应用程序接口的导入

正如我们在第3.2.1小节中所介绍的，Elasticsearch的操作通常都是使用Kibana这个图形界面工具来完成的。不过，也可以通过Python API来对其进行调用。由于本节中所使用的Elasticsearch输入数据较为复杂，因此我们将统一采用Python API调用的方式来进行操作。

> **注 意 事 项**
>
> **开始操作前**
>
> 在开始操作前，需要确保在第3.2.1小节中所介绍的Elasticsearch服务器已经成功启动。

Elasticsearch 软件库的导入

在终端窗口中输入如下的pip 命令，完成对Elasticsearch软件库的导入。

［终端窗口］

```
$ pip install elasticsearch
```

Python 应用程序接口的测试

在Jupyter Notebook中执行程序3.3.1中的Notebook代码。我们将创建一个Elasticsearch实例，以测试是否能够成功连接到服务器。

程序 3.3.1　连接 Elasticsearch 服务器 (ch03-03-01.ipynb)

In

```
# 程序3.3.1 连接Elasticsearch 服务器

from elasticsearch import Elasticsearch
es = Elasticsearch()

# 确认Elasticsearch服务器的信息
es.info(pretty=True)
```

Out

```
{'name': 'MasanoMacBook-Air.local',
 'cluster_name': 'elasticsearch',
 'cluster_uuid': 'w2oSDL1fRJucuJJVtblsfA',
 'version': {'number': '7.0.5',
  'build_flavor': 'default',
  'build_type': 'tar',
  'build_hash': 'b7e28a7',
  'build_date': '2019-04-05T22:55:32.697037Z',
  'build_snapshot': False,
  'lucene_version': '8.0.0',
  'minimum_wire_compatibility_version': '6.7.0',
  'minimum_index_compatibility_version': '6.0.0-beta1'},
 'tagline': 'You Know, for Search'}
```

注 意 事 项

调用API时出现错误信息

如果在调用API的过程中出现错误信息，只需使用在第3.2.1小节中所介绍的命令重新启动Elasticsearch服务器并确认是否成功即可。另外，在通过API调用Elasticsearch时，是不需要启动Kibana软件的。

接下来，我们将使用search函数进行检索操作（程序3.3.2）。其中使用的检索对象和检索条件与第3.2.2小节最后所使用的相同，即索引指定为names；条件指定为title中包含Tanaka的数据。需要注意的是，执行下列代码前需要确保程序3.3.1中所生成的es实例是有效的。

程序 3.3.2　使用 search 函数进行检索 (ch03-03-02.ipynb)

In

```
# 程序3.3.2 使用search函数进行检索

# 检索所用JSON的设置
body = {
  "query": {
    "match": {
      "title": "Tanaka"
    }
  }
}

# 执行检索
res = es.search(index = "names", body = body)

# 显示结果
import json
print(json.dumps(res, indent=2, ensure_ascii=False))
```

Out

```
{
  "took": 169,
  "timed_out": false,
  "_shards": {
    "total": 1,
    "successful": 1,
    "skipped": 0,
    "failed": 0
  },
  "hits": {
    "total": {
      "value": 1,
      "relation": "eq"
    },
    "max_score": 0.9808292,
```

```
  "hits": [
    {
      "_index": "names",
      "_type": "_doc",
      "_id": "2",
      "_score": 0.9808292,
      "_source": {
        "title": "My Name Is Tanaka",
        "name": {
          "first": "Jiro",
          "last": "Tanaka"
        },
        "content": "I love soba."
      }
    }
  ]
 }
}
```


从上述代码的执行结果可以看出，我们同样可以从Jupyter Notebook中获取完全相同的结果。

此外，通过Elasticsearch的Python API还可以实现很多本小节中尚未介绍的功能。感兴趣的读者可以参考下列链接中的API文档。

- Elasticsearch：API Documentation

URL https://elasticsearch-py.readthedocs.io/en/master/api.html

3.3.2 日文用分析器的设置

当检索对象为日文时，最重要的一点就是需要设置分析器。所谓分析器，是指在将文档保存到索引中，或者从要检索的句子中提取用于检索的单词（准确地说，应当是token）时所需执行的处理。

为了提高日文搜索引擎的搜索精度，将メモリ（内存）这一检索词与メモリ这个token对应起来，将メモリー与メモリ识别为同一个单词等都是非常必要地处理。为了实现这些处理流程，下面我们将对分析器的设置方法进行讲解。

●空白字典文件的创建

后面的设置都需要用到my_jisho.dic字典文件。如果该文件不存在，程序就会显示错误信息。因此，我们先执行下列命令创建一个空的字典文件。

[终端窗口]

```
$ cd $HOME/ES
$ touch elasticsearch-7.0.0/config/my_jisho.dic
```

●日文专用索引的登记

接下来，我们将创建一个新的名称为jp_index的索引，设置用于日文分析的分析器（程序3.3.3）。

> **注意事项**
>
> **执行程序3.3.3的前提**
>
> 在执行程序3.3.3中的代码前，需要先确保以下两点。
>
> - 第3.2.1小节中所介绍的Elasticsearch服务器处于启动状态。
> - ch03-03-03.ipynb中已经成功地创建了Elasticsearch类的实例。

程序 3.3.3　日文专用索引的登记 (ch03-03-03.ipynb)

In

```
# 程序3.3.3 日文专用索引的登记
# 创建索引所要用的JSON定义
create_index = {
    "settings": {
        "analysis": {
            "filter": {
```

```
                "synonyms_filter": {    # 同义词过滤器的定义
                    "type": "synonym",
                    "synonyms": [    #定义同义词列表(当前为空的状态)
                        ]
                }
            },
            "tokenizer": {
                "kuromoji_w_dic": {    # 可定制语素分析的定义
                "type": "kuromoji_tokenizer",    # 将kromoji_
tokenizer作为基类
                    # 添加my_jisho.dic作为用户字典
                    "user_dictionary": "my_jisho.dic"
                }
            },
            "analyzer": {
                "jpn-search": { # 定义检索用的分析器
                    "type": "custom",
                    "char_filter": [
                        "icu_normalizer", # 字符单位的归一化处理
                        "kuromoji_iteration_mark" # 重复字符的
归一化处理
                    ],
                    "tokenizer": "kuromoji_w_dic", # 附带
kuromoji字典的语素分析
                    "filter": [
                        "synonyms_filter", # 同义词展开
                        "kuromoji_baseform", # 对活用词进行原型
化处理
                        "kuromoji_part_of_speech", # 删除无用
的单词
                        "ja_stop", # 删除停止词
                        "kuromoji_number", # 数字的归一化处理
                        "kuromoji_stemmer" # 长音的归一化处理
                    ]
                },
                "jpn-index": { # 定义用于生成索引的分析器
                    "type": "custom",
                    "char_filter": [
                        "icu_normalizer", # 字符单位的归一化处理
```

```
                        "kuromoji_iteration_mark" # 重复字符的
归一化处理
                    ],
                    "tokenizer": "kuromoji_w_dic", # 附带
kuromoji字典的语素分析
                    "filter": [
                        "kuromoji_baseform", # 对活用词进行原型
化处理
                        "kuromoji_part_of_speech", # 删除无用
的单词
                        "ja_stop", # 删除停止词
                        "kuromoji_number", # 数字的归一化处理
                        "kuromoji_stemmer" # 长音的归一化处理
                    ]
                }
            }
        }
    }
}

# 定义日文分析所用索引名
jp_index = 'jp_index'

# 如果已经存在同名的索引，则将其删除
if es.indices.exists( index = jp_index ):
    es.indices.delete( index = jp_index )

# 生成索引jp_doc
es.indices.create( index = jp_index, body = create_index )
```

Out

```
{'acknowledged': True, 'shards_acknowledged': True, 'index':
'jp_index'}
```

如果成功地创建了索引，程序会显示类似程序3.3.3中的处理结果。下面我们将对上述设置所执行的具体操作进行简要说明。

分析器的作用

在Elasticsearch中，分析器是负责对文本数据进行预处理操作的模块。需要执行预处理的对象包括输入到索引中的文档和用于检索的字符串这两种。而用于指定按照怎样的顺序进行怎样的预处理操作的则是custom analyser。在程序3.3.3的示例代码中，jpn-index用于设置输入到索引前对文档进行的预处理，而jpn-search 则是设置对检索的字符串所执行的预处理。

分析器的处理流程

分析器中包括下列3种过滤器，对作为处理对象的文本所执行的处理流程如图3.3.1所示。

图 3.3.1　分析器的处理流程

- Character Filter（以字符为单位执行的处理）。
- Tokenizer（token 化，将句子划分为单词的处理）。
- Token Filter（对每个 token 所执行的处理）。

上述示例的结构定义的是如下所示的设置。

```
Character Filter: icu_normalizer, kuromoji_mark
Tokenizer: kuromoji_tokenizer
Token Filter: kuromoji_baseform,
kurompji_part_of_speech,
ja_stop, kuromoji_number, kuromoji_stemmer
```

在对文档进行登记时，这一处理所产生的输出token会根据对应的索引进行登记。而在对文档进行检索时，这一输出所产生的token会被作为检索词，与索引内的文档进行匹配操作。这种实现机制所产生的

效果就是对于包含メモリー（内存）这一单词的文章，即使使用メモリ(内存)进行检索也会被匹配。

●使用Python 显示分析器的分析结果

用于对分析器分析每个文档、单词的结果进行调查的函数是analyse()。接下来，我们将定义如程序3.3.4中所示的用于显示分析结果的函数analyse-jp-text()，并对这个函数的执行情况进行确认。

MEMO

关于程序3.3.4 ~ 程序3.3.11的处理

程序3.3.4 ~ 程序3.3.11所执行的一系列处理是相互关联的，因此这几段代码都被保存在同一个Notebook文件中。

程序 3.3.4　定义用于显示分析结果的 analyse_jp_text 函数 (ch03-03-03.ipynb)

In

```
# 程序3.3.4 定义用于显示分析结果的analyse_jp_text函数

def analyse_jp_text(text):
    body = {"analyzer": "jpn-search", "text": text}
    ret = es.indices.analyze(index = jp_index, body = body)
    tokens = ret['tokens']
    tokens2 = [token['token'] for token in tokens]
    return tokens2

# analyse_jp_text 函数的测试
print(analyse_jp_text('関数のテスト'))  #函数的测试
```

Out

```
['関数', 'テスト']
```

每个过滤器的处理内容

那么具体来说，每个过滤器所执行的究竟是怎样的操作呢？下面对这些操作进行简要说明。

icu_normalizer　ICU Normalization Character Filter

该过滤器用于对字符进行规范化处理。Unicode字符的规范化是指对预组合文字的分解与合成进行统一、对同一个字符的全角与半角进行统一，以及其他记号类符号的统一等处理。例如在下面的示例中，将半角的片假名统一转换为全角的片假名。

[例1]

```
ｱﾊﾟｰﾄ　→　アパート
```

举一个比较特殊的例子，类似下面的转换也是可以处理的。

[例2]

```
㌀　→　アパート
```

下面使用程序3.3.4中所定义的analyse_jp_text函数对上述两个示例的处理进行确认(程序3.3.5)。

程序 3.3.5　icu_normalizer 的测试 (ch03-03-03.ipynb)

In

```
# 程序3.3.5 icu_normalizer的测试

print(analyse_jp_text('ｱﾊﾟｰﾄ'))
print(analyse_jp_text('㌀'))
```

Out

```
['アパート']
['アパート']
```

kuromoji_iteration_mark Character Filter

叠字是指由相同的字或词重复而构成的单词。这里将对这类叠词进行统一的规范化处理。

[例3]

時々 → 時時

对于类似下面的叠词，也会统一将其展开成普通的字符。

[例4]

こゝろ → こころ(心)

[例5]

学問のすゝめ → 学問のすすめ(劝学书-福泽谕吉)

对于上述示例，我们也同样使用函数对分析结果进行确认(程序3.3.6)。

程序 3.3.6 kuromoji_iteration_mark 的测试(ch03-03-03.ipynb)

In

```
# 程序3.3.6 kuromoji_iteration_mark的测试

print(analyse_jp_text('時々'))
print(analyse_jp_text('こゝろ'))
prin(analyse_jp_text('学問のすゝめ'))
```

Out

```
['時時']
['こころ']
['学問', 'すすめ']
```

kuromoji_tokenizer

该过滤器用于实现我们在第2章中所讲解的语素分析处理。Elasticsearch内部使用的是被称为kuromoji 的语素分析引擎。日文的内容通过这一处理后，就变成了以单词为单位划分的语素状态。

单词的划分是根据系统中自带的标准字典（IPA字典）来进行的。如果需要对单词的划分方法进行调整，将会用到稍后我们要介绍的对语素分析用的字典进行扩展的方法。

synonyms_filter

该过滤器是用于处理同义词的过滤器。例如，将运算器定义为CPU的同义词的情况下，如果将CPU作为关键词进行检索时，无论是包含CPU的文档还是包含运算器的文档都会被包含在检索结果中。

对于同义词的处理只需要对检索关键词进行处理即可，没必要对索引中的文档进行特殊处理。因此synonyms_filter只包含在检索关键词的定义中。

kuromoji_baseform

该过滤器负责将像动词这样因为活用而导致词尾发生变化的单词恢复成原型。

[例6]

```
飲み → 飲む
```

下面我们将使用显示分析结果的analyse_jp_text函数对示例程序进行确认（程序3.3.7）。

程序 3.3.7　kuromoji_baseform 的测试 (ch03-03-03.ipynb)

In

```
# 程序3.3.7 kuromoji_baseform的测试

print(analyse_jp_text('昨日、飲みに行った。'))     # 昨天去喝酒了。
```

Out

```
['昨日', '飲む', '行く']
```

上述例句中“行った”这个动词的过去式被还原成了“行く”动词原型。

● kuromoji_part_of_speech

该过滤器负责将那些对于检索操作没有任何作用的助词等虚词进行删除。

[例7]

```
寿司がおいしい → 「寿司「おいしい」 （寿司很好吃）
```

下面我们将通过显示分析结果的函数对其进行确认(程序3.3.8)。

程序 3.3.8　kuromoji_part_of_speech 的测试 (ch03-03-03.ipynb)

In

```
# 程序3.3.8 kuromoji_part_of_speech的测试

print(analyse_jp_text('この店は寿司がおいしい。'))    # 这家店的寿司很好吃。
```

Out

```
['店', '寿司', 'おいしい']
```

● ja_stop

该过滤器负责对那些出现频率非常高的词进行删除。

[例8]

```
これ、それ、しかしなど
```

下面让我们通过显示分析结果的analyse_jp_text 函数对这个过滤

器的处理进行确认(程序3.3.9)。

程序 3.3.9　ja_stop 的测试 (ch03-03-03.ipynb)

In

```
# 程序3.3.9 ja_stop的测试

print(analyse_jp_text('しかし、これでいいのか迷ってしまう。'))
# 然而，我不知道该不该这样做。
```

Out

```
['いい', '迷う', 'しまう']
```

从结果中可以看到，しかし、これ、で、のか等都被过滤器删除了。关于这个过滤器具体会删除的单词，可以从下列链接的文档中进行确认。

● kuromoji_number

该过滤器负责将日文数字转换成阿拉伯数字。

[例9]

```
一億二十三 → 100000023
```

使用显示分析结果的analyse_jp_text 函数得到的输出结果如程序3.3.10中所示。

程序 3.3.10　kuromoji_number 的测试 (ch03-03-03.ipynb)

In

```
# 程序3.3.10 kuromoji_number的测试

print(analyse_jp_text('一億二十三'))
```

Out

```
['100000023']
```

● kuromoji_stemmer

该过滤器负责将单词中的长音删除。

[例10]

```
コンピューター→ コンピュータ    # 计算机
```

使用显示分析结果的analyse_jp_text 函数得到的输出结果如程序3.3.11中所示。

程序 3.3.11　kuromoji_stemmer 的测试 (ch03-03-03.ipynb)

In

```
# 程序3.3.11 kuromoji_stemmer的测试

print(analyse_jp_text('コンピューターを操作する'))      # 操作计算机
```

Out

```
['コンピュータ', '操作']
```

3.3.3　日文文档的检索

接下来，我们将在使用第3.3.2小节中分析器的状态下，尝试对简单的日文文档进行检索。

● Mapping 的设置

为了能使分析器的设置在进行检索时发挥作用，我们需要进行Mapping设置。这一设置是用于指定对于输入索引中的文档的每个项目各采用哪个分析器进行处理。在下面的示例中，我们需要将content这个项目的检索操作设置为日文检索，因此需要使用如程序3.3.12中那样调用put_mapping函数的方式进行设置。

 MEMO

从程序3.3.12到程序3.3.14的处理

从程序3.3.12到程序3.3.14的处理是前后关联的，因此所有的代码都保存在同一个Notebook文件中。

注 意 事 项

执行程序3.3.12的前提

要成功地执行程序3.3.12中的代码，需要满足如下两个条件。

- 确保第3.2.1小节中所介绍的Elasticsearch服务器处于启动状态。
- 名为ch03-03-12.ipynb的Notebook文件中到程序3.3.12为止的单元中的代码都已成功执行。

程序 3.3.12　Mapping 的设置 (ch03-03-12.ipynb)

In

```
# 程序3.3.12 Mapping的设置

mapping =  {
    "properties": {
        "content": {
            # 在Elasticsearch v6及更高版本中使用语素分析时type需
设置为text
            # 将完全相同的项目作为keyword使用
            # 注意v5中可以使用的string在新版本中无法使用
            "type": "text",
            # 生成索引时分析器的设置
            "analyzer": "jpn-index",
            # 检索时分析器的设置
            "search_analyzer": "jpn-search"
```

```
        }
    }
}
es.indices.put_mapping(index = jp_index, body = mapping)
```

Out

```
{'acknowledged': True}
```

●日文文档的输入

下面我们将执行输入日文文档的操作。程序3.3.13中输入了如下3份文档，文档实际的输入操作是通过index函数调用执行的。

程序 3.3.13　日文文档的输入 (ch03-03-12.ipynb)

In

```
# 程序3.3.13 日文文档的输入

bodys = [
    { "title": "山田太郎の紹介", #山田太郎的简介
    "name": {
        "last": "山田",
        "first": "太郎"
    },
    "content": "スシが好物です。犬も好きです。"},
    # 最喜欢的食物是寿司。也喜欢狗。
    { "title": "田中次郎の紹介", # 田中次郎的简介
    "name": {
        "last": "田中",
        "first": "次郎"
    },
    "content": "そばがだいすきです。ねこも大好きです。"},
    # 非常喜欢吃荞麦面。也非常喜欢猫。
    { "title": "渡辺三郎の紹介", # 渡边三郎的简介
    "name": {
        "last": "渡辺",
```

```
        "first": "三郎"
    },
    "content": "天ぷらが好きです。新幹線はやぶさのファンです。"}
    # 喜欢吃天妇罗。是猎隼号新干线列车的粉丝。
]

for i, body in enumerate(bodys):
    es.index(index = jp_index, id = i, body = body)
```


日文文档的检索

接下来是执行检索操作。检索时指定使用半角字符串“ｽｼ(寿司)”(程序 3.3.14)。使用前面介绍的分析器进行规范化处理后，半角字符串就被自动转换成了全角，然后执行检索操作。

程序 3.3.14　日文文档的检索 (ch03-03-12.ipynb)

In

```
# 程序3.3.14 日文文档的检索

# 检索条件的设置
query = {
    "query": {
        "match": {
            "content": "ｽｼ"
        }
    }
}

# 执行检索
res = es.search(index = jp_index, body = query)

# 显示结果
import json
print(json.dumps(res, indent=2, ensure_ascii=False))
```

Out

```
{
  "took": 470,
  "timed_out": false,
  "_shards": {
    "total": 1,
    "successful": 1,
    "skipped": 0,
    "failed": 0
  },
  "hits": {
    "total": {
      "value": 1,
      "relation": "eq"
    },
    "max_score": 1.0417082,
    "hits": [
      {
        "_index": "jp_index",
        "_type": "_doc",
        "_id": "0",
        "_score": 1.0417082,
        "_source": {
          "title": "山田太郎の紹介",    #山田太郎的简介
          "name": {
            "last": "山田",
            "first": "太郎"
          },
          "content": "スシが好物です。犬も好きです。"
          # 最喜欢的食物是寿司。也喜欢狗。
        }
      }
    ]
  }
}
```

从程序3.3.14的执行结果中可以看到，引擎成功匹配到了包含“スシ”这个关键词的文档。

3.3.4 复杂的日文检索（同义词和字典的使用）

至此，我们已经成功地实现了对日文文档的检索操作。但是，在实际进行检索操作时，仍然有一些问题没有得到很好的解决。例如，对于下列的两种使用案例。

- 在使用寿司作为关键词进行检索时，希望能同时匹配鮨和スシ。
- 类似新幹線はやぶさ（猎隼号新干线）这样的专有名词也能够进行检索。

为了解决上述问题，就需要用到同义词和字典两个功能。具体来说，解决第一个问题需要使用同义词，解决第二个问题需要使用字典。在本节中，我们将对如何在Elasticsearch定义同义词和字典进行讲解。

同义词的定义

首先，我们将尝试对同义词进行定义。在程序3.3.3中所介绍的用于创建索引的JSON文件中，synonyms_filter 可用于定义作为同义词的单词分组。具体的设置方法如程序3.3.15所示。

注意事项

关于程序3.3.15

在程序3.3.15中，只显示了对定义同义词部分的代码。如果需要浏览包含程序3.3.15的完整代码，请参考Jupyter Notebook文件中的内容。

注意事项

执行程序3.3.15中代码的前提条件

要成功执行程序3.3.15中的代码，需要满足如下两个条件。

- 确保第3.2.1小节中所介绍的Elasticsearch服务器处于启动状态。

● 名为ch03-03-15.ipynb的Notebook文件中到程序3.3.15为止的单元中的代码都已成功地执行。

程序 3.3.15　同义词的定义 (ch03-03-15.ipynb)

In

```
# 程序3.3.15 同义词的定义
# 定义创建索引用的JSON文件
create_index = {
    "settings": {
        "analysis": {
            "filter": {
                "synonyms_filter": { # 同义词过滤器的定义
                    "type": "synonym",
                    "synonyms": [ # 同义词列表的定义
                        "すし,スシ,鮨,寿司"
                        ]
                        (…略…)
                    }
                }
            }
        }
    }
}
(…略…)
```

同义词的测试

接下来，我们将使用前面定义的用于显示分析结果的 analyse_jp_text 函数，对定义同义词后的分析效果进行调查。作为调查对象的例句分别为寿司を食べたい（我想吃寿司）、私はスシが好きだ（我喜欢寿司）（程序3.3.16）。

程序 3.3.16　同义词的测试 (ch03-03-15.ipynb)

In

```
# 程序3.3.16 同义词的测试

print(analyse_jp_text('寿司を食べたい'))  #我想吃寿司
print(analyse_jp_text('私はスシが好きだ'))  #我喜欢寿司
```

Out

```
['寿司', 'すし', 'スシ', '鮨', '食べる']
['私', 'スシ', 'すし', '鮨', '寿司', '好き']
```

从程序3.3.16的测试结果中可以看到，尽管在检索时所输入的字符串中只包含寿司或者スシ，但是在经过分析器的处理后，得到的检索结果中却包含スシ、すし、寿司、鮨这4个词。由此可见，分析引擎成功地使用了我们所定义的同义词进行处理。图3.3.2所示为这一分析过程的基本原理。

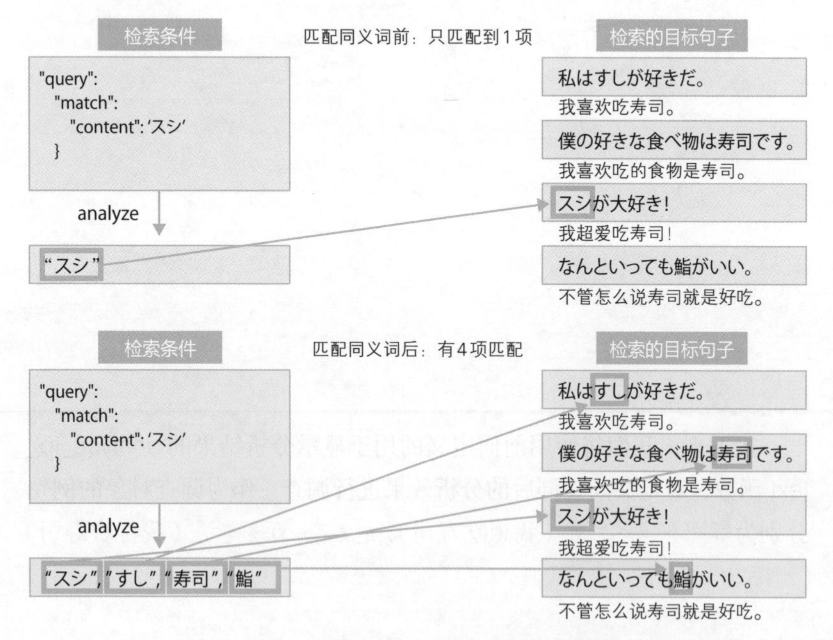

图 3.3.2　定义同义词进行检索的原理

同义词的检索

接下来，我们将对使用同义词的检索进行确认。作为测试对象的文档与前面测试中所使用的相同。

这次我们将用于检索的关键词修改为“寿司”。虽然程序3.3.17中的代码只是对用于检索的函数进行调用，但是由于需要修改索引的定义，因此Mapping设置和文档输入部分的代码也需要做相应的调整。

程序 3.3.17　使用同义词进行检索 (ch03-03-15.ipynb)

In

```
# 程序3.3.17 使用同义词进行检索

# 检索条件的设置
query = {
    "query": {
        "match": {
            "content": '寿司'
        }
    }
}

# 执行检索
res = es.search(index = jp_index, body = query)

# 显示结果
import json
print(json.dumps(res, indent=2, ensure_ascii=False))
```

Out


```
{
  "took": 20,
  "timed_out": false,
  "_shards": {
    "total": 1,
    "successful": 1,
    "skipped": 0,
    "failed": 0
```

```
  },
  "hits": {
    "total": {
      "value": 1,
      "relation": "eq"
    },
    "max_score": 1.7349341,
    "hits": [
      {
        "_index": "jp_index",
        "_type": "_doc",
        "_id": "0",
        "_score": 1.7349341,
        "_source": {
          "title": "山田太郎の紹介",
          "name": {
            "last": "山田",
            "first": "太郎"
          },
          "content": "スシが好物です。犬も好きです。"
        }
      }
    ]
  }
}
```

从上述执行结果中可以看到，分析引擎成功地实现了通过“寿司”搜索包含“スシ”的文档的处理。由此可见，同义词功能运行正常。

● 使用字典的必要性

下面我们将字典的定义进行示范操作。在开始前，让我们思考一下什么情况下才需要使用到字典。

回顾一下图 3.3.2。Elasticsearch 这类搜索引擎所做的处理，实际上就是将索引内的文档与用于检索关键词的 token 进行匹配。因此，如果在语素分析的阶段将作为检索对象的关键词进行了意料之外的分词处理，就会发生检索结果出乎我们意料的问题。这种现象在由平假名所构成的专有名词中特别容易出现。其中比较典型的例子就是北海道的新干线列车はやぶさ(猎隼)。

这里我们也将使用显示分析结果的analyse_jp_text 函数分别对"新幹線はやぶさ""はやぶさ"进行分析。

程序 3.3.18　"新幹線はやぶさ""はやぶさ"的分析 (ch03-03-15.ipynb)

In

```
# 程序3.3.18"新幹線はやぶさ""はやぶさ"的分析结果

print(analyse_jp_text('新幹線はやぶさ'))
print(analyse_jp_text('はやぶさ'))
```

Out

```
['新幹線', 'やぶる']
['はや', 'ぶす']
```

从上述结果中可以看到，从原始输入产生的分析结果令人出乎意料。特别是"新幹線はやぶさ"这一个专有名词被划分成了新幹線、は、やぶ、さ多个语素，几乎看不出はやぶさ(猎隼)这个词的踪迹了。那么这是否意味着使用はやぶさ作为检索关键词就无法匹配程序 3.3.13 中爱好为新幹線はやぶさ的渡边三郎呢？下面就让我们通过实际的代码进行验证(程序 3.3.19)。

程序 3.3.19　使用关键词"はやぶさ"进行检索 (ch03-03-15.ipynb)

In

```
# 程序3.3.19 使用关键词"はやぶさ"进行检索

# 检索条件的设置
query = {
    "query": {
        "match": {
            "content": 'はやぶさ'    # 猎隼
        }
    }
}
```

```
# 执行检索
res = es.search(index = jp_index, body = query)

# 显示结果
import json
print(json.dumps(res, indent=2, ensure_ascii=False))
```

Out


```
{
  "took": 3,
  "timed_out": false,
  "_shards": {
    "total": 1,
    "successful": 1,
    "skipped": 0,
    "failed": 0
  },
  "hits": {
    "total": {
      "value": 0,
      "relation": "eq"
    },
    "max_score": null,
    "hits": []
  }
}
```


分析结果果然在我们的意料之中。在这种情况下，就需要用到字典功能了。下面让我们将"はやぶさ"作为专有名词登记到字典中。

字典的登记

首先，使用如下的命令将"はやぶさ"登记到字典中。字典所使用的数据格式如下。

[字典的格式]

```
[ 单词 ], [ 解析后的单词 ], [ 振假名 ], [ 词性 ]
```

[示例]

```
はやぶさ,はやぶさ,ハヤブサ,固有名詞
```

[终端窗口]

```
$ echo "はやぶさ,はやぶさ,ハヤブサ,固有名詞" >> $HOME/ES/
elasticsearch-7.0.0/config/my_jisho.dic
```

接下来，我们将从创建索引开始重新进行处理(程序3.3.20)。然后对新幹線はやぶさ和はやぶさ这两个例句进行分析。

注 意 事 项

关于程序3.3.20

实际上，在完成字典的登记后需要再次生成索引。

注 意 事 项

执行程序3.3.20中代码的前提条件

要成功地执行程序3.3.20中的代码，需要满足如下两个条件。

- 确保第3.2.1小节中所介绍的Elasticsearch服务器处于启动状态。
- 名为ch03-03-20.ipynb的Notebook文件中到程序3.3.20为止的单元中的代码都已成功地执行。

程序 3.3.20　登记完字典后对新幹線はやぶさ和はやぶさ的分析 (ch03-03-20.ipynb)

In

```
# 程序3.3.20 登记完字典后对新幹線はやぶさ和はやぶさ的分析

print(analyse_jp_text('新幹線はやぶさ'))
print(analyse_jp_text('はやぶさ'))
```

Out

```
['新幹線', 'はやぶさ']
['はやぶさ']
```

以上程序的执行结果非常准确。如果我们再次使用“渡边三郎”进行检索也一定能得到满意的结果。下面就让我们通过实际的代码进行验证(程序3.3.21)。

> **注 意 事 项**
>
> **关于程序 3.3.21**
>
> 实际上，在完成字典的登记后还需要重新生成索引，然后进行文档的输入。

程序 3.3.21　登记完字典后使用“はやぶさ”关键词进行检索 (ch03-03-20.ipynb)

In

```
# 程序3.3.21 登记完字典后使用“はやぶさ”关键词进行检索

# 检索条件的设置
query = {
    "query": {
        "match": {
            "content": 'はやぶさ'
        }
    }
}

# 执行检索
res = es.search(index = jp_index, body = query)

# 显示结果
import json
print(json.dumps(res, indent=2, ensure_ascii=False))
```

Out

```
{
  "took": 6,
  "timed_out": false,
  "_shards": {
    "total": 1,
    "successful": 1,
    "skipped": 0,
    "failed": 0
  },
  "hits": {
    "total": {
      "value": 1,
      "relation": "eq"
    },
    "max_score": 0.95298225,
    "hits": [
      {
        "_index": "jp_index",
        "_type": "_doc",
        "_id": "2",
        "_score": 0.95298225,
        "_source": {
          "title": "渡辺三郎の紹介", # 渡边三郎的简介
          "name": {
            "last": "渡辺",
            "first": "三郎"
          },
          "content": "天ぷらが好きです。新幹線はやぶさのファンです。"
          # 喜欢吃天妇罗。是猎隼号新干线列车的粉丝。
        }
      }
    ]
  }
}
```

果然不出我们所料，使用はやぶさ作为关键词进行检索，成功地匹配到了渡边三郎的数据。

这里为了便于讲解，我们使用了非常简单的示例。而在实际的应

用案例中，使用Elasticsearch产生意料之外的结果时，绝大多数都是由于在语素分析阶段产生了预料之外的结果导致的。在这种情况下，对字典进行登记操作是非常好的解决方法。

MEMO

Elasticsearch 中 match 以外的检索命令

在本节中，对登记在Elasticsearch的索引中的文档进行检索时，我们使用的都是match命令。

match命令具有以下特点，可以实现非常复杂的检索操作。

- 可以使用分析器对用于检索的字符串进行预处理。
- 可以通过打分对检索结果进行评估。

而在Elasticsearch中除了match命令外，还有其他的一些检索命令。其中具有代表性的命令有以下两个。

- term：不包含评分，适用于需要完全匹配的场合。
- bool：适用于需要将多个条件组合在一起进行检索的场合。

除了上述命令，我们将在第3.5节中讲解类似搜索中使用的more_like_this命令。如果希望深入了解这些Elasticsearch的检索命令，可以参考下列链接中API帮助手册的内容。

- Elasticsearch Reference [7.4][※1]：Query DSL

URL https://www.elastic.co/guide/en/elasticsearch/reference/current/query-dsl.html

※1 实际的版本号可能会有所变化。

3.4 检索结果的评分

或许我们最容易忽视的一点，也是在检索功能当中最为重要的功能——显示顺序。特别是当检索结果中的数据超过几十份时，比较理想的实现状态是将我们所需要的信息排在靠前的位置上，这直接影响到用户使用检索操作的效率。为了解决这一问题所采用的技术就是评分功能。

在本节中，我们将首先对TF-IDF这一年代久远的评分算法进行说明，然后对Elasticsearch中是如何应用这一技术的进行讲解。

在搜索引擎中，只要利用检索索引技术，要实现对包含搜索对象关键词的文档进行检索也并非难事。但是，随着文档数量的急剧增加，符合检索条件的文档也会大量地出现在检索结果中。从大量的检索结果中找到用户真正需要的内容并不是一件简单的事情。Google为了解决这一问题，在搜索引擎中提出了交互链接这一概念，基于指向文档的链接数量越多就说明文档越重要理念实现了满足用户需求的评分算法，因此也使得Google公司在全球范围内取得了巨大的成功。

然而在内联网环境中，这种交互链接的算法是行不通的。那么在这种受到限制的环境中，又应当如何实现将重要的文档排列在靠前的位置上呢？这就是我们将要介绍的评分功能可解决的问题。

3.4.1 TF–IDF

所谓TF-IDF，是指将TF（Term Frequency，单词的出现频率）和IDF（Inverse Document Frequency，逆向文本频率）的乘积作为计算的指标值，对文档中所包含单词的重要性进行计算时所采用的一种算法。TF和IDF的计算公式如下：

$$tf = \frac{\text{文档A中单词X的出现频率}}{\text{文档A中所有单词的出现频率之和}}$$

$$\mathrm{idf} = \log\left(\frac{\text{总文档数量}}{\text{包含单词X的文档数量}}\right)$$

TF-IDF就是这两个指标值的乘积，其定义公式如下：

$$\text{TF-IDF} = \mathrm{tf} \cdot \mathrm{idf}$$

这里的关键点是，在计算时不仅需要使用单词的出现频率tf，还需要使用被称为idf的指标值。如果单词X属于很少出现的单词，这个IDF的取值就会比较大，因此可以认为IDF是用于表示单词的稀有程度的指标。也就是说，很少出现的单词是更为重要的单词。TF-IDF算法本身是非常古老的，但是由于这种评估算法实用性非常强，因此一直沿用至今。

下面我们将介绍TF-IDF的使用案例。程序3.4.1中的示例代码将执行如下的处理。

- 根据日本100座知名温泉排名表从维基百科下载相应的文章。
- 对下载的文章进行语素分析，将名词和形容词单独提取出来，并用空格将每个单词隔开。
- 将转换后的文本交由TF-IDF软件库进行处理，并计算得到tf－idf值。
- 以每个温泉为单位，将tf－idf值较大的单词放入列表进行显示。

程序3.4.1的完整示例代码已保存在ch03-04-01.ipynb文件中，需要时可参考。关于从维基百科下载文章、执行语素分析处理等操作，我们在第2.1节和第2.2节中已经进行了讲解，这里不再赘述。下面我们将只对与TF-IDF相关的部分进行讲解。

此外，在执行示例代码前，先使用下列pip命令完成对Janome和维基百科软件库的安装操作。

[终端窗口]

```
$ pip install janome
$ pip install wikipedia
```

程序 3.4.1　使用 TD-IDF 分析维基百科的日本 100 座知名温泉 (ch03-04-01.ipynb)

In

```
# 程序3.4.1 使用TD-IDF分析维基百科的日本100座知名温泉

# 日本100座知名温泉，为发布于维基百科中的温泉排名表

spa_list = ['菅野温泉','養老牛温泉','定山渓温泉','登別温泉','洞爺湖温泉','ニセコ温泉郷','朝日温泉(北海道)',
            '酸ヶ湯温泉','蔦温泉', '花巻南温泉峡','夏油温泉','須川高原温泉','鳴子温泉郷','遠刈田温泉','峩々温泉',
            '乳頭温泉郷','後生掛温泉','玉川温泉(秋田県)','秋ノ宮温泉郷','銀山温泉','瀬見温泉','赤倉温泉(山形県)',
            '東山温泉','飯坂温泉','二岐温泉','那須温泉郷','塩原温泉郷','鬼怒川温泉','奥鬼怒温泉郷',
            '草津温泉','伊香保温泉','四万温泉','法師温泉','箱根温泉','湯河原温泉',
            '越後湯沢温泉','松之山温泉','大牧温泉','山中温泉','山代温泉','粟津温泉',
            '奈良田温泉','西山温泉(山梨県)','野沢温泉','湯田中温泉','別所温泉','中房温泉','白骨温泉','小谷温泉',
            '下呂温泉','福地温泉','熱海温泉','伊東温泉','修善寺温泉','湯谷温泉(愛知県)','榊原温泉','木津温泉',
            '有馬温泉','城崎温泉','湯村温泉(兵庫県)','十津川温泉','南紀白浜温泉','南紀勝浦温泉','湯の峰温泉','龍神温泉',
            '奥津温泉','湯原温泉','三朝温泉','岩井温泉','関金温泉','玉造温泉','有福温泉','温泉津温泉',
            '湯田温泉','長門湯本温泉','祖谷温泉','道後温泉','二日市温泉(筑紫野市)','嬉野温泉','武雄温泉',
            '雲仙温泉','小浜温泉','黒川温泉','地獄温泉','垂玉温泉','杖立温泉','日奈久温泉',
            '鉄輪温泉','明礬温泉','由布院温泉','川底温泉','長湯温泉','京町温泉',
            '指宿温泉','霧島温泉郷','新川渓谷温泉郷','栗野岳温泉']
```

实际的代码(ch03-04-01.ipynb)执行的是如下的操作。关于这部分的操作，我们在第2.1节和第2.2节中已经讲解过了，因此这里不再重复。

具体的代码实现可参考ch03-04-01.ipynb文件中的内容。

● 读取维基百科的文章（第2.1节）。

● 语素分析（第2.2节）。

● 将维基百科文章中的名词和形容词单独提取出来，并用空格隔开（第2.2节）。

程序3.4.2中显示的是执行TF-IDF分析的代码。

TF-IDF分析是使用非常流行的名为scikitlearn的机器学习软件库来实现的。在调用这个软件库前，需要确保单词的列表words_list在预处理阶段已经成功地使用空格进行了分隔。在调用fit_transform函数后，就可以获取TF-IDF分析后得到的向量了。特征词的一览表可以通过get_feature_names函数获取。

程序 3.4.2　TF-IDF分析的实施 (ch03-04-01.ipynb)

In

```
# 程序3.4.2
# TF-IDF分析的实施

# 软件库的导入
from sklearn.feature_extraction.text import TfidfVectorizer

# vectorizer的初始化
vectorizer = TfidfVectorizer(min_df=1, max_df=50)

# 特征向量的生成
features = vectorizer.fit_transform(words_list)

# 特征词的提取
terms = vectorizer.get_feature_names()

# 将特征向量转换为TF-IDF矩阵（numpy的ndarray对象）
tfidfs = features.toarray()
```

程序3.4.3中显示的是以每个温泉为单位，对那些在TF-IDF分析中被判断为特征的单词进行输出的程序。这段代码负责从tfidf_array数组的第i个元素中，选出特征值较大的10个单词进行显示。

程序 3.4.3　显示每座温泉的特征词 (ch03-04-01.ipynb)

In

```
# 程序3.4.3 显示每座温泉的特征词

# 从TF-IDF的分析结果中提取第i个文档的前10个特征值
def extract_feature_words(terms, tfidfs, i, n):

    # 创建第i个元素的tfidfs数值列表
    tfidf_array = tfidfs[i]

    # 创建按升序排列时tfidf_array的索引列表
    sorted_idx = tfidf_array.argsort()

    # 对索引列表的顺序进行反转（变成降序排列的索引）
    sorted_idx_rev = sorted_idx[::-1]

    # 提取开头的n个元素
    top_n_idx = sorted_idx_rev[:n]

    # 创建索引所对应单词的列表
    words = [terms[idx] for idx in top_n_idx]

    return words

# 输出结果
for i in range(10):
    print('【' + spa_list[i] + '】')
    for x in  extract_feature_words(terms, tfidfs, i, 10):
        print(x, end=' ')
    print()
```

Out

```
【菅野温泉】
然別 かん 菅野 食塩 再開 重曹 湯舟 道東 鹿追 営業
【養老牛温泉】
養老牛 開業 ホテル 小山旅館 標津 西村 ウシ 中標津 うし 廃業
【定山渓温泉】
定山渓 かっぱ 札幌 完成 小樽 明治 道路 工事 かつぽ 回春
```

```
【登別温泉】
登別 登別温泉 地獄谷 地獄 大湯沼 北海道 大正 滝本 まつり 遊歩道
【洞爺湖温泉】
洞爺湖温泉 洞爺湖 洞爺 虻田 有珠山 壮瞥 北海道 とうや ジオパーク 平成
【ニセコ温泉郷】
ニセコ パス 名人 温泉郷 スタンプ 贈呈 蘭越 倶知安 ニセコアンヌプリ 北海道
【朝日温泉(北海道)】
朝日 岩内 土砂 災害 休業 内川 ナイ川 雷電 ユウ 2010
【酸ヶ湯温泉】
八甲田山 青森 植物 午前 混浴 分の cm 風呂 八甲田 玉の湯
【蔦温泉】
十和田 要塞 東北 青森 90 舞台 1174 司令 戦記 拓郎
【花巻南温泉峡】
花巻 花巻温泉 豊沢川 はな 松倉 東北本線 温泉郷 きょう 沿い みなみ
```

从程序3.4.3的执行结果中可以看到，每座温泉中具有特征性的单词被成功地提取了出来。

3.4.2 Elasticsearch 中的评分功能

在Elasticsearch中进行检索时，对于每个匹配了检索关键词的文章，引擎都会自动为其计算一个score值，并将检索结果按照这个值降序排列。也就是说，在Elasticsearch中使用者是否能高效地找到所需内容，score值起着非常关键的作用。在本小节中，我们将对计算这个score值的算法进行概要性的说明。由于内容稍微有些复杂，不是很关心这部分知识的读者可以跳过本小节的内容，继续学习后续的章节。

- 参考How scoring works in Elasticsearch

URL https://www.compose.com/articles/how-scoring-works-in-elasticsearch/

首先让我们看一看这个算法的公式，具体的公式如下：

$$\text{score}(q,d) = \text{queryNorm}(q) \cdot \text{coord}(q,d) \cdot \sum_{t\ in\ q} \text{tf}(t) \cdot \text{idf}(t)^2 \cdot \text{t.getBoost}() \cdot \text{norm}(d)$$

这是一个相当复杂的公式，可以看出其中使用了在第3.4.1小节中介绍过的TF 和IDF。在Elasticsearch中，从很早以前开始使用的就是经过特殊扩展的TF-IDF评分算法。

接下来，让我们看一看这个算法的具体实现。

字母的含义

在上述公式中出现了d、q、t 这3个字母。这3个字母所代表的含义如下。

d：检索对象的文档。例如，假设登记到索引中的文档共有10000份，那就需要对这10000份文档分别计算评分。

q：检索关键词。检索关键词可以使用自然语言。例如，像関東地方で有名な硫黄泉は（关东地区知名的硫磺温泉）这样的句子。

t：从经过语素分析的检索关键词的结果中抽选出来的单词。如果检索的是“関東地方で有名な硫黄泉は”，那么产生的结果就是関東、地方、有名、硫黄、泉这样的形式。

$\mathrm{queryNorm}(q)$

为了方便将查询的评分值与其他情况进行比较，需要对其进行规范化处理。具体的计算公式如下：

$$\mathrm{queryNorm}(q) = \frac{1}{\sqrt{\sum_{t\ in\ q} \mathrm{idf}(t)^2}}$$

$\mathrm{coord}(q, d)$

coord(q, d)是根据检索词的匹配率所设置的权重。假设经过语素分析后从查询关键词中提取出来的单词总共有5个。

- 文档d_1中包含所有的5个单词。
- 文档d_2中只包含5个单词中的3个。

如果满足上述条件，我们就可以进行如下的计算。

$$\text{coord}(q, d_1) = 5/5 = 1.0$$
$$\text{coord}(q, d_2) = 3/5 = 0.6$$

计算评分的公式本身，会倾向于对那些包含单词数量较多的文档给出较高的评分，而且会对这种倾向加以强调。

● $\text{tf}(t) \cdot \text{idf}(t)^2$

关于TF和IDF的定义，我们在第3.4.1小节中已经进行了讲解，这里就不再重复了。但需要注意的是，这里对IDF的值进行了平方运算。通过这一处理，相较于原先的TF-IDF，这里对IDF所包含词的稀少程度进行了更进一步的强调。

● t.getBoost()

在进行检索需要对以字段为单位设置权重时使用t.getBoost()。无论是在生成索引的阶段，还是进行检索的阶段都可以使用，但是说明资料中描述的是在生成索引的阶段使用可能导致不良的作用。

● $\text{norm}(d)$

norm(*d*)是与对象文本整体长度相关的指标。文本的长度越短(相当于单词数更少)，计算得到的分数值就越大。例如，类似标题这样很短的句子中，如果包含了检索的关键词就表明其重要性更高。这个指标的具体计算公式如下：

$$\text{norm}(d) = \frac{1}{\sqrt{\text{numFieldTerms}}}$$

Elasticsearch的评分机制与第3.4.1小节中所介绍的TF-IDF相比，为了实现更为精确的文档表示顺序，其采用的算法实现起来也更为复杂。但是与Google所设计的交互链接算法相比，其评分的效果仍然不是很理想。

为了解决这一问题，所采取的解决方案之一就是在计算文档的评分时加入使用者的评价信息，这种方式被称为排序学习。关于这种实现方式的具体内容，我们将在第4章中进行讲解。

COLUMN

使用字典的目的

通过到目前为止的练习，相信读者都已经对字典在日文文本的处理中起着多么重要的作用有所了解了。不过，虽然叫作字典，但是实际上它有好几种不同的作用。即使是在笔者的工作经历中，也有很多次因为没有事先明确是对哪个软件的哪个功能中所使用的字典进行定义就开始讨论，而造成混乱情况的出现。

下面的讲解就是为了对这种字典的目的差异进行整理，以防止理解上的混乱。

● 日文字典的三大作用

日文字典的功能大致可以分为以下3种。一个字典既有可能同时起到多种不同的作用，也有可能只提供其中的一种功能。

◆用于明确单词的分词标准。

◆用于表示同义词。

◆用于表示分类的分组。

（1）用于明确单词的分词标准。通常，被称为语素分析字典的字典都是用来实现这一目的的。

在第3.3节Elasticsearch日文搜索的示例中，kuromoji_tokenizer内的user_dictionary所使用的my_jisho.dic 就是这类字典。另外，在第2.2节所介绍的语素分析引擎Janome中所定义的userdict.csv 也是出于同样的目的。

正如我们在示例中提到的“はくたか(白鹰)”，由于是完全由平假名组成的专有名词，在分词处理中是很容易出错的。为了防止这类错误出现所使用的就是这种类型的字典。

（2）用于表示同义词。在进行文本数据搜索时，我们经常会遇到的一个问题就是，虽然单词的拼写方式不同，而实际表达的意思却是完全一样的，这时我们就会希望在搜索结果中能够对应这些不同的单词。这类单词也被称为同义词。在本书的示例中，使用“すし”进行搜索时，包含“鮨”或者“寿司”的文本也会出现在搜索结果中。

对于这类需求，我们就需要定义同义词字典。通过这种方式解决上述问题是最常见的做法。我们在第3.3节的Elasticsearch日文搜索示例中，在synonyms_filter的synonyms项目中进行了同义词的定义。

（3）用于表示分类的分组。通过字典的使用，我们可以知道某个单词是属于哪个分组，就可以获取分类的分组信息作为新的属性。例如，我们在第2.2节中介绍Janome的语素分析时使用的字典就属于这一类。

IBM公司在文本数据分析工具Watson Explorer中，对这一方式进行了更进一步的扩展，例如像“药品/膏药/止痒”这样可以分为多个层次的类目。通过这种细致的分组分类方式，我们就可以实现更为细致的文本数据分析处理。

- 在IBM Watson API中使用字典

我们将在第4章中讲解IBM公司的Watson API也同样提供了对字典的支持。将其中各种各样的字典按照上述观点根据用途进行分类，可以分为如下几种。此外，在下面的讲解中会出现一些我们尚未解释过的技术用语，如果希望更确切地理解这些术语的含义，可以在完成第4章的学习后再回顾下面的内容。

4.3 Knowledge Studio中的字典

我们将在第4.3节中讲解Knowledge Studio中的字典，字典的作用是在进行Player annotation时进行自动标注处理。这个与分类的道理是一样的，属于是（3）这种作用的字典。此外，在定义字典时也可以同时定义同义词。也就是说，这种字典也同时包含（2）的功能。

4.5 Discovery中的同义词字典

我们将在第4.5节中使用Discovery的图形界面工具对同义词的定义方法进行讲解。这种字典属于（2）这种类型。

4.6 Discovery中的语素字典

我们将在第 4.6 节中对使用 API 操作 Discovery 的示例之一：语素字典的使用进行讲解。这种字典属于（1）这种类型。

Watson Explorer中的字典

在 IBM 公司的 Watson Explorer 这一文本分析工具的字典中，同时提供了对（1）、（2）和（3）这 3 种功能的支持。该字典使用起来非常方便，但是 Watson Explorer 的用户在迁移到其他平台时，字典可能会不太好用，因此在实际应用中需要注意。

3.5 类似检索

作为检索的相关技术之一，类似检索的用途十分广泛。所谓类似检索，就是从数万份乃至数百万份庞大的文档数据中，查找出与作为调查对象的文档相类似数据的功能。

在本节中，我们将对Elasticsearch 所实现的类似检索功能进行实际的操作和讲解。

具体来说，类似检索是在已经登记到Elasticsearch中的特定文档中，搜索与其相似文档的功能。例如，当我们需要调查新发生的交通事故时，如果能够迅速地找到已经解决过的类似案例，那么就可能为我们解决问题提供有利的参考线索。

本节我们将要进行的练习是，首先利用第2.1节的结果从维基百科获取日本100座知名温泉的文章数据（程序3.5.1）。其基本的实现代码与我们在第2.1节所讲解的相同，但是在创建Python的列表变量时，需要同时设置app_id、title和text这3个值。这几项是登记在Elasticsearch中的文档的值。

程序 3.5.1　日本100座知名温泉中在维基百科上登记了词条的温泉列表 (ch03-05-01.ipynb)

In

```
# 程序3.5.1 对维基百科的日本100座知名温泉进行类似检索
# 日本100座知名温泉中在维基百科上登记了词条的温泉列表

title_list = ['菅野温泉','養老牛温泉','定山渓温泉','登別温泉',
'洞爺湖温泉','ニセコ温泉郷','朝日温泉(北海道)',
             '酸ヶ湯温泉','蔦温泉', '花巻南温泉峡','夏油温泉','須川
高原温泉','鳴子温泉郷','遠刈田温泉','峩々温泉',
             '乳頭温泉郷','後生掛温泉','玉川温泉(秋田県)','秋ノ宮温
泉郷','銀山温泉','瀬見温泉','赤倉温泉(山形県)',
             '東山温泉','飯坂温泉','二岐温泉','那須温泉郷','塩原温
泉郷','鬼怒川温泉','奥鬼怒温泉郷',
             '草津温泉','伊香保温泉','四万温泉','法師温泉','箱根温
泉','湯河原温泉',
```

```
            '越後湯沢温泉','松之山温泉','大牧温泉','山中温泉','山代温泉','粟津温泉',
            '奈良田温泉','西山温泉(山梨県)','野沢温泉','湯田中温泉','別所温泉','中房温泉','白骨温泉','小谷温泉',
            '下呂温泉','福地温泉','熱海温泉','伊東温泉','修善寺温泉','湯谷温泉(愛知県)','榊原温泉','木津温泉',
            '有馬温泉','城崎温泉','湯村温泉(兵庫県)','十津川温泉','南紀白浜温泉','南紀勝浦温泉','湯の峰温泉','龍神温泉',
            '奥津温泉','湯原温泉','三朝温泉','岩井温泉','関金温泉','玉造温泉','有福温泉','温泉津温泉',
            '湯田温泉','長門湯本温泉','祖谷温泉','道後温泉','二日市温泉(筑紫野市)','嬉野温泉','武雄温泉',
            '雲仙温泉','小浜温泉','黒川温泉','地獄温泉','垂玉温泉','杖立温泉','日奈久温泉',
            '鉄輪温泉','明礬温泉','由布院温泉','川底温泉','長湯温泉','京町温泉',
            '指宿温泉','霧島温泉郷','新川渓谷温泉郷','栗野岳温泉']

# 读取维基百科的文章
# 参考第2.1节
import wikipedia
wikipedia.set_lang("ja")

data_list = []
for index, title in enumerate(title_list):
    print(index+1, title)
    text = wikipedia.page(title,auto_suggest=False).content
    item = {
        'app_id': index + 1,
        'title': title,
        'text': text
    }
    data_list.append(item)
```

Out

```
1 菅野温泉
2 養老牛温泉
3 定山渓温泉
4 登別温泉
```

```
5 洞爺湖温泉
6 ニセコ温泉郷
7 朝日温泉(北海道)
8 酸ヶ湯温泉
9 蔦温泉
10 花巻南温泉峡

(…略…)

40 山代温泉
41 粟津温泉
42 奈良田温泉
43 西山温泉(山梨県)
44 野沢温泉
45 湯田中温泉
46 別所温泉
47 中房温泉
48 白骨温泉
49 小谷温泉
50 下呂温泉
51 福地温泉
52 熱海温泉
53 伊東温泉
54 修善寺温泉
55 湯谷温泉(愛知県)
56 榊原温泉
57 木津温泉
58 有馬温泉
59 城崎温泉
60 湯村温泉(兵庫県)

(…略…)
```

实际的代码（ch03-05-01.ipynb）中所进行的操作如下所示。关于这部分操作内容，我们在第 3.3 节中已经进行了讲解，这里就不再重复。详细的代码请参考 ch03-05-01.ipynb 文件中的内容。

- 创建 Elasticsearch 的索引（第 3.3 小节）。
- 索引和分析器的设置（第 3.3 小节）。
- Mapping 的设置（第 3.3 小节）。
- 文档的登记（第 3.3 小节）。

注 意 事 项

登记文档时的注意事项

与第3.3节相比，这里在对文档进行登记时所使用的参数中id= body['app_id'] 这部分是不同的。这是因为接下来的类似检索操作中作为检索对象的文档是通过_id的值来指定的，我们需要将这个值设置为与app_id 相同的值。

接下来的程序3.5.2就是本节中我们要重点讲解的类似检索功能具体实现代码部分。

到目前为止的检索操作都是使用match 作为query的命令，但是这段示例代码中使用的是more_like_this。这就是Elasticsearch中的类似检索命令。

more_like_this 检索命令的参数包括fields和like。其中，fields参数用于指定类似检索对象的字段名；like 参数则用于指定作为类似检索操作中所使用的比较对象的文档。具体的设置方法是通过_index（对应数据库名）、_type（对应数据库中的表名）、_type（对应数据库中每行数据的主键）对检索对象进行明确的限定。这段代码中使用_id = 3指定对定山温泉进行类似检索。

在检索结果中，我们特意同时将评分和标题一同显示出来。

注 意 事 项

执行程序3.5.2的前提

要成功地执行程序3.5.2中的代码，需要满足如下两个条件。

●确保第3.2节中所介绍的Elasticsearch服务器处于启动状态。

●名为ch03-05-01.ipynb的Notebook文件中到程序3.5.2为止的单元中的代码都已成功地执行。

程序 3.5.2　类似检索的执行 (ch03-05-01.ipynb)

In

```
# 程序3.5.2
# 类似检索的执行

# 检索条件的设置
query = {
    "query": {
        "more_like_this": {
            "fields": ["text"],
            "like": [{
                "_index": "jp_index",
                "_type": "_doc",
                "_id": "3"    # _id = app_id = 3: 定山溪温泉
            }]
        }
    }
}

# 执行检索
res = es.search(index = jp_index, body = query)

# 显示结果
w1 = res['hits']['hits']

for item in w1:
    score = item['_score']
    source = item['_source']
    app_id = source['app_id']
```

```
    title = source['title']
    print(app_id, title, score)
```

Out

```
4 登別温泉 28.698452
5 洞爺湖温泉 19.525723
39 山中温泉 17.203596
1 菅野温泉 15.862113
14 遠刈田温泉 14.817324
81 雲仙温泉 14.489814
58 有馬温泉 14.390339
24 飯坂温泉 13.394321
30 草津温泉 13.010183
60 湯村温泉(兵庫県)12.870676
```

从上述分析结果中可以看出，与定山溪温泉地理位置较近的登别温泉和洞爷湖温泉等条目具有较高的类似度。对于那些不熟悉这些温泉的人来说，这样的检索结果应当是比较理想的；不过，对于那些经常去泡温泉的人来说，是否也是如此呢？

MEMO

类似检索是如何实现的

本节中所介绍的类似检索具体是用什么样的算法实现的呢？在下列链接的Elasticsearch在线文档中，对于这一处理作了概要性的讲解，感兴趣的读者可以参考。

- Elasticsearch Reference [7.4] ※2 ：More like this query

URL https://www.elastic.co/guide/en/elasticsearch/reference/current/query-dsl-mlt-query.html

上述在线文档中，有一个小节叫作How it works，其中对类似检索的处理进行了如下描述。

※2　文档的版本今后可能发生变动。

● 对作为类似对象的文本进行语素分析。

● 完成语素分析后，对每个单词的TF-IDF值进行计算，按照这个值排序并选出前k个结果。

● 将这k个单词作为键值，对索引中所有的文档计算评分。

● 将评分较高的文档作为检索的结果进行输出。

由此可知，我们在第3.4节中所讲解的TF-IDF和Elasticsearch的评分功能对于类似检索的实现都起到了非常重要的作用。

CHAPTER 4

基于商用API 的文本分析与检索技术

在第3章中，我们以传统的文本分析和检索技术中具有代表性的MeCab 和Elasticsearch 等开源软件为例，对这类技术进行了深入的讲解。而另一方面，随着近年来人工智能技术（机器学习模型）被广泛运用，文本分析和检索技术也在不断地革新和发展。

在本章中，将对这类技术中最具代表性的解决方案 —— IBM 公司的Watson API 云服务中所提供的技术进行讲解。

4.1 IBM Cloud 中的文本分析API概览

在本节中，我们将对IBM Cloud中所提供的文本分析API的相关知识进行讲解。

4.1.1 Watson API服务的总览

图 4.1.1 所示为从第 1.2 节中所展示的整体图（图 1.2.1）中，将本章要讲解的 IBM 公司文本分析 API 相关部分单独提取出来的效果。下面我们将参照这张图对本章所涉及 API 的内容进行概要说明。

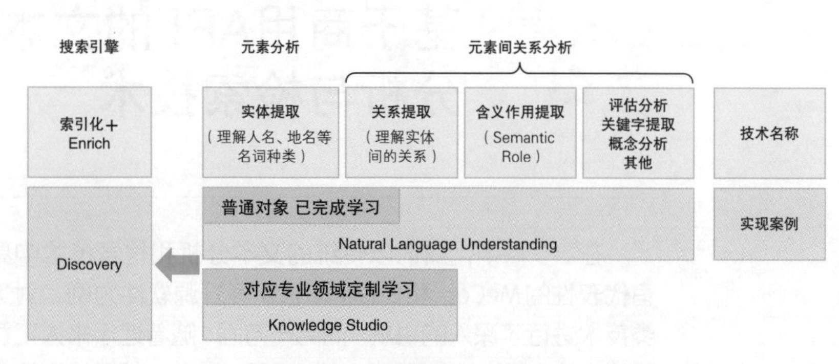

图 4.1.1　IBM 公司的文本分析 API 关系图

图 4.1.2所示为IBM Cloud所提供的Watson API中，与文本分析有关部分的一览表。在该表中，将API按照几个不同的类别进行了归类，不过本章中将要介绍的是其中被称为知识探索系统的分组服务。

查询应答系统

Watson Assistant
通过自然语言操作界面与终端用户进行自动交互

数据分析系统

Watson Studio
机器学习模型的创建和训练；
用于数据的准备和分析的综合开发环境

Machine Learning
机器学习模型、深度学习模型的创建；
学习和执行的开发环境

Knowledge Catalog
对分析中所必需的数据进行加工和分类处理的数据准备环境

Watson OpenScale
对人工智能的处理结果进行解释；
自动消除偏向

知识探索系统

Discovery
使用洞察引擎对数据中隐含的信息进行解析；自动发现答案和趋势

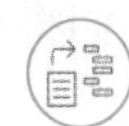

Natural Language Understanding
执行关键词提取、实体提取、概念分析等操作

Discovery News
Discovery 中新闻相关的公开数据集合

Knowledge Studio
根据业务知识生成的模型；
从非结构化的文本数据中获取洞察信息

Compare and Comply（不支持日文处理）
合同、采购规格书的分析、文档间的对比、重要元素的提取

语言系统

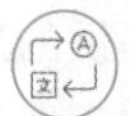

Language Translator
将自然语言翻译为其他语言

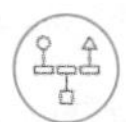

Natural Language Classifier
对文本数据进行分类处理

心理系统

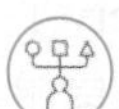

Personality Insights
根据文章内容判断作者的性格

Tone Analyzer（不支持日文处理）
根据文章分析作者的感情、社交、文体等特性

图 4.1.2　IBM 公司的文本分析 API 总览

4.1.2 Natural Language Understanding（NLU）

这部分API使用的是预先完成训练的机器学习模型，用于处理自然语言的文本输入。与第3章中所介绍的传统型技术相比，相当于其中的语素分析和相关性分析这部分功能，但是NLU所产生的分析结果更为深入。此外，对于评估分析等所涉及功能的支持也更为广泛。具体细节可以参考第4.2节中的说明。

4.1.3 Knowledge Studio

对于那些无法在NLU中很好地进行解决的问题，可以在Knowledge Studio环境中通过机器学习将那些与用户特定的业务联系紧密的术语进行提取。

与NLU所提供的功能进行对应，这个工具的功能是实现实体提取和关系提取。具体的细节，我们将在第4.3节中进行讲解。

4.1.4 Discovery

在第3章中，我们对开源世界中具有代表性的搜索引擎项目Elasticsearch进行了介绍，而在Watson API的世界中，负责提供搜索引擎功能的则是Discovery。Discovery内部提供了与NLU和Knowledge Studio等模块进行互动的功能，通过这个功能所获取的附加信息也同样可以作为索引信息进行保存，并在执行检索操作时加以运用。

此外，还包括被称为排序学习[※1]的功能，它允许以用户提供的反馈信息为参考，自动对检索的显示顺序进行学习。Discovery中所提供的功能特别多，我们将在第4.4节～第4.8节中对其进行深入讲解。

在图4.1.2所展示的服务中，Discovery News是以Discovery平台为基础，实现从IBM公司自家网站上爬取新闻信息的一种更上层服务。

※1 在IBM公司的官方文档中称为关联度学习，本书中将使用更为通用的排序学习这一术语。

其功能与Discovery相同，因此我们会将其作为Discovery的功能之一进行介绍。

4.1.5 其他的API

对于其他的API虽然在本书中不会涉及应用，但是下面我们将对图4.1.2中与文本分析相关的其他API进行简单的介绍。

Watson Assistant

这个API主要用于实现聊天机器人的编写。它可以根据终端用户输入的提问和回答等自然语言的输入信息，自动给出上下文相关的(基于之前的聊天记录的)自然语言的应答。

Natural Language Classifier（NLC）

Natural Language Classifier是将自然语言作为输入的分类器。虽然其必须要先进行学习才能实现分类处理，但是由于API的内部提供了所谓的Word Embedding※2功能，因此只需要很少的学习量就能实现高精度的分类处理。

Personarity Insight（PI）

Personarity Insight是一种将推特的推文等用户撰写的文本数据作为输入，对心理学领域中经过实证的被称为五大性格特征的，表示人类性格特点的指标进行预测的机器学习模型。

※2　将维基百科等庞大的文本信息作为学习数据，将其中的单词转换为100个维左右的数值向量，用于表示单词之间距离的技术总称就是所谓的Word Embedding。其中具有代表性的实现是Word2Vec。本书的第5章将对此部分内容进行讲解，读者可以根据需要参考。

4.2 NLU

本章将要介绍的API是NLU（Natural Language Understanding，自然语言理解）。这套API 的特点是不需要进行预先学习，即可使用各种不同种类的机器学习模型对输入的日文文章进行分析并输出结果。这套API 可以在IBM Cloud 的客户端账户中以“终端用户提问，系统应答”的方式进行使用，读者可以注册客户端账号，并通过实际的练习来加深对这套API 的理解。

4.2.1 NLU（自然语言理解）

NLU是可以针对输入的日文文章采用多种不同的机器学习模型进行分析的API。其中对日文处理所提供的支持功能包括以下几个。

- 实体提取（Entity Extraction）功能。
- 关系提取（Relation Extraction）功能。
- 评价分析（Sentiment Analysis）功能。
- 关键词提取（Keyword Extraction）功能。
- 概念分析（Concept Analysis）功能。
- 类目分类（Category Classification）功能。
- 语义角色提取（Semantic Role Extraction）功能。

此外，不支持日文处理的功能包括以下几个。

- 情感分析（Emotion Analysis）功能。
- 元素分类（Element Classification）功能。

由于上述每一项功能所涉及的面都比较广，因此我们将从第4.2.4小节开始进行具体的讲解。

与我们将在第4.3节和第4.4节中介绍的Knowledge Studio和Discovery不同，自然语言理解功能并未提供基本的图形界面功能，只支持API调用。因此，我们将模仿第3章前的做法，采用Python API的形式进行实际的演练。

如果希望通过更为简单的方式进行尝试，可以使用下列链接中所公开的演示程序。无须登录账户即可使用，因此我们可以将其与本章的内容进行结合使用。尽管演示程序的界面是英文的，但是如果分析对象是日文文本，系统会自动调用支持日文的API进行处理。

- 演示程序

URL https://natural-language-understanding-demo.ng.bluemix.net

- 演示程序（短网址）

URL http://bit.ly/2kM06j5

- 产品链接

URL https://cloud.ibm.com/docs/services/natural-language-understanding?topic=natural-language-understanding-about&locale=ja

- 产品链接（短网址）

URL https://ibm.co/2kx1ne1

4.2.2 实例的创建

在使用自然语言理解API前，需要完成下列3个操作步骤。

- 创建IBM账号。
- 创建NLU实例。
- 获取NLU资格信息(认证信息)。

上述所有的操作都是免费的。

关于上述操作的步骤，可以参考本书末尾的附录C.3中的内容。通过其中的操作步骤获取的NLU资格信息在第4.2.3小节中将会用到。

4.2.3 使用Python时的必备操作

在Python中调用自然语言理解API前，需要先导入调用Watson API所需要的软件库。

［终端窗口］

```
$ pip install ibm_watson
```

接下来是创建调用自然语言理解API的Python对象，具体的实现代码如程序4.2.1中所示。执行代码前，将根据上述步骤成功申请到的实例资格信息设置到程序4.2.1代码开头部分所定义的apikey 和url 变量中。

> **注 意 事 项**
>
> **资格信息设置不正确的情况**
>
> 当资格信息的设置不正确时，程序在程序4.2.1的阶段会正常结束，但是在程序4.2.3中调用API时就会出现错误。遇到这种情况可能会让人摸不着头脑，因此在实际操作中要注意。

程序 4.2.1　创建用于调用 NLU 的实例 (ch04-02-01.ipynb)

In

```
# 程序4.2.1 创建用于调用NLU的实例

# NLU的资格信息(可按照附录C.3中的步骤获取这两个值并进行替换)
nlu_credentials = {
  "apikey": " [illegible]
[illegible] ",
  "url": " [illegible]
[illegible] "
}

# 导入所需的软件库
import json
from ibm_watson import NaturalLanguageUnderstandingV1
from ibm_watson.natural_language_understanding_v1 import *
from ibm_cloud_sdk_core.authenticators import IAMAuthenticator
```

```
# 创建用于调用API的实例
authenticator = IAMAuthenticator(nlu_credentials['apikey'])
nlu = NaturalLanguageUnderstandingV1(
    version='2019-07-12',
    authenticator=authenticator
)
nlu.set_service_url(nlu_credentials['url'])
```

在对API进行实际的调用时，是通过调用这里所创建的nlu 实例的analyze 函数来进行的。在调用analyze 函数时，为了使调用参数更为简洁，这里我们定义了call_nlu 函数(程序4.2.2)。从第4.2.4小节开始的示例代码都将调用call_nlu 函数。

程序 4.2.2　调用 NLU 用的共享函数 (ch04-02-01.ipynb)

In

```
# 程序4.2.2 调用NLU用的共享函数

# text: 对象文本
# feature: 代表功能的Object
# key: 用于过滤分析结果的json数据的键值
def call_nlu(text, features, key):
    response = nlu.analyze(text=text, features=features).
get_result()
    return response[key]
```

至此，我们就完成了调用自然语言理解API所需的准备工作。从第4.2.4小节开始，我们将对这套API的功能逐项进行讲解，并通过实际的操作对API的行为特点进行确认。

此外请注意，为了便于大家理解，下面的示例代码是分别对API的每种功能进行调用，而在实际应用中也可以同时调用API的多个功能。

4.2.4　实体提取功能

首先我们将要介绍的是实体提取(Entity Extraction)功能。实体提取没有对应的日文翻译，因此不太容易进行说明，实际上是指对那些带有人名、职位名、地名、设施名等特定属性的单词或词组按照属性名进行提取的功能。

下面让我们通过程序4.2.3的示例代码及执行结果，对这一功能的基本概念进行了解。

程序 4.2.3　实体提取功能的调用 (ch04-02-01.ipynb)

In

```
# 程序4.2.3 实体提取功能的调用

# 对象文本
text = "安倍首相はトランプ氏と昨日、大阪の国際会議場で会談した。"
# 安倍首相昨天与特朗普先生在大阪的国际会议中心进行了会谈。

# 将实体提取功能作为功能进行使用

features=Features(entities=EntitiesOptions())

# 调用共享函数
ret = call_nlu(text, features, "entities")

# 显示结果
print(json.dumps(ret, indent=2, ensure_ascii=False))
```

Out

```
[
  {
    "type": "Person",
    "text": "トランプ氏",   # 特朗普先生
    "relevance": 0.953262,
    "count": 1
  },
  {
    "type": "Date",
    "text": "昨日",
    "relevance": 0.784743,
    "count": 1
  },
  {
```

1 2 3 4 5 基于商用API的文本分析与检索技术

```
    "type": "Person",
    "text": "安倍",
    "relevance": 0.703143,
    "count": 1
  },
  {
    "type": "JobTitle",
    "text": "首相",
    "relevance": 0.570908,
    "count": 1
  },
  {
    "type": "Facility",
    "text": "国際会議場",
    "relevance": 0.447856,
    "count": 1
  },
  {
    "type": "Location",
    "text": "大阪",
    "relevance": 0.287359,
    "count": 1
  }
]
```

从程序4.2.3的执行结果中可以看到，トランプ氏(特朗普先生)、首相、国際会議場等单词都是按照Person、JobTitle、Facility等属性组合在一起进行提取的。

该处理本身与我们在第2章中所介绍的语素分析比较接近，但是语素分析只能在名词、动词等词性这一层面进行分析，而自然语言理解API则能实现更接近含义理解的细致分析。以上就是实体提取处理。

有关日文版API所支持提取的实体可从下列链接中进行确认。

- IBM Cloud 资料：Natural Language Understanding

URL https://cloud.ibm.com/docs/services/natural-language-understanding?topic=natural-language-understanding-entity-types-version-2&locale=ja

- IBM Cloud 资料：Natural Language Understanding（短网址）

URL https://ibm.co/2kh7t1Q

表 4.2.1 中显示的是到本书截稿（2019 年 11 月 16 日）时的实体一览表。

表4.2.1 支持日文处理的实体一览表

实体名	含义	示例
Date	日期	明日、12月23日等
Duration	期间	1周、2年等
EmailAddress	邮件地址	
Facility	设施名	京都国际会馆、国立竞技场等
GeographicFeature	地理名	日本列岛、太平洋等
Hashtag	井号标签	#时尚、#午餐等
IPAddress	IP地址	127.0.0.1等（IPv6除外）
JobTitle	职务名	首相、律师等
Location	地名	东京、纽约等
Measure	带单位的数	360°、10kg等
Money	金额	500日元、100万日元等
Ordinal	顺序	这次、第2位等
Organization	组织名称	政府、NHK等
Person	人名	张三、李四等
Time	时间	早上、半夜等
TwitterHandle	推特标签名	@AbeShinzo、@realDonaldTrump等

4.2.5 关系提取功能

在了解实体提取功能后，我们将对关系提取（Relation Extraction）功能进行介绍。所谓关系提取，就是对我们在第4.2.4小节中所介绍的实体间关系进行抽取的功能。下面让我们对示例代码的具体行为进行确认（程序4.2.4）。

程序 4.2.4　调用关系提取功能 (ch04-02-01.ipynb)

In

```
# 程序4.2.4 调用关系提取功能

# 对象文本
text = "このイベントは東京の国立競技場で開催されました。"
#本次活动在东京国立竞技场举行。

# 指定使用关系提取功能
features=Features(relations=RelationsOptions())

# 调用共享函数
ret = call_nlu(text, features, "relations")

# 显示结果
print(json.dumps(ret, indent=2, ensure_ascii=False))
```

Out


```
[
  {
    "type": "locatedAt",
    "sentence": "このイベントは東京の国立競技場で開催されました。",
    "score": 0.910188,
    "arguments": [
      {
        "text": "国立競技場",
        "location": [
          10,
          15
        ],
        "entities": [
          {
            "type": "Facility",
            "text": "国立競技場"
          }
        ]
      },
      {
```

```
        "text": "東京",
        "location": [
          7,
          9
        ],
        "entities": [
          {
            "type": "Location",
            "text": "東京"
          }
        ]
      }
    ]
  }
]
```

查看程序4.2.4的分析结果，发现程序从作为分析对象的文本数据“このイベントは東京の国立競技場で開催されました。（*本次活动在东京国立竞技场举行。*）”中成功地提取出了東京（Location）和国立競技場（Facility）这两个实体。而这两个实体之间存在如下的关系。

“国立競技場”位于“東京”

这一实体间的关系是由 locatedAt 这一关系表示的。图4.2.1中显示了它们之间的关系。

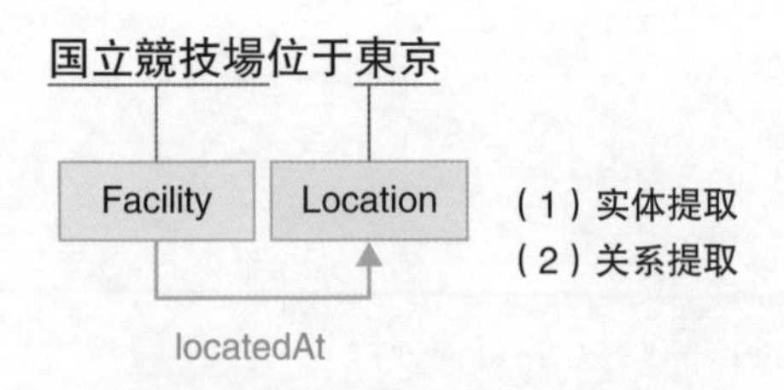

图 4.2.1　实体提取与关系提取

在单词之间的关系这点上，与第3.1节中所介绍的相关性分析是非常相似的。由此可见，所谓的关系提取功能，就是在更加深入地理解单词含义的基础上进行提取。

关于关系提取功能与对日文文章所能识别的关系可以参考下列链接中的资料。

- IBM Cloud 资料：Natural Language Understanding

URL https://cloud.ibm.com/docs/services/natural-language-understanding?topic=natural-language-understanding-relation-types-version-2&locale=ja

- IBM Cloud 资料：Natural Language Understanding（短网址）

URL https://ibm.co/2lTXzDE

表4.2.2中列举了其中具有代表性的关系。

表4.2.2　支持日文处理的关系一览表

关系名	含　义
basedIn	组织（Organization）A的据点位于（Location）B
locatedAt	设施（Facility）A存在于场所（Location）B
employedBy	人（Person）A由组织B所雇用
managerOf	人A是人B的上级
partOf	实体A是实体B的一部分（例如部门与科室的关系）

4.2.6　评价分析功能

接下来，我们将要介绍的是评价分析（Sentiment Analysis）功能。这是用于对写文章的人对所描述对象的评价是正面的（positive）还是负面的（negative），亦或是中立的（neutral）进行自动判断的功能。

像顾客在商品页面的评价栏中填写的评价信息、在推特上发布的推文等对特定商品进行正面或负面评价的数据，正是这一功能最常见的用例。下面让我们通过实际的代码对这一功能的特点进行确认（程序4.2.5）。作为用于分析的对象，我们同时准备了较为正面的商品评价和较为负面的评价。

程序 4.2.5　评价分析功能的调用 (ch04-02-01.ipynb)

In

```
# 程序4.2.5 评价分析功能的调用


# 文本数据1(正面评价的示例)
text1 = 'さすがはソニーです。写真の写りもいいですし、音がまた良いです。'
# 真不愧是索尼出品。照片很好看，声音也很好听。

# 文本数据2(负面评价的示例)
text2 = '利用したかったアプリケーションは、残念ながらバージョン、性能が合わず、利用できませんでした。'
# 虽然这正是我想要的软件，但是很可惜版本和性能都不适合，无法使用。


# 对文本数据1进行评价分析
features=Features(sentiment=SentimentOptions())
ret = call_nlu(text1, features, "sentiment")
print(json.dumps(ret, indent=2, ensure_ascii=False))

# 对文本数据2进行评价分析
features=Features(sentiment=SentimentOptions())
ret = call_nlu(text2, features, "sentiment")
print(json.dumps(ret, indent=2, ensure_ascii=False))
```

Out


```
{
  "document": {
    "score": 0.986393,
    "label": "positive"
  }
}
{
  "document": {
    "score": -0.953553,
    "label": "negative"
  }
}
```

正如我们所料，评价分析功能成功实现了对指定商品的评价进行分析。

4.2.7 关键词提取功能

本节我们将对关键词提取(Keyword Extraction)功能进行介绍。这个功能是利用单词的稀有性、在文章中重要的单词和概念会重复出现等特点，从作为分析对象的文本中提取重要关键词的功能。

虽然该功能与接下来要介绍的概念分析功能有所相似，但是概念分析功能所能提取的候选单词是需要事先指定的，而关键词提取功能则不存在这一限制。因此，对于实现从论文中提取重要词汇等任务，这是非常有效的功能。

下面通过具体的示例代码对这一功能的特性进行确认(程序4.2.6)。

程序 4.2.6　关键词提取功能的调用 (ch04-02-01.ipynb)

In

```
# 程序4.2.6 关键词提取功能的调用

# 对象文本
text = "ながぬま温泉は北海道でも屈指の湯量を誇り、\
加水・加温はせずに100%源泉掛け流しで、\
保温効果が高く湯冷めしにくい塩化物泉であり、\
「熱の湯」とも呼ばれ、保養や療養を目的として多くの方が訪れている。"

# 长沼温泉即使在整个北海道，温泉水量也是屈指可数的\
# 不加水、不加热、100%从源头直接接入，泉水不循环使用\
# 保温效果好、泉水不易降温的氯化物温泉\
# 也被称为「热泉」，以养生和疗养为目的前来的顾客非常多。


# 指定使用关键词提取功能
features=Features(keywords=KeywordsOptions(limit=5))

# 调用共享函数
ret = call_nlu(text, features, "keywords")

# 显示结果
print(json.dumps(ret, indent=2, ensure_ascii=False))
```

Out

```
[
  {
    "text": "ながぬま温泉",                    # 长沼温泉
    "relevance": 0.934397,
    "count": 1
  },
  {
    "text": "加水·加温",
    "relevance": 0.794005,
    "count": 1
  },
  {
    "text": "源泉 掛け流し",                   # 源头直通，非循环水
    "relevance": 0.755903,
    "count": 1
  },
  {
    "text": "屈指の湯量",                      # 首屈一指的泉水量
    "relevance": 0.742007,
    "count": 1
  },
  {
    "text": "保温効果",                        # 保温效果
    "relevance": 0.661372,
    "count": 1
  }
]
```

从上述分析结果可以看出，这个功能并不是对文本信息内的重要单词进行提取，而是以有意义的分句为单位进行提取的。

4.2.8 其他功能

除了上述我们介绍过的功能以外，支持日文数据分析的功能还包括概念分析功能、类目分类功能、语义角色提取功能等。关于这些功能，我们将在本小节中进行简要的介绍。

●概念分析功能

一提到概念这个词，就让人感觉进入了哲学世界，给人一种很复杂的印象。而在自然语言理解API中提供的所谓概念分析，简单地说，就是对维基百科中出现的词条进行匹配的处理。不过，这里说执行的处理不仅仅是在单词层面上进行匹配，还要作为分析对象的文本与维基百科中的描述内容进行匹配处理。因此，即使被分析的对象数据中并不包括任何词条，也可能分析得出很高的评分。

下面就让我们通过实际的程序对这一功能的特性进行确认(程序4.2.7)。

程序 4.2.7　概念分析功能的调用 (ch04-02-01.ipynb)

In

```
# 程序4.2.7 概念分析功能的调用

# 对象文本
text = "ながぬま温泉は北海道でも屈指の湯量を誇り、\
加水・加温はせずに100%源泉掛け流しで、\
保温効果が高く湯冷めしにくい塩化物泉であり、\
「熱の湯」とも呼ばれ、保養や療養を目的として多くの方が訪れている。"
# 长沼温泉即使在整个北海道，温泉水量也是屈指可数的\
# 不加水、不加热、100%从源头直接接入，泉水不循环使用\
# 保温效果好、泉水不易降温的氯化物温泉\
# 也被称为「热泉」，以养生和疗养为目的前来的顾客非常多。

# 指定使用概念分析功能
features=Features(concepts=ConceptsOptions(limit=3))

# 调用共享函数
ret = call_nlu(text, features, "concepts")

# 显示结果
print(json.dumps(ret, indent=2, ensure_ascii=False))
```

Out

```
[
  {
    "text": "湧出量",    # 涌出量
    "relevance": 0.824821,
    "dbpedia_resource": "http://ja.dbpedia.org/resource/湧出量"
  },
  {
    "text": "掛け流し",    # 非循环水
    "relevance": 0.667889,
    "dbpedia_resource": "http://ja.dbpedia.org/resource/掛け
流し"
  },
  {
    "text": "湯の花",    # 泉水成分
    "relevance": 0.667889,
    "dbpedia_resource": "http://ja.dbpedia.org/resource/湯の花"
  }
]
```


从分析结果可以看到，类似“湧出量（涌出量）”这样并未出现在分析文本中的单词也被包含在了分析结果中。由此可见，分析对象与这一概念之间的关系非常深。

正如程序4.2.7执行后所示，分析结果中包括text（维基百科的词条）、relevance（相关性）、dbpedia_resource这3项数据。最后的dbpedia_resource表示记录着分析结果的DBpedia上的链接。

●类目分类功能

所谓类目分类(Category Classification)功能，是与事先在API中定义的分类体系进行比较，检查作为分析对象的文本数据应当归类到哪个类目中，并返回置信度(score)数据的功能。关于类目的层次可以通过下列链接中的文档进行确认。其中大部分都是从报纸等新闻媒体角度去系统性分类的。

- IBM Cloud资料：Natural Language Understanding

URL https://cloud.ibm.com/docs/services/natural-language-understanding?topic=

natural-language-understanding-categories-hierarchy&locale=ja

- IBM Cloud 资料：Natural Language Understanding（短网址）

URL https://ibm.co/2LanZuZ

下面就让我们通过实际的程序对这一功能的特性进行确认（程序4.2.8）。

程序 4.2.8 调用类目分类功能 (ch04-02-01.ipynb)

In

```
# 程序4.2.8 调用类目分类功能

# 对象文本
text = "自然環境の保護を図るとともに、地域に調和した温泉利用施設を維持整備し、\豊かさとふれあいのある保養の場とする。"
# 除了以保护自然环境为目的外，我们还将与当地社区和谐相处，对温泉设施进行维护保养，使其成为一个充满愉悦和互动的休闲场所。

# 指定使用类目分类功能
features=Features(categories=CategoriesOptions())

# 调用共享函数
ret = call_nlu(text, features, "categories")

# 显示结果
print(json.dumps(ret, indent=2, ensure_ascii=False))
```

Out


```
[
  {
    "score": 0.639037,
    "label": "/science/ecology/environmental disaster"
  },
  {
    "score": 0.568974,
    "label": "/science/ecology/pollution"
  },
```

```
  {
    "score": 0.556406,
    "label": "/business and industrial/agriculture and forestry"
  }
]
```

程序4.2.8中显示的是调用API实际产生的分类结果。可以看出，类目体系是分层结构的（最大分层数量为5层）。score与其他API类似，表示的是置信度。

●语义角色提取功能

所谓语义角色提取（Semantic Role Extraction）功能，是指将作为分析对象的文本数据分解成主语、谓语、宾语等成分，并显示相应的单词或词组是否存在的一种提取功能。该功能与关系提取功能比较相似，但是关系提取是对实体之间的相关性进行发掘的自下而上型的分析。而语义角色提取功能是将文章整体划分为主语分组、谓语分组、宾语分组，也就是所谓的自上而下型的分析功能。

对于该功能，我们也将通过实际的代码进行确认（程序4.2.9）。

程序 4.2.9　语义角色提取功能的调用 (ch04-02-01.ipynb)

In

```
# 程序4.2.9 语义角色提取功能的调用

# 对象文本
text = 'IBMは毎年、多くの特許を取得しています。'
# IBM每年都会申请大量的专利。

# 指定使用语义角色提取功能
features=Features(semantic_roles=SemanticRolesOptions())

# 调用共享函数
ret = call_nlu(text, features, "semantic_roles")

# 显示结果
print(json.dumps(ret, indent=2, ensure_ascii=False))
```

Out

```
[
  {
    "subject": {
      "text": "IBMは"
    },
    "sentence": "IBMは毎年、多くの特許を取得しています。",
    # IBM每年都会申请大量的专利。
    "object": {
      "text": "多くの特許を"              # 大量的专利

    },
    "action": {
      "verb": {
        "text": "して"               # 执行
      },
      "text": "して",
      "normalized": "して"
    }
  }
]
```

在程序4.2.9中，object（宾语）和action（谓语）被成功地提取出来，而原本应当是必不可少的subject（主语）却没能提取到。这个功能本身就属于目前所公开的支持日文分析的七大功能中最难实现的一种，因此有时处理结果可能会不太理想。

4.3 Knowledge Studio

自然语言理解(NLU)功能具有不需要事先学习就能立即开始使用的优点，但是不太适合用于对业务中专用的术语进行提取。可以针对特定业务中的专用词汇的提取进行单独学习的环境就是本节中我们将要介绍的Knowledge Studio。下面就让我们一起来看一下在这个环境中的学习是如何实现的。

4.3.1 何谓Knowledge Studio

用一句话来形容Knowledge Studio（缩写为WKS），即用于教导计算机学习单词的图形界面工具。虽然使用已经事先训练好的NLU功能可以立即开展分析处理，但是对于一些业务特有的术语和行话比较多的场景可能效果会不太理想。在这种情况下，就需要使用Knowledge Studio了。利用Knowledge Studio可以很好地解决业务内特有的单词、术语和行话的分析处理问题，如图4.3.1所示。

如果与NLU进行对比，Knowledge Studio中可以进行学习和提取的对象是实体提取和关系提取这两种。

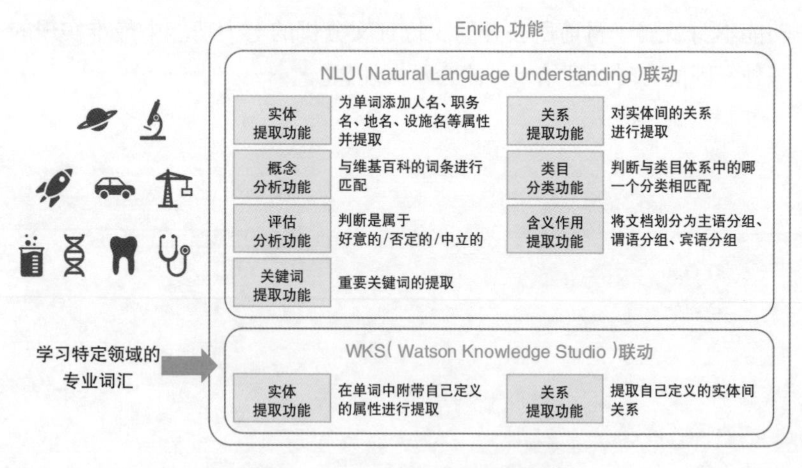

图 4.3.1 NLU 与 WKS 的功能

通过将NLU和第4.4节中将要介绍的Discovery与Knowledge Studio进行协同处理，就能实现对业务特有的术语和行话的分析处理。

MEMO

类目分类的学习

Knowledge Studio中对类目分类进行学习的功能是2019年3月发布的。

简单地说，就是NLU类目分类功能的可定制版。例如在NLU中，有很多像science、science/weather这样事先定义好的类目。而要自行定义如社团活动、社团活动/体育社这样新的类目，就需要使用新发布的Knowledge Studio。但是，到本书截稿（2019年11月）为止，都只提供限制在达拉斯的测试功能，还不支持日文（仅限英语），因此本书只对其进行简单的介绍。

教导单词学习的两种方法(模型)

Knowledge Studio可用于创建对行业特有的术语和行话，以及术语之间关系进行分析的模型。其中，模型的创建方法可分为机器学习和基于规则这两种，其对比如图4.3.2所示。

如果使用机器学习，需要对“与××先生一同外出”“向××先生提问”等包含人名的句子，以及“在××举办”“位于××的工厂”这样包含地名的句子进行数据标注(Annotation)处理。而在基于规则的处理中，则是遇到类似“××先生”这样“名词+先生”的句子就认为××是人名。遇到“在××举办”这样包含相关性的××就认为是地名。

人名　我打算和秋田先生一起去参观。

地名　这是在秋田举办的活动。

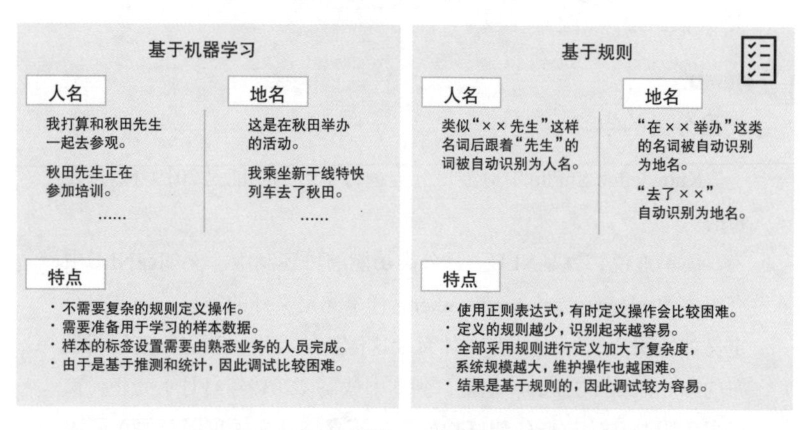

基于机器学习
人名
我打算和秋田先生一起去参观。
秋田先生正在参加培训。
……
地名
这是在秋田举办的活动。
我乘坐新干线特快列车去了秋田。
……
特点
・不需要复杂的规则定义操作。
・需要准备用于学习的样本数据。
・样本的标签设置需要由熟悉业务的人员完成。
・由于是基于推测和统计，因此调试比较困难。
基于规则
人名
类似“××先生”这样名词后跟着“先生”的词被自动识别为人名。
地名
“在××举办”这类的名词被自动识别为地名。
“去了××”自动识别为地名。
特点
・使用正则表达式，有时定义操作会比较困难。
・定义的规则越少，识别起来越容易。
・全部采用规则进行定义加大了复杂度，系统规模越大，维护操作也越困难。
・结果是基于规则的，因此调试较为容易。

图 4.3.2　基于机器学习与基于规则的对比

使用机器学习进行分析的特点是采用人工对样本数据进行标注的方式，因此不需要人为地进行复杂的规则定义操作。但缺点是很难对产生结果不符合期望的原因进行把握。而基于规则进行分析的特点是有的情况下使用正则表达式很难制定出合适的规则，但若所有的规则都需要手工制定，后期进行维护可能比较困难。

与其他自然语言标注工具相比，Knowledge Studio的一大特色就是基于机器学习的标注功能，因此本节将对基于机器学习的标注功能进行详细的讲解。

 **MEMO**

标注

标注包含注释、注解等含义。在本书中用于表示“为一定量的文本设置相应的信息”的操作。

在Knowledge Studio中能够实现的判断

在Knowledge Studio中能够进行学习和判断的信息包括以下3种：

- 实体（Entity）。
- 关系（Relation）。
- 指代（Coreference）。

其中，实体和关系与我们在第4.2节的NLU中讲解过的功能是相同的，这里不再赘述。指代是指对文章中所出现的代名词具体指代的是前面的哪个名词进行分析的功能。关系只能用于分析同一句话里不同实体之间的联系，而指代则可以跨越不同的句子进行分析。

［指代的示例］

活动是在东京巨蛋体育馆举办的。我是从JR 的水道桥车站走到那边去的。

虽然东京巨蛋体育馆和那边并不在同一个句子当中，但实际上指代的是同一个地方，因此可以设置为指代。

4.3.2 创建模型所必需的操作流程

创建机器学习模型需要按照以下流程进行操作，如图4.3.3所示。

（1）设计类型并输入类型。对需要学习的实体或关系进行设计，并输入Knowledge Studio。

（2）设计字典并输入字典。选择可用于创建字典的数据，并输入字典。

（3）读取标注文档。将需要标注的文档读入Knowledge Studio。

（4）提前标注。为了降低从零开始进行人工标注处理的难度，预先执行的标注处理。

（5）人工标注。采用人工方式，在阅读读入文档的过程中，对其进行标注。

（6）训练及评估。机器学习模型的训练及对模型能在多大程度上正确自动标注处理进行评估。

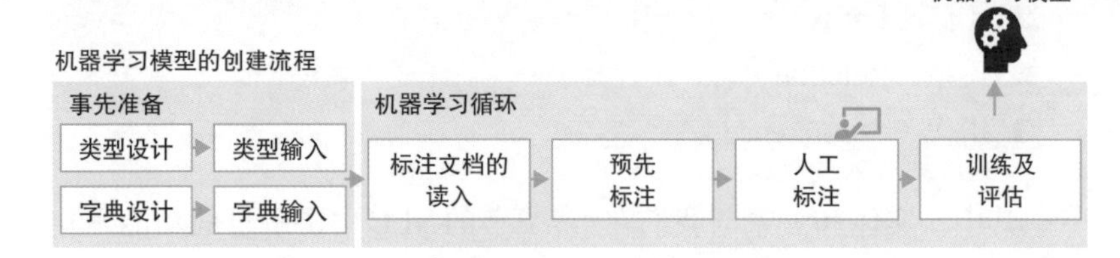

图 4.3.3　创建机器学习模型的流程

4.3.3　实例与 Workspace 的创建

那么具体都需要执行怎样的操作呢？下面通过其中具有代表性的界面进行讲解。关于Knowledge Studio实例的创建方法，可以参考书末附录C中的内容。

Knowledge Studio的服务可以通过在图4.3.4中单击“Watson Knowledge Studio的启动”来启动图形界面的管理工具。

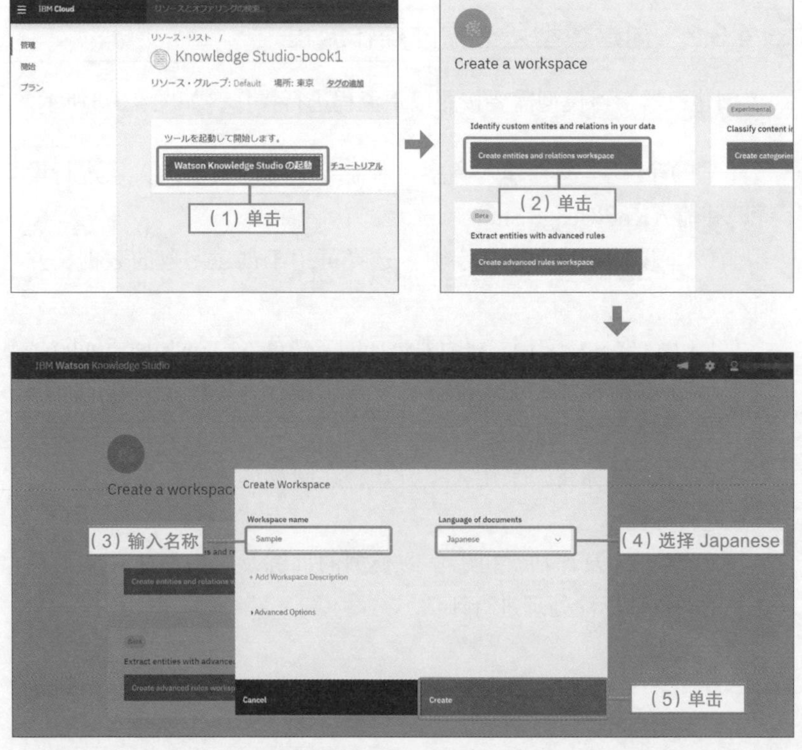

图 4.3.4　创建 Knowledge Studio 的 Workspace

Workspace是指用于管理在Knowledge Studio中生成一个模型所需的资源(字典和文档等)、操作数据(标注的结果)等数据的操作场所。

在标题为Create a workspace的窗口中单击Create entities and relations workspce。等界面切换后，在Workspace name中输入指定的名称，这里我们输入的是Sample。在Language of documents中选择语言Japanese，然后单击Create按钮。

4.3.4 事先准备操作(定义Type System/字典)

在进行标注操作前，需要预先完成的是定义Type System这一操作。

首先从业务需求的角度，对我们需要从文本数据中提取怎样的信息进行分析，并将其分别指定为实体和关系这两种类型。这类似于我们在软件开发过程中所执行的数据库设计任务。关于设计过程中的注意点，在本节末尾的"Knowledge Studio的注意点"中有收录，读者可以参考。

类型设计

这里我们将使用不同温泉区与功效相关的文章为题目进行实际的演练。首先，我们将定义温泉、泉质、适用症状作为实体，定义温泉所具有的性质作为关系见表4.3.1。在大量的温泉区与功效相关的文章中，适用针对来自海外游客的ONSEN来表示的情况比较多，因此这里我们将ONSEN定义为实体名。各实体间的关系和含义见表4.3.2。

表4.3.1 定义Type System

实体名	含义
ONSEN	温泉
Sensitsu	泉质
Tekiou	适用症状

表4.3.2　各实体间的关系及含义

关系名	实体A	实体B	含义
hasAttribute	ONSEN（温泉）	Sensitsu（泉质）	表示实体A包含实体B
targetCase	ONSEN（温泉） Sensitsu（泉质）	Tekiou（适用症状）	表示实体A所针对的对象是实体B

这一Type System的定义在Knowledge Studio中的画面如图4.3.5所示。关于实体与实体之间的关系是如何设置的问题，我们将在后续的小节中进行讲解。

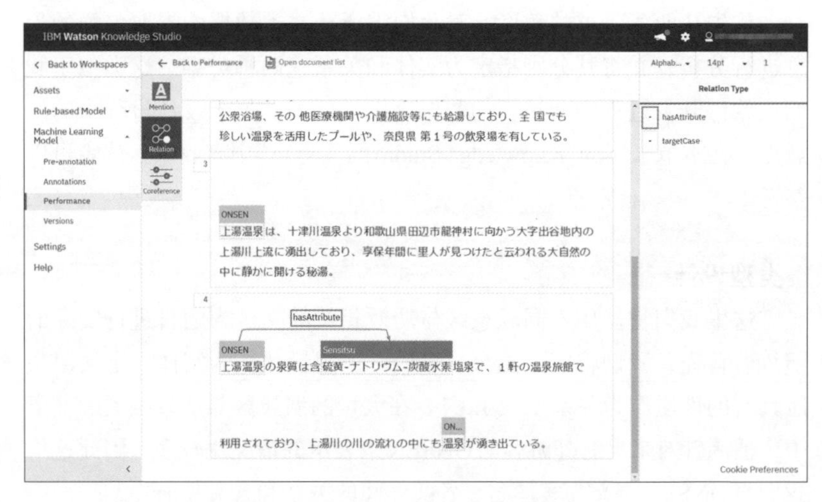

图4.3.5　设置实体与关系的状态

类型输入

接下来让我们将设计好的实体和关系输入Knowledge Studio。

在Assets中单击Entity Types，如图4.3.6所示，看到显示Entity Types界面后，再单击Add Entity Type。

在Entity Type Name中输入实体名(这里输入的是ONSEN)，然后单击Save即可完成操作。这里Roles和Subtypes中不输入任何信息。

同理，表4.3.1中其他两个实体也可以采用同样的方式进行登记，如图4.3.7所示。

在Relation Types界面中，如图4.3.8所示，定义创建好的实体之间的关系。在Assets中单击Relation Types，看到显示Relation Types界面后，单击Add Relation Type。

在Relation Type中输入hasAttribute，在First Entity Type/Role中输入ONSEN，在Second Entity Type/Role中输入Sensitsu，并单击Save。

然后按照同样的步骤定义剩下的关系。

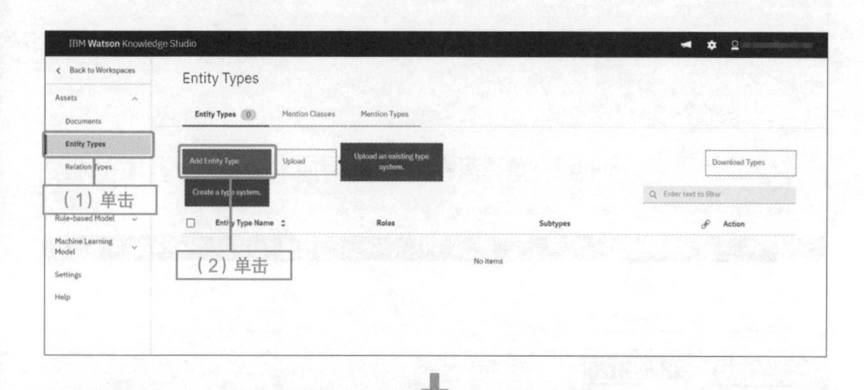

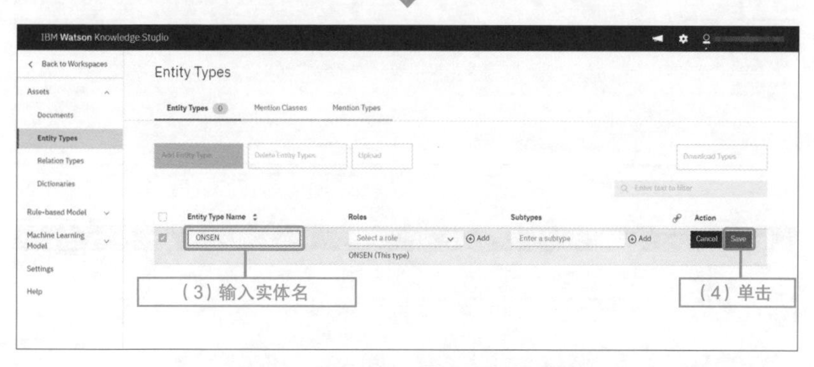

图 4.3.6　创建实体与类型的界面（一）

图 4.3.7　创建实体与类型的界面（二）

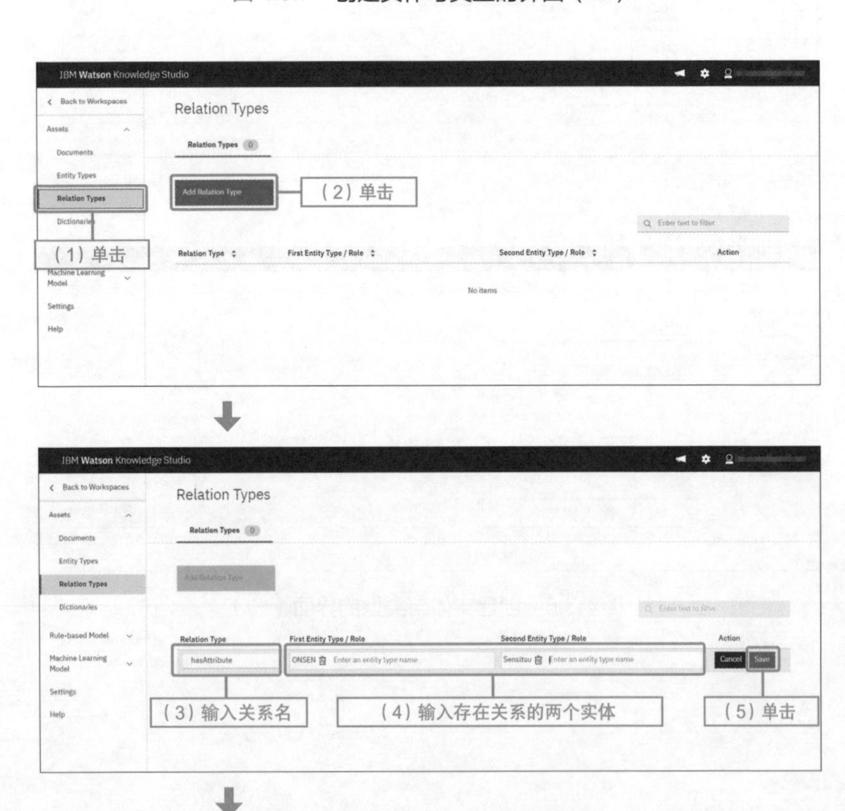

图 4.3.8　创建关系的界面

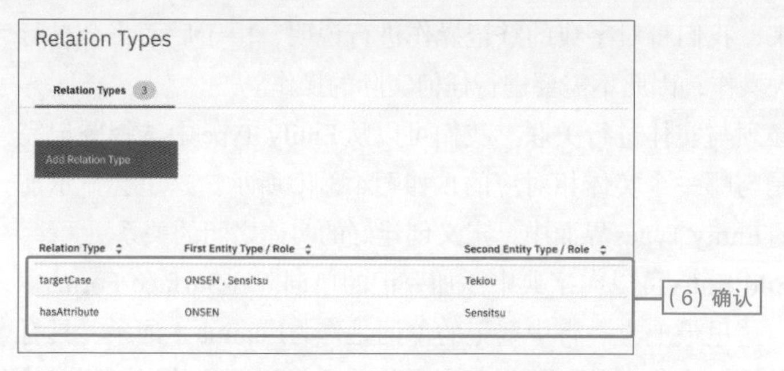

图 4.3.8 创建关系的界面（续）

字典的设计与字典的输入

将对象文档中同类的数据以单词或句子为单位划分成组，并以字典的形式输入系统。下面我们将对Lemma（词条、具有代表性的单词）、Surface Forms（同义词）、Part of Speech（词性）等数据进行定义。

虽然这不是创建模型过程中的必备操作，但是使用字典可以大大简化我们后续的工作。在Assets中单击Dictionaries，看到显示Dictionaries界面后，如图4.3.9所示，单击Create Dictionary，并输入字典的名称，这里我们输入的是SensitsuDict，然后单击Save按钮即可完成字典的创建。如果勾选Create an entity type with this name，就会生成名称与字典相同的实体。这次不要勾选此选项，我们将对前面创建好的实体进行关联。

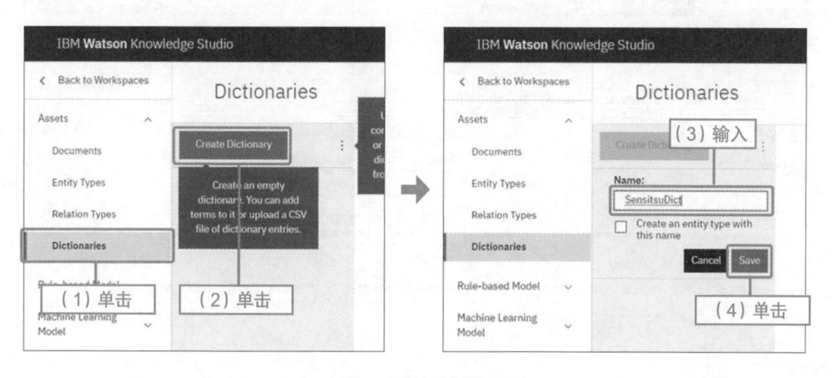

图 4.3.9 字典的登记（一）

接下来，我们将对字典的登记操作进行说明，由于后面将会进行字典的读入操作，因此不需要进行任何实际的操作。

字典必须与实体进行关联。我们可以从Entity Type中选择登记完毕的字典是与哪一个实体相对应的，如图4.3.10所示。这里会显示前面登记过的Entity Types界面中，定义创建好的实体之间的关系。

单击Add Entry可以向字典中添加登记的单词。在Surface Forms中输入单词。这里最上方一行中登记的单词是作为Lemma（词条、具有代表性的单词）来处理的。如果还存在其他意思相近的单词，可以从第二行开始添加。从Part of Speech下拉列表中选择单词的（词性），最后单击Save按钮，即可完成单词的登记操作。

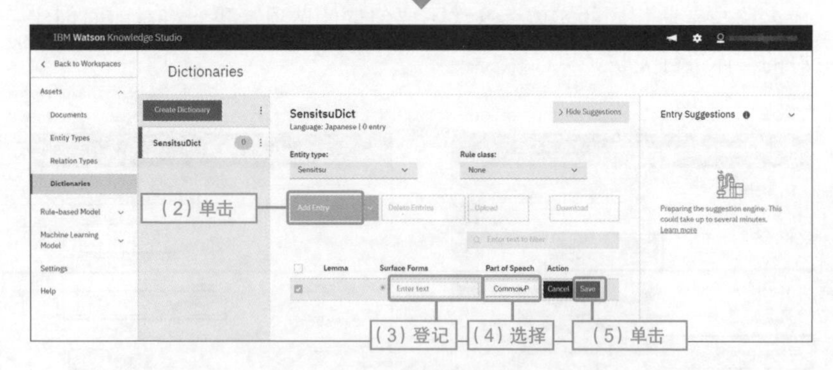

图4.3.10　字典的登记（二）

●字典的读入

在特定的应用中，由于涉及大量的专用术语、产品名称、产品编号等专用词汇，因此需要进行大量的字典登记操作。这种情况下，可以通过创建CSV文件的方式，一次性完成字典的登记操作。在使用CSV文件定义字典时，是通过poscode这一预先约定的数值来对词性进行定义的，见表4.3.3。

表4.3.3　Part of Speech与poscode的对应表

Part of Speech	含义	poscode
Noun	名词	19
Common Prefix	常用前缀	23
Common Suffix	常用后缀	24
Proper Noun (Last Name)	专有名词（姓）	140
Proper Noun (First Name)	专有名词（名）	141
Proper Noun (Person Name)	专有名词（人名）	146
Proper Noun (Organization)	专有名词（组织）	142
Proper Noun (Place Name)	专有名词（地点的名称）	144
Proper Noun (Region)	专有名词（地域）	143
Proper Noun (Other)	专有名词（其他）	145

程序4.3.1中展示的是定义字典的示例。在这个示例中，使用“単純温泉(纯质温泉)”表示的泉质中包含“アルカリ単純温泉(碱性温泉)”这样的名词，而使用“二酸化炭素泉(二氧化碳温泉)”表示的泉质中又包含“単純炭酸泉(纯碳酸温泉)”“二酸化炭素泉(二氧化碳温泉)”“単純CO_2泉(纯CO_2温泉)”等不同的表现形式。

程序 4.3.1　字典CSV的示例（第一行是固定的标题）

```
lemma,poscode,surface
単純温泉,19,アルカリ性単純温泉,単純温泉
二酸化炭素泉,19,単純炭酸泉,二酸化炭素泉,単純二酸化炭素泉,単純CO₂泉
```

在本书中，为了简化操作步骤，使用了以日本环境省(环保部)公布的数据为依据制作定义泉质字典的CSV文件(Sensitsu.csv)，读者可以从我们的支持网站中下载。

在刚才创建的SensitsuDict上单击Upload按钮，如图4.3.11所示，选择Sensitsu.csv，并在对话框中单击Upload，然后可以看到上传完毕的字典被显示出来，如图4.3.12所示。如果需要修改Entity，单击右侧的Edit即可对内容进行编辑操作。

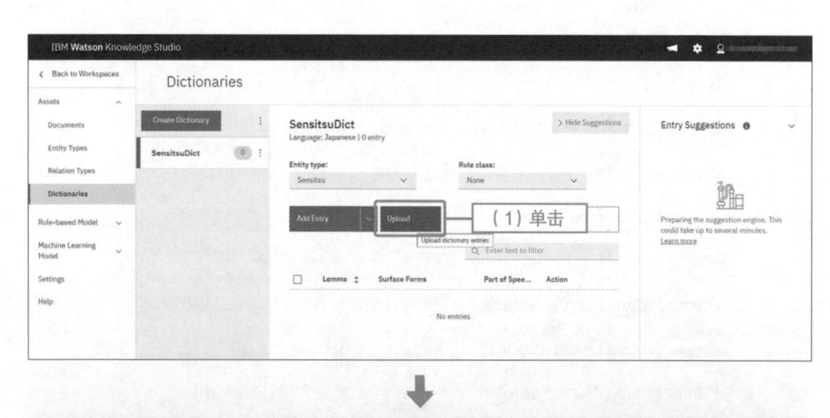

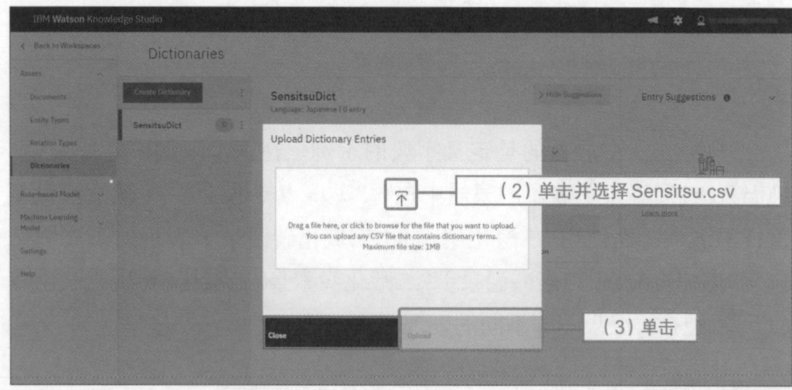

图4.3.11 字典的读入（一）

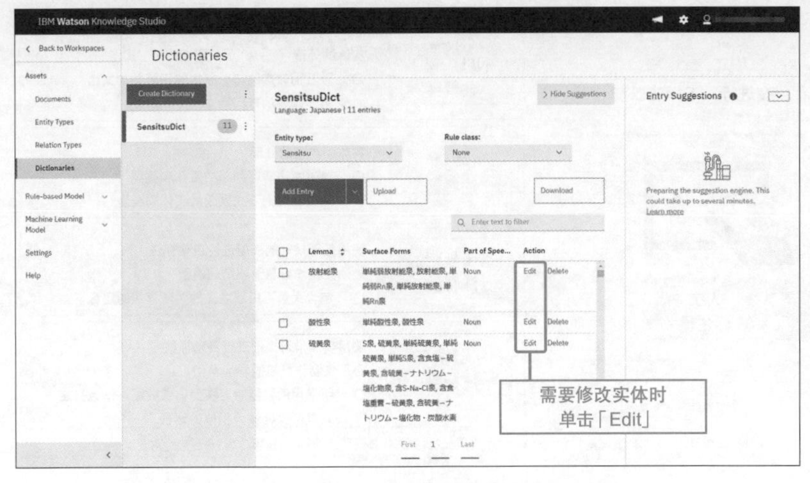

图 4.3.12 字典的读入（二）

4.3.5 标注操作（从读入文档到人工标注）

我们在第4.3.4小节中完成了所有的准备工作，接下来进入正式的创建机器学习模型阶段。

为了创建用于机器学习的模型，我们需要完成如图4.3.13和图4.3.14所示的操作，通过标注文档创建用于机器学习的监督数据。在标注文档过程中，需要重点注意以下3个操作环节。

- 添加标注文档集合。
- 预先标注(可选)。
- 人工标注的实施。

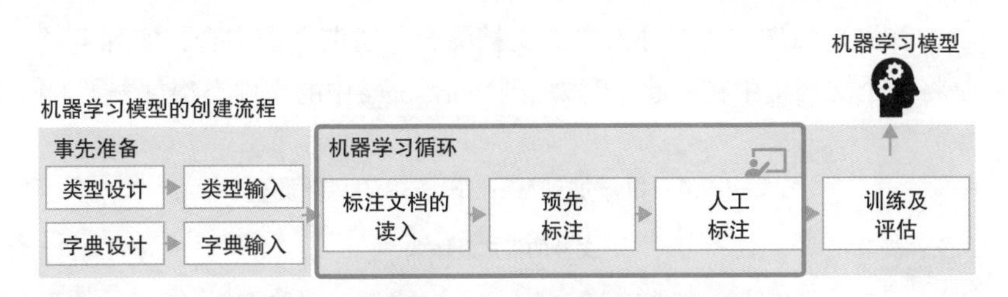

图 4.3.13 人工标注的流程（框内）

预先标注的4种实现方法

在进行人工标注以前……

人工标注员

NLU（※）注释器	实体的处理 ○：涉及面较广的与一般性知识相关的文档 ×：特定领域的专门性文档
字典注释器	实体和类型的处理 ○：通过术语即可判断的实体和类型 ×：需要通过上下文判断的实体和类型
基于规则的注释器	使用基于规则的模型进行自动标注 必须先制作好基于规则的模型 ○：包含大量可提取意义的共通模式的场合
机器学习注释器	使用机器学习模型进行自动标注 必须先制作好机器学习模型 ○：所使用的机器学习模型训练数据与作为标注对象的文档较为相似的场合

※ 使用Natural Language Understanding 的预先标注到本书截稿为止（2019 年11 月）不支持对日文的处理。

图 4.3.14　预先标注

MEMO

预先标注的4种实现方法

在进行人工标注前，我们往往需要采用可执行的预先标注来进行数据的准备工作。

能够使用预先标注的4种实现方法是使用NLU的NLU注释器、从一开始就使用字典的字典注释器、使用基于事先定义好的规则模型的基于规则的注释器，以及使用事先训练好的机器学习模型的机器学习注释器。

接下来，让我们通过实际操作来对具体操作流程建立初步的印象。

●标准文档集合的添加

首先是添加作为标注对象的文档集合。所谓文档集合，实际上就是将多个文档集中在一起，可添加到Workspace中的文件类型见表4.3.4。

表4.3.4　可添加到Workspace中的文件类型

文件类型	文件的组成及限制	字符编码
CSV	第一列为文档的ID，第二列为文档的文本数据。每次只能上传一个文件	UTF-8

（续表）

文件类型	文件的组成及限制	字符编码
Text	一个文件中包含一份文档的文本文件。每次允许上传多个文件	UTF-8
HTML	一个文件中包含一份文档的HTML文件。每次允许上传多个文件	—
PDF	一个文件中包含一份文档的PDF文件。每次允许上传多个文件，无法处理扫描生成的（不包含文本信息）PDF和带密码的PDF	—
DOC、DOCX	一个文件中包含一份文档的Microsoft Word文件。每次允许上传多个文件，无法处理带密码的DOC和DOCX文件	—
ZIP	从其他Knowledge Studio的Workspace下载的文档集合	—

在本次练习中，我们需要下载本书示例代码中的“sample_温泉情報.csv”文件（程序4.3.2）。

程序 4.3.2　CSV文档的示例（sample_温泉情報.csv）

```
酸ヶ湯温泉国民保養温泉地計画書,"酸ヶ湯温泉は 300 年の昔から開かれていた山の温泉宿であり、その泉質は （…略…）"
田沢湖高原温泉郷 国民保養温泉地計画書,"田沢湖高原温泉郷は、十和田八幡平国立公園の八幡平地区の西南端に位置し、（…略…）"
碁点温泉 国民保養温泉地計画書,"碁点温泉は、山形県の中央部村山盆地の北部に位置する村山市にあり、（…略…）"
```

在左边面板的Assets中选择Documents，等到界面展开后单击Upload Document Sets，如图4.3.15所示，打开上传界面。等到Add a Document Set界面显示出来后，将需要上传的文件拖放进去，然后单击Upload。在Documents界面中，确认上传的文件是否被成功地显示出来。

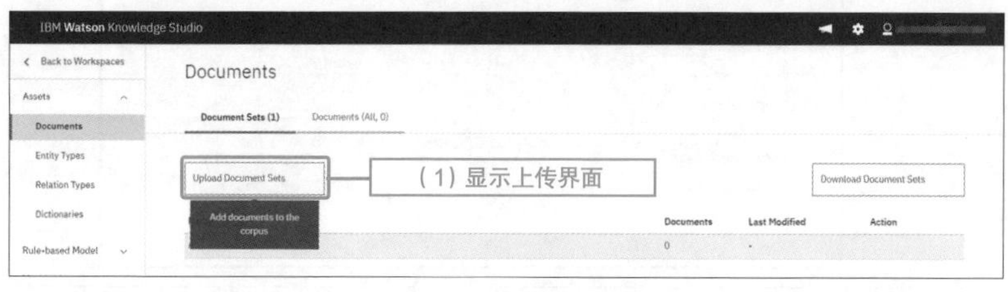

图 4.3.15　文档集合的上传

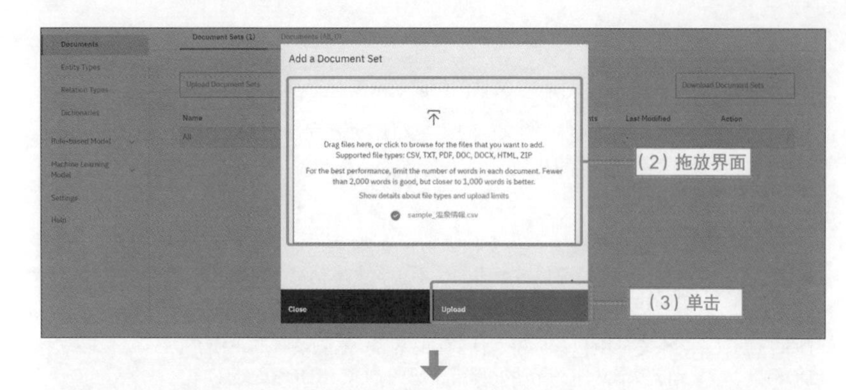

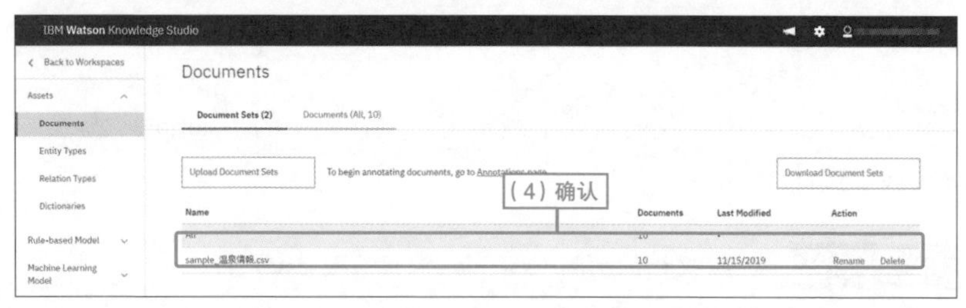

图 4.3.15　文档集合的上传（续）

在Documents界面中单击"sample_ 温泉情報.csv"，我们就能看到其中所包含文件的一览表，如图4.3.16所示。

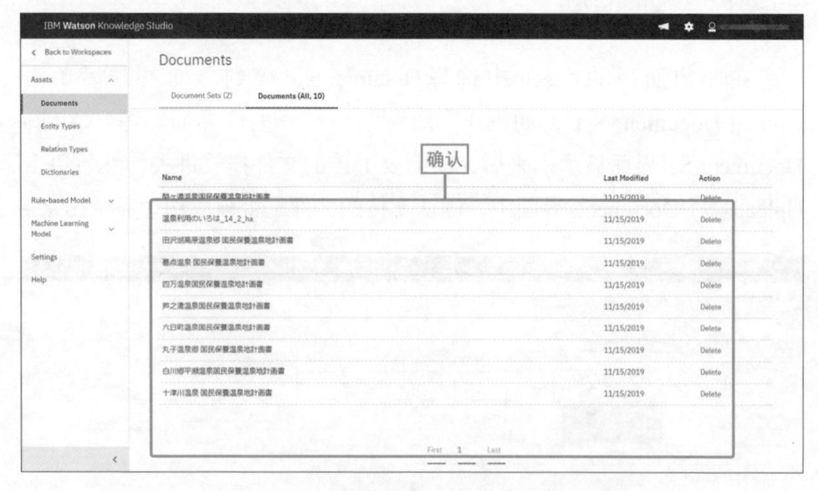

图 4.3.16　文档集合中所包含文档的列表

预先标注（可选）

接下来，我们将进行预先标注操作。这里将从4种预先标注中选择最常用的一种，即使用字典进行预先标注。

选择预先准备的字典，然后选择标注对象即可完成预先标注操作。

选择位于界面左侧Machine Learning Model下方的Preannotation，如图4.3.17所示，在Preannotation界面中单击Apply This Preannotator。如果字典没有与实体相关联，Apply This Preannotator是无法被单击的。这种情况下，在界面下方的Dictionary Mapping中选择字典所对应的Entity Type。等到Run Annotator界面显示出来后，选择作为预先标注对象的文档集合，单击Run按钮，预先标注处理就会自动开始执行。

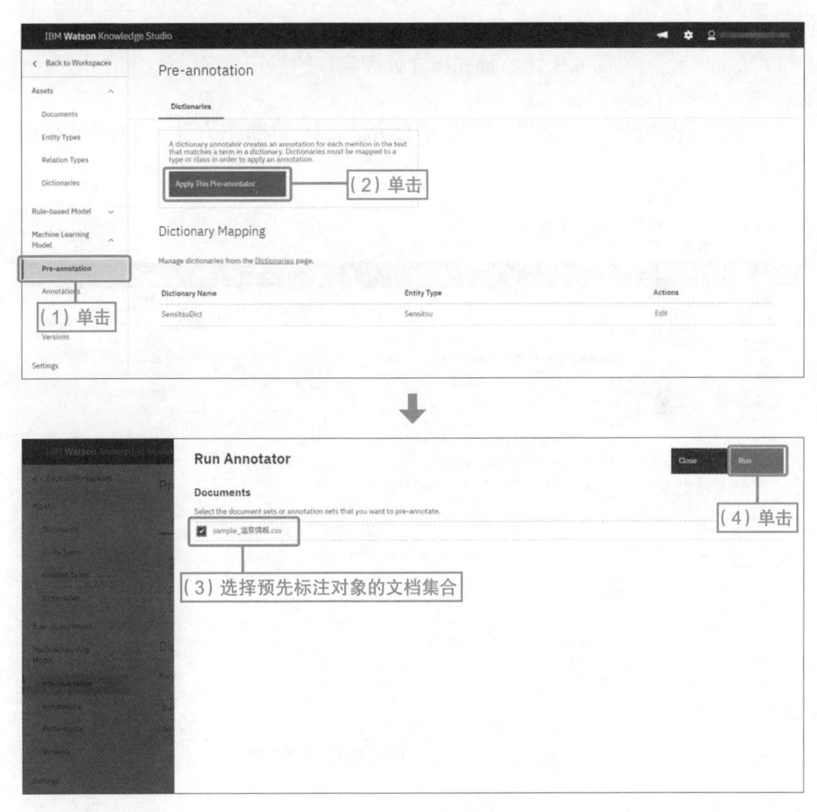

图 4.3.17　预先标注的执行

一旦界面右上方显示 Success 这一弹出消息时，就表示预先标注处理执行完毕了，如图 4.3.18 所示。

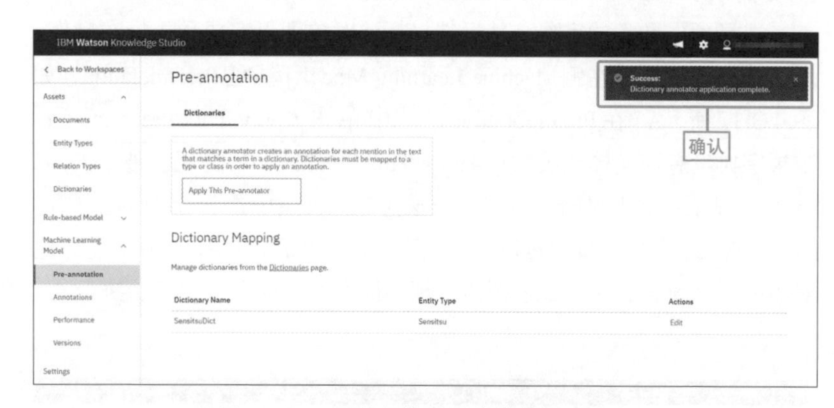

图 4.3.18　预先标注处理完毕的提示信息

预先标注的结果如图 4.3.19 中所示(具体的操作方法，我们将在后面继续讲解)。

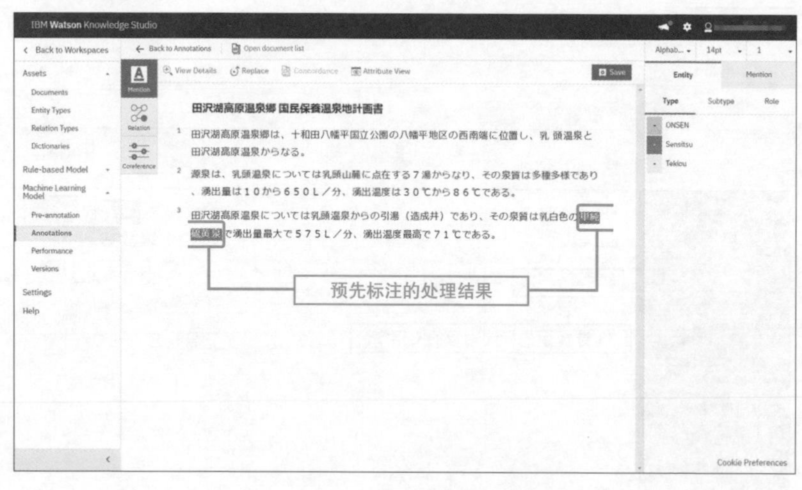

图 4.3.19　预先标注的处理结果

人工标注的实施

至此，我们正在处理的文档集合预先标注操作已完成。接下来，将进入依靠人力进行标注的阶段，即执行人工标注操作。

选择位于界面左侧Machine Learning Model下方的Annotations，如图4.3.20所示，然后在Annotations界面中单击作为对象文档集合的Annotate。打开Select Document界面后会看到文档的一览表，单击标注对象文档右侧的Open即可打开文档。这里我们打开的文档是“田沢湖高原温泉郷 国民保養温泉地計画書”。

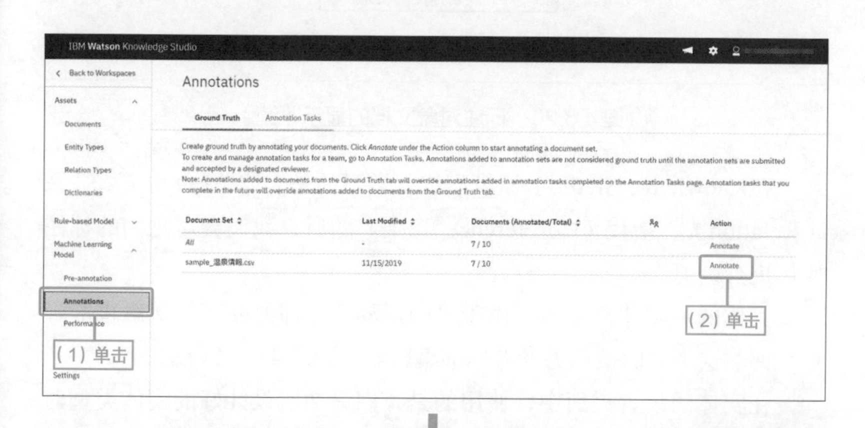

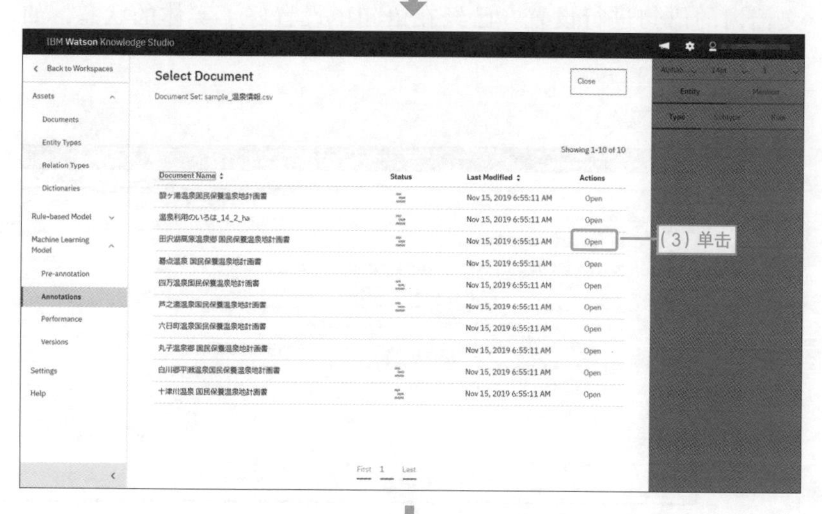

图 4.3.20　标注对象文档的显示

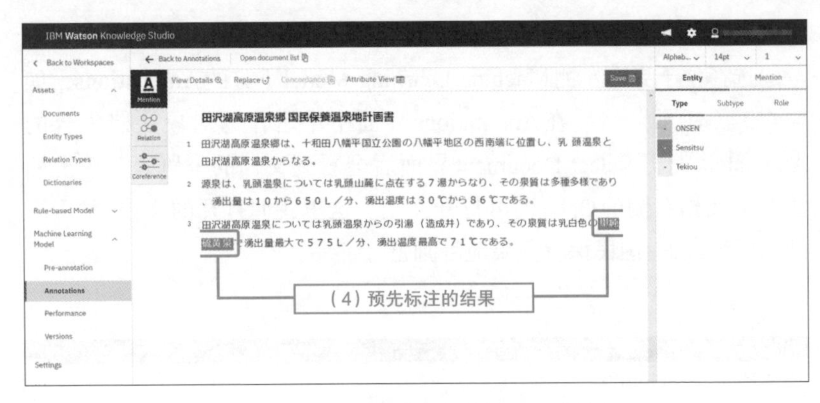

图 4.3.20　标注对象文档的显示（续）

在Knowledge Studio上让模型进行学习的是实体（Entity）、关系（Relation）、指代（Coreference）3项。随后，我们会对它们的标注操作进行讲解。

具体的步骤非常简单，由于是图形界面，即使刚开始接触也能轻松掌握。这个界面被称为参考标准编辑器，如图 4.3.21所示。

在实体的设置界面中，使用的是我们最初所设计好的实体类型对文档内的语句进行设置。已经在语句中设置好了实体的状态，如图 4.3.21所示。

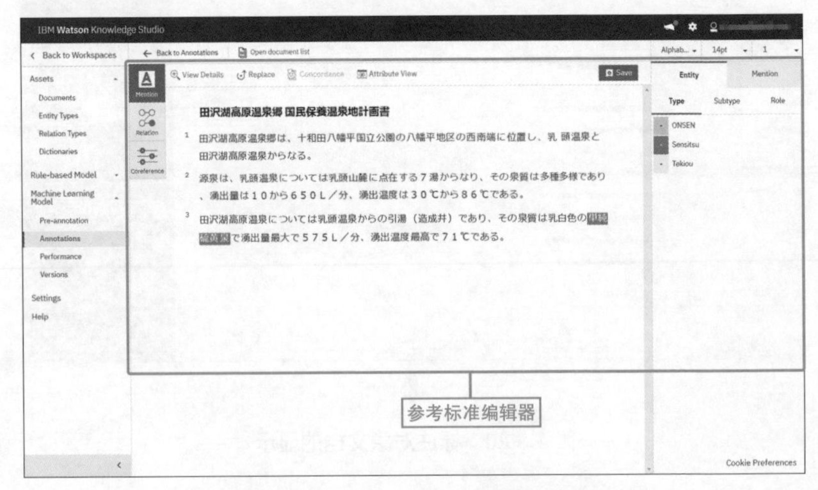

图 4.3.21　参考标准编辑器

MEMO

何谓参考标准

参考标准可理解为经过仔细审核的正确答案。在人工标注中，经过正确标注的文档集合被称为参考标准。

要为语句设置实体，需要在文章中期望设置实体的语句周围拖动光标进入选择状态，如图 4.3.22 所示，然后在右侧 Entity 选项卡下的 Type 中单击实体类型。这样就完成了设置。

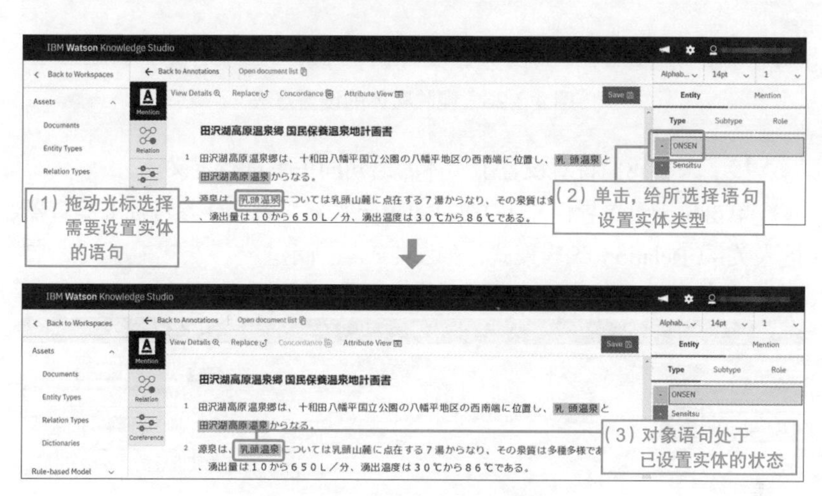

图 4.3.22　设置实体的方法

如果不小心设置了错误的实体，通过单击界面左上方的 View Details 按钮，如图 4.3.23 所示可以查看实体被设置到了哪些语句上；如果需要删除实体，单击位于实体右侧的 × 即可。

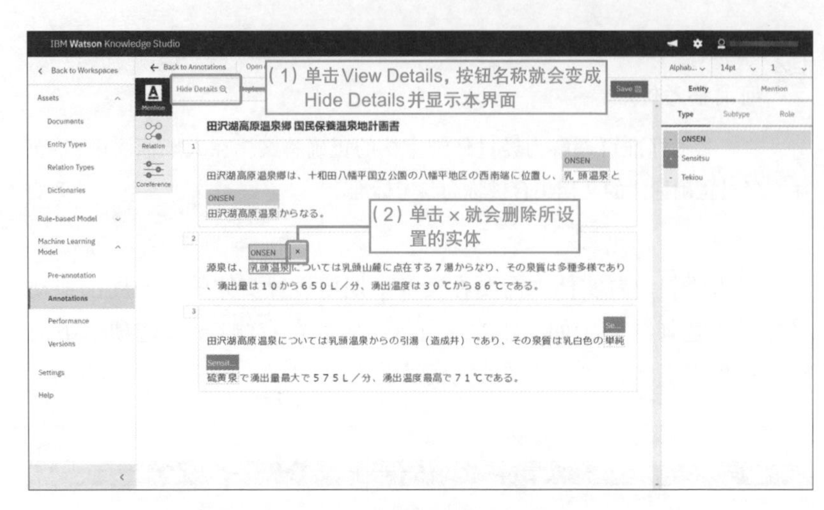

图 4.3.23　删除实体的设置方法

接下来，我们将对设置了实体的语句间关系进行定义。

单击位于设置界面左上方的Relation按钮，就会让参考标准编辑器进入关系(Relation)编辑模式，如图4.3.24所示。

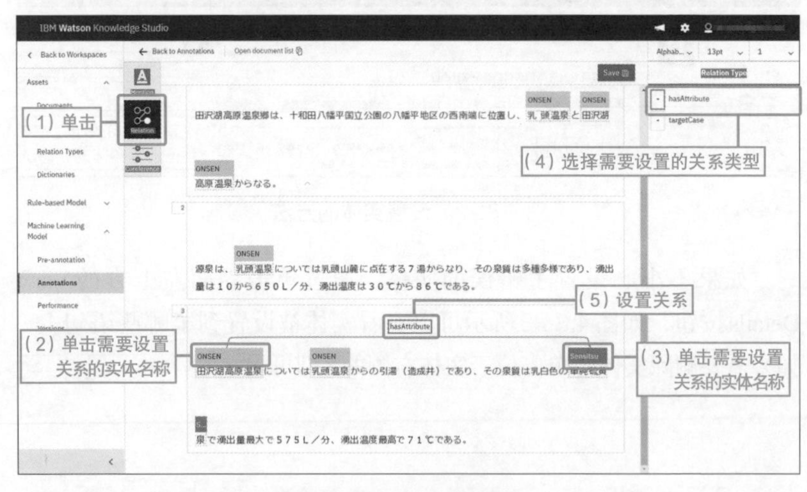

图 4.3.24　关系的设置方法

关系的设置方法与实体的设置方法一样简单。先选择两个实体作为设置关系的对象，然后从右侧的Relation Type（关系类型）中选择两者的关系。如果同时选择了两个实体，关系类型列表就会根据用户所选择的实体自动过滤成允许选择的关系类型。从图4.3.24中可以看到，当前我们选择的实体允许设置的关系类型是hasAttribute（拥有～的属性）。这样我们就实现了实体间关系的设置。

最后，让我们看一看用于表示不同单词代表相同对象设置指代的界面。单击位于参考标准编辑器左上方的Coreference按钮就可以进入指代编辑模式，如图4.3.25所示。

要实现指代的设置，需要先单击那些需要作为相同对象处理的实体，使它们进入被选中的状态，然后再次单击被选中的实体中的任意一个即可。完成此操作后，语句下方会自动添加上相同的编号，右侧的Coreference Chains（指代关系链）中就会列出当前设置了指代的语句。显示当前设置了指代语句状态的就是图4.3.25中步骤（4）所指的地方。

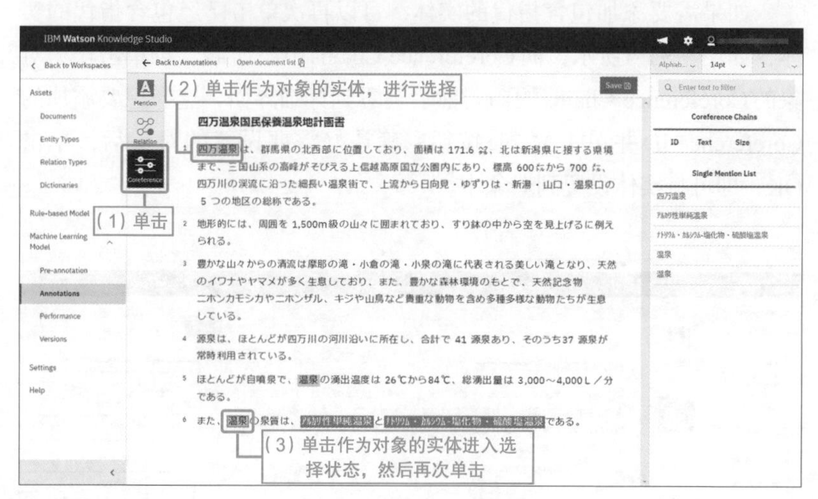

图 4.3.25　指代的设置方法

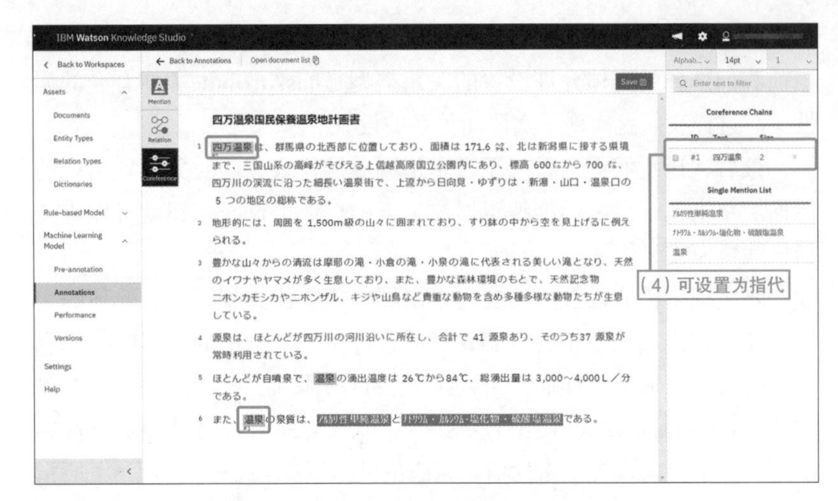

图 4.3.25　指代的设置方法（续）

如果需要添加包含指代的实体，可以再次单击已经包含指代的实体，如图 4.3.26 所示，向 Coreference Chains 中添加#2，再单击作为对象的 Coreference Chains 的#1。然后会看到详细界面，选择想要添加的 Coreference ID 并单击 Merge 按钮。确认好需要设置的对象后，单击 OK，即可将实体设置到对象中。

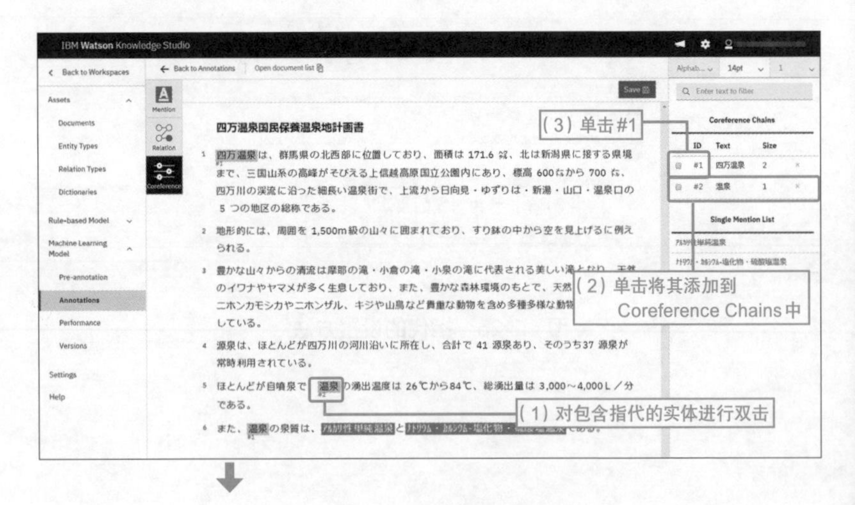

图 4.3.26　添加指代的设置方法

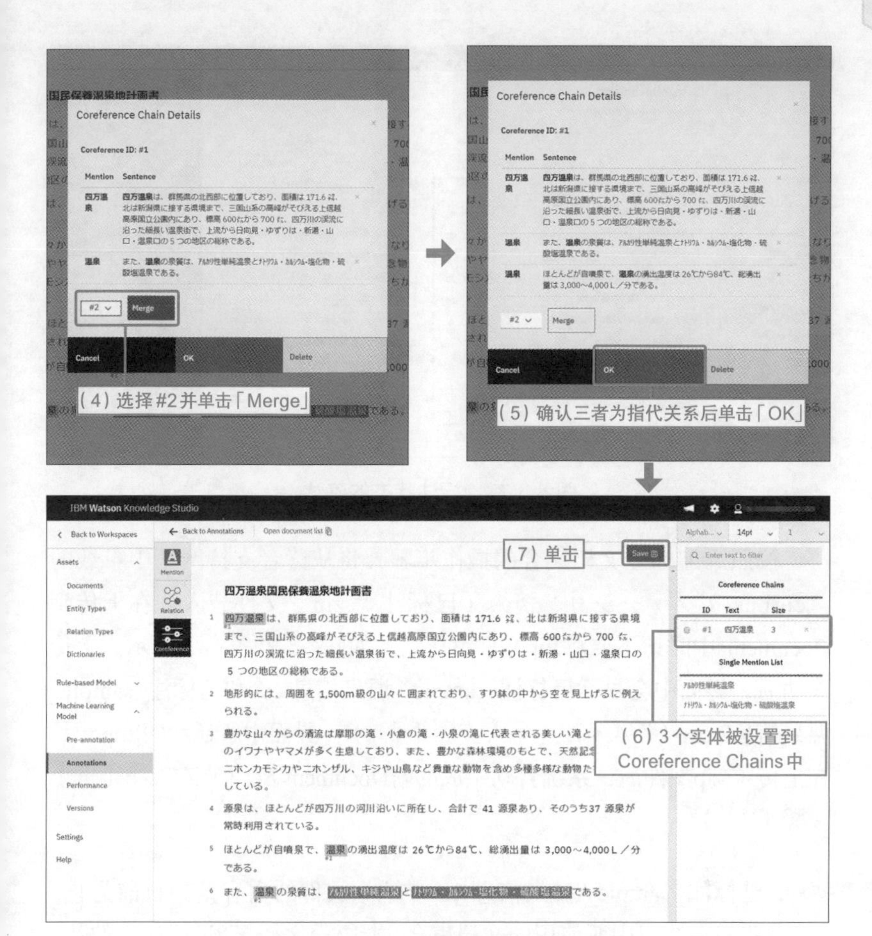

图 4.3.26　添加指代的设置方法（续）

通过反复执行上述操作即可实现数据的标注操作。在完成所有的标注后，单击画面右上方的Save按钮即可。

在第4.3.6小节将要执行的机器学习模型训练中，至少需要使用10份已经标注过的文档，因此需要对所有的文档进行标注。经过标注后文档的Status栏中会被设置上图标，如图4.3.27所示。另外，为了简化标注操作，我们已经为读者准备了事先标注好的文档。下面将对使用步骤进行说明。

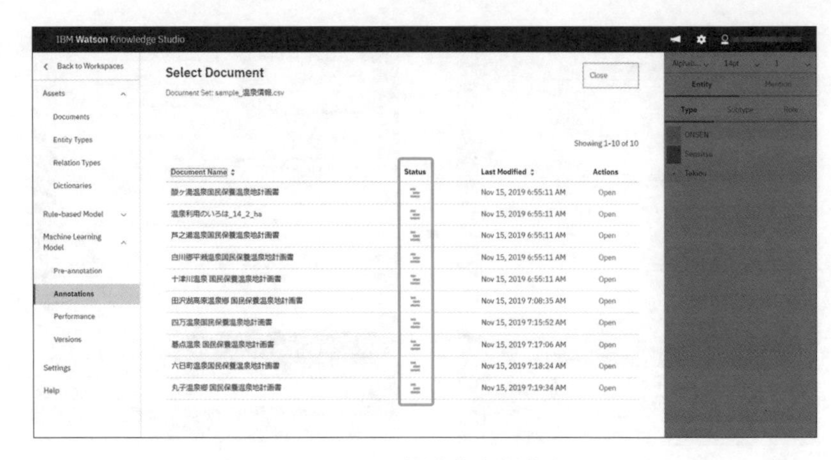

图 4.3.27　标注状态的确认

按照添加标注文档集合的操作步骤，将从读者支持网站中下载的"corpus-アノテーション済み（已标注）.zip"文件载入。在上传到Documents中时请不要将.zip文件解压缩，如图4.3.28（上）所示。上传成功后，界面中会显示已标注_sample_温泉信息.csv和已标注_sample_温泉信息2.csv（图4.3.28（下）步骤（1））。界面中所显示的Import是在上传了.zip文件后，系统自动生成的新Document Set（图4.3.28（下）步骤（2））。

- 已标注_sample_温泉信息.csv。这个文件的内容是到目前为止我们在练习中所使用的文档集合（共10份文档）经过标注后的数据。在下一步操作中，可以选择是使用自己标注的文档集合，或者使用事先标注好的文档集合来进行机器学习模型的训练。
- 已标注_sample_温泉信息2.csv。到目前为止，我们在练习中所使用的30份不同的文档已经事先标注好。请确认文档集合已经成功地载入（图4.3.28（下）步骤（1）~步骤（2）），并且载入的文档集合已经完成了标注（图4.3.28（下）步骤（3）~步骤（4））。

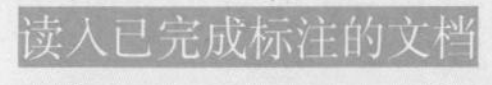

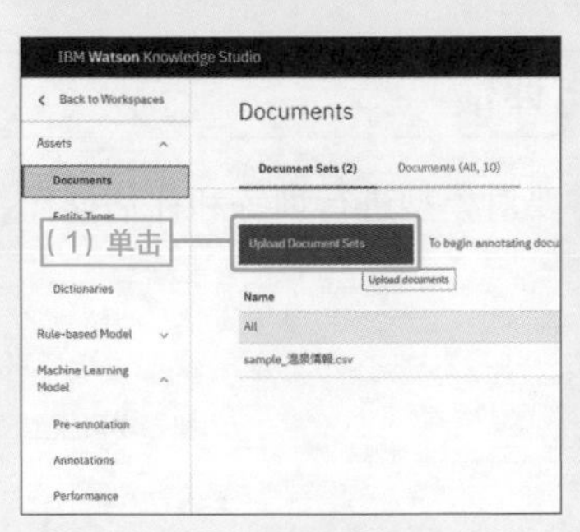

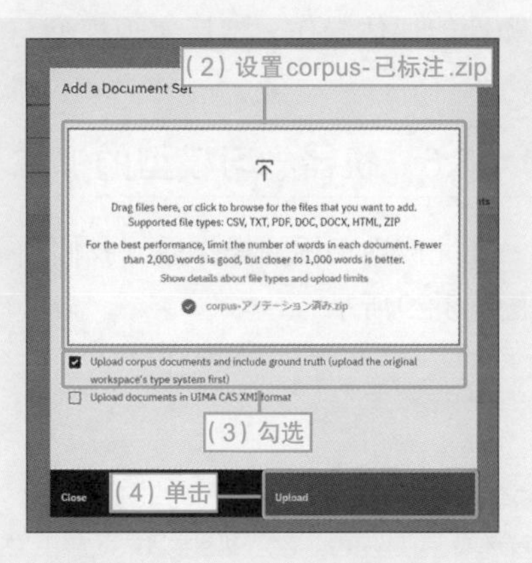

（上）

读入已完成标注文档的结果

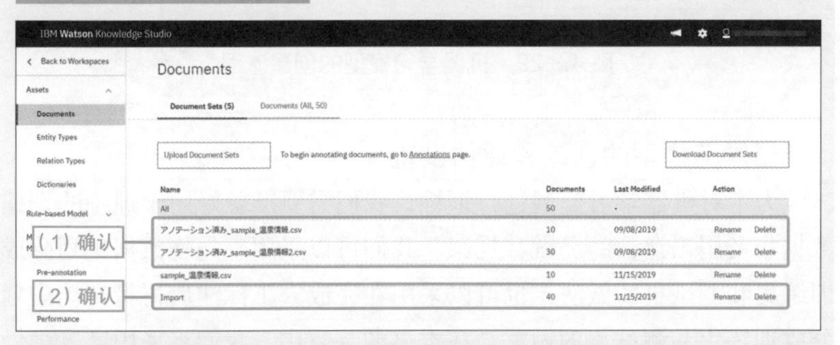

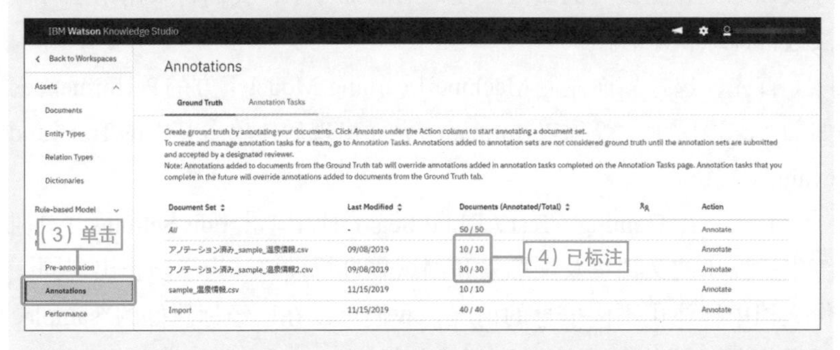

（下）

图 4.3.28 已标注文档的读取（上）与已标注文档读取结果的确认（下）

至此，我们对使用Knowledge Studio在NLU和Discovery中对业界内和行业内专用的数据进行学习的人工标注操作流程完成了讲解。为了能够在实际中应用机器学习模型，后面我们还需要对模型进行训练和性能评估操作，然后实现模型与NLU和Discovery等软件的联动。

4.3.6 机器学习模型的训练与评估

在完成人工标注操作后，我们还需要对模型进行训练和评估操作，如图4.3.29所示。

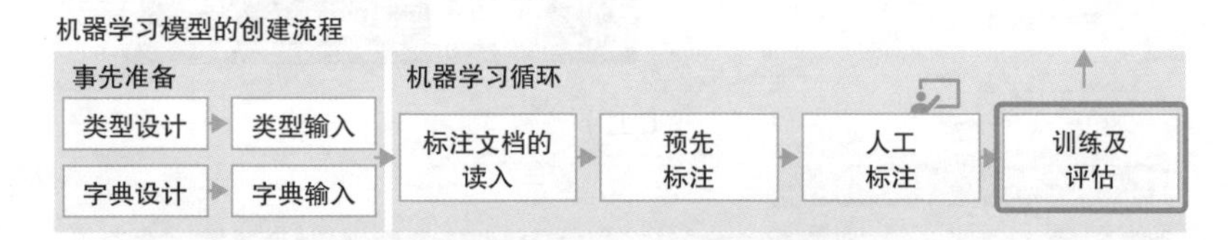

图4.3.29 机器学习模型的创建流程

机器学习模型的训练和评估设置

为了对机器学习模型进行训练，我们需要准备好用于训练的训练数据集及用于评估的测试数据集。我们可以采用事先将数据集划分成训练集和测试集的做法，也可以采用在完成人工标注后再将文档集划分成训练集和测试集的做法。在本书的练习中，我们将采用第二种做法进行训练和评估。

首先，选择界面左侧Machine Learning Model下方的Performance，如图4.3.30所示，等到Performance界面出现后，单击其中的Train and evaluate按钮。

其次，在Training / Test / Blind Sets界面中单击Edit Settings，对训练中所使用的文档集及训练集和测试集进行设置。为了防止出现同一份文档中标注了不同信息的情况，我们可以在已经标注好的“sample_温泉信息.csv”与本书事先准备的“已标注_sample_温泉信息.csv”这两个文件中，选择其中一个使用。

再次，选择Create new sets by splitting the selected document sets并确定训练集、测试集及盲测集的划分比例。这里我们设置的是训练集占70%，测试集占30%。

最后，单击Train & Evaluate按钮，执行对模型的训练和评估操作。

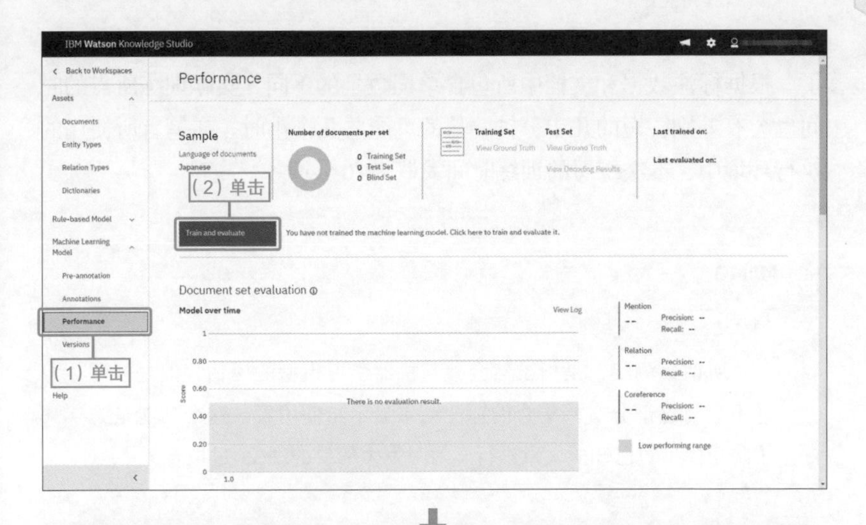

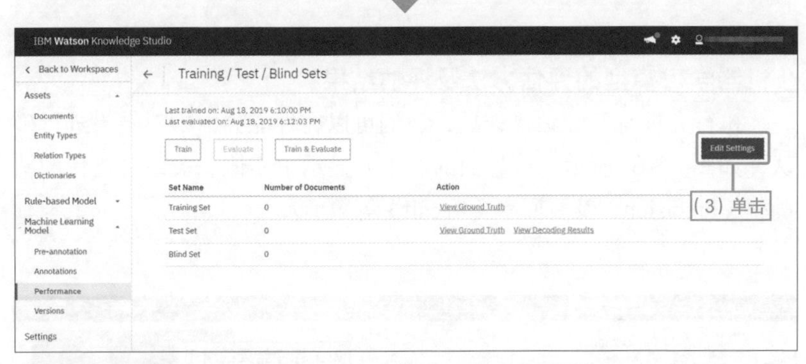

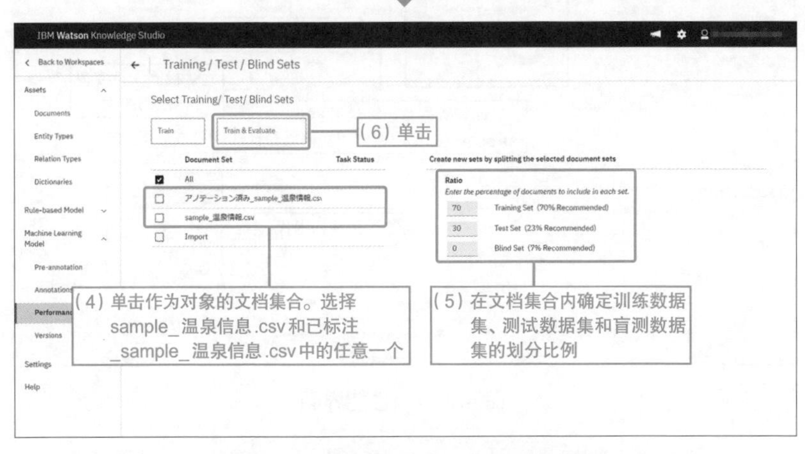

图 4.3.30　机器学习模型的训练和评估设置

如果看到界面右上方显示了绿色的Success信息，就表示训练结束了。根据标注数据和文档中所包含单词数量的不同，实际训练所需的时间也会有差别，短的几十分钟，长的可能要几个小时。在笔者所使用的执行环境中，本次练习的训练时间大概为10分钟。

MEMO

盲测集

所谓盲测集，是指虽然会参与机器学习模型的评估，但是模型并不会将这部分文档集合的标注结果显示给使用者。这个功能是为了防止模型对已知的文章进行学习时发生偏科的现象(过拟合)。

机器学习模型的评估方法及评估结果

执行完训练和评估操作后，我们可以在性能界面中对结果进行确认，如图4.3.31所示。该界面的右下方显示了实体、关系、指代的精确率（Precision）及召回率（Recall）等数值。

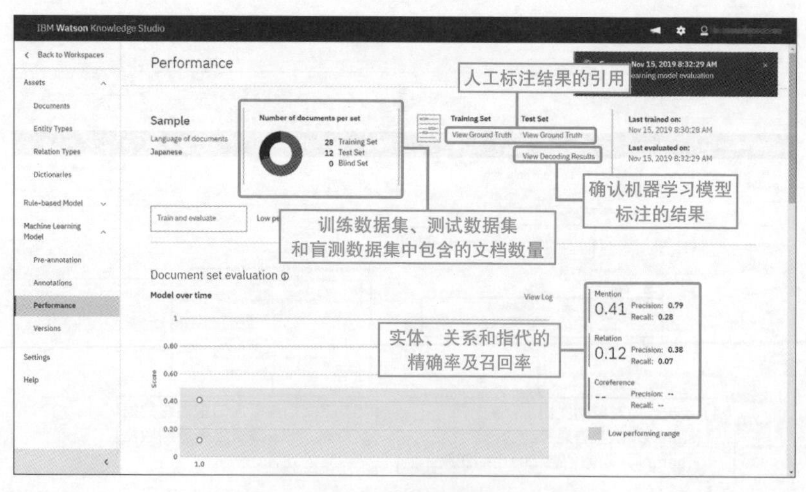

图 4.3.31　性能界面

我们还可以确认更加详细的性能指标评估结果。位于性能界面的中间部分有一块Current version insights区域，单击其中的Detailed Statistics就能按照表格的形式查看性能指标的评估结果，如图4.3.32所示。

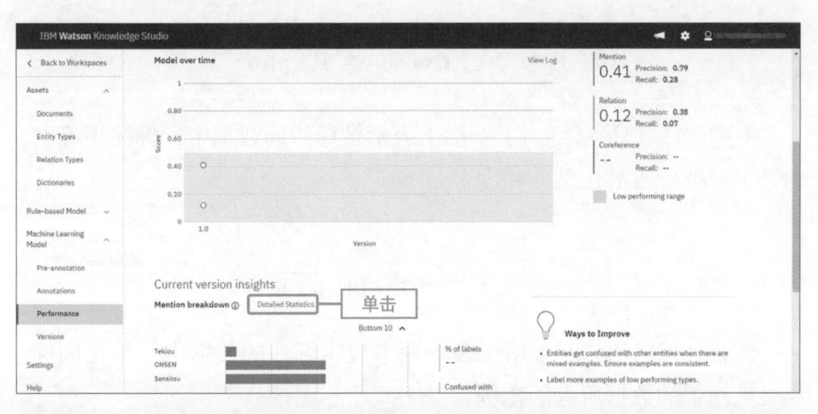

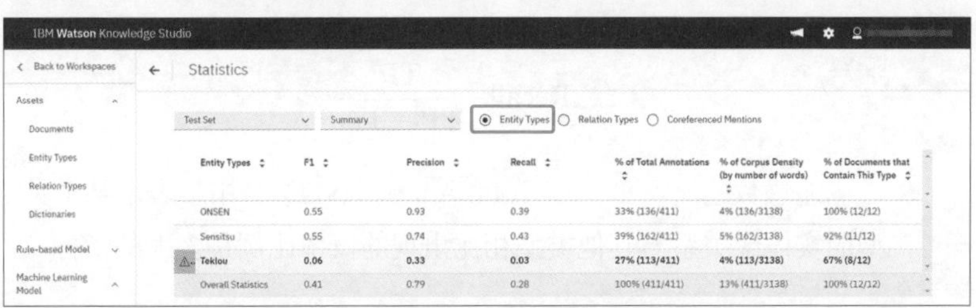

Entity Types	F1	Precision	Recall	% of Total Annotations	% of Corpus Density (by number of words)	% of Documents that Contain This Type
ONSEN	0.55	0.93	0.39	33% (136/411)	4% (136/3138)	100% (12/12)
Sensitsu	0.55	0.74	0.43	39% (162/411)	5% (162/3138)	92% (11/12)
Tekiou	0.06	0.33	0.03	27% (113/411)	4% (113/3138)	67% (8/12)
Overall Statistics	0.41	0.79	0.28	100% (411/411)	13% (411/3138)	100% (12/12)

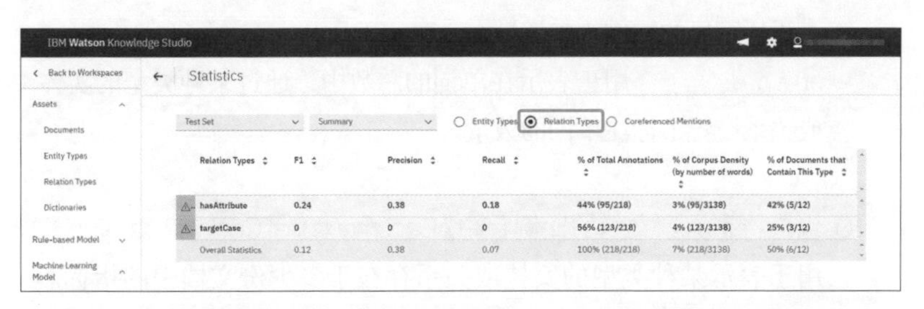

Relation Types	F1	Precision	Recall	% of Total Annotations	% of Corpus Density (by number of words)	% of Documents that Contain This Type
hasAttribute	0.24	0.38	0.18	44% (95/218)	3% (95/3138)	42% (5/12)
targetCase	0	0	0	56% (123/218)	4% (123/3138)	25% (3/12)
Overall Statistics	0.12	0.38	0.07	100% (218/218)	7% (218/3138)	50% (6/12)

IBM Watson Knowledge Studio — Statistics — Test Set / Summary — Entity Types / Relation Types / Coreferenced Mentions

Entity Types	F1	Precision	Recall	% of Total Annotations	% of Corpus Density (by number of words)	% of Documents that Contain This Type
ONSEN	0.21	0.5	0.14			
Sensitsu	N/A	N/A	N/A			
Tekiou	N/A	N/A	N/A			
Overall Statistics	0.21	0.5	0.14	-	-	-

图 4.3.32　评估指标界面

● F1：适用于衡量精确率及召回率的比率是否处于比较平衡位置的指标。最大值为1，最小值为0。

$$\frac{1}{\mathrm{F}}=\frac{1}{2}\left(\frac{1}{\mathrm{Precision}}+\frac{1}{\mathrm{Recall}}\right)$$

● 精确率（Precision）：用于表示被标注的数据中，标注正确的数据所占的比例（精度）。

$$\mathrm{Precision}=\frac{\mathrm{TP}}{\mathrm{TP}+\mathrm{FP}}$$

● 召回率(Recall)：用于表示原本应当标注的数据中，被正确标注了的数据所占的比例。

$$\mathrm{Recall}=\frac{\mathrm{TP}}{\mathrm{TP}+\mathrm{FN}}$$

● 占标注总数的比例（% of Total Annotations）：用于表示某个类型的实体或关系与其他类型相比出现的概率比例是多大的指标。

● 占语料密度的比例（单词数）［% of Corpus Density (by number of words)］：用于表示在单词的总数中，通过某种类型的实体或关系设置了标注单词的数量。

● 包含特定类型文档的比例(% of Documents that Contain This Type)：用于表示某种类型的实体或关系存在于多少份文档中的指标。

关于TP、TN、FP、FN的含义见表4.3.5。

表4.3.5　计算中所需要的数值及其含义

名　称	含　义
真阳性（TP）	原本应当标注到实体（※），而且实际上也被标注到了实体（※）上的单词数量
真阴性（TN）	原本不应当标注到实体（※），而且实际上也没有被标注到实体（※）上的单词数量

（续表）

名 称	含 义
假阳性（FP）	原本不应当标注到实体（※），但实际上被错误地标注到了实体（※）上的单词数量
假阴性（FN）	原本应当标注到实体（※），但实际上没有被标注到实体（※）上的单词数量

※表示实体、关系或指代。

这次练习我们所得到的结果见表4.3.6。

我们先观察一下实体ONSEN的结果。

（1）精确率为0.93，这表示机器学习模型在标注了的ONSEN当中有93%是正确的。

（2）召回率为0.39，这表示原本应当标注的ONSEN实体当中有39%得到了标注。

（3）占标注总数的比例（% of Total Annotations）为136/411，这表示总共有411个单词进行了标注，其中有136个单词标注的是ONSEN实体。由于精确率为0.93，因此我们知道136个单词中有126个单词是被正确标注的。另外，由于召回率为0.39，而136个单词是被标注的，因此我们就知道原本应当有349个单词是属于ONSEN实体。

（4）占语料密度的比例（单词数）（% of Corpus Density（by number of words））为4%，这表示在文档全部的单词当中有4%是属于ONSEN实体。

（5）包含特定类型文档的比例（% of Documents that Contain This Type）为100%，这就说明在所有文档中都包含机器学习模型标注为ONSEN的单词。

表4.3.6 计算中所需要的数值及其含义

实 体	F1	精确率（Precision）	召回率（Recall）	% of Total Annotations	% of Corpus Density (by number of words)	% of Documents that Contain This Type
ONSEN	0.55	0.93	0.39	33% (136/411)	4% (136/3138)	100% (12/12)
Sensitsu	0.55	0.74	0.43	39% (162/411)	5% (162/3138)	92% (11/12)
Tekiou	0.06	0.33	0.03	27% (113/411)	4% (113/3138)	67% (8/12)
Overall Statistics	0.41	0.79	0.28	100% (411/411)	13% (411/3138)	100% (12/12)

（续表）

相关性	F1	精确率（Precision）	召回率（Recall）	% of Total Annotations	% of Corpus Density (by number of words)	% of Documents that Contain This Type
hasAttribute	0.24	0.38	0.18	44% (95/218)	3% (95/3138)	42% (5/12)
targetCase	0	0	0	56% (123/218)	4% (123/3138)	25% (3/12)
Overall Statistics	0.12	0.38	0.07	100% (218/218)	7% (218/3138)	50% (6/12)

同一性	F1	精确率（Precision）	召回率（Recall）	% of Total Annotations	% of Corpus Density (by number of words)	% of Documents that Contain This Type
ONSEN	0.21	0.5	0.14	—	—	—
Sensitsu	N/A	N/A	N/A	—	—	—
Tekiou	N/A	N/A	N/A	—	—	—
Overall Statistics	0.21	0.5	0.14	—	—	—

接下来，对机器模型的标注结果与人工标注的结果进行对比。

单击性能界面中的View Decoding Results（图4.3.31），就会看到Select Document界面。单击需要确认文档的Open按钮（这里我们省略了画面的显示）。然后，我们就可以对机器学习模型的标注结果进行确认，如图4.3.33所示。

同样在性能界面的Test Set下方单击View Ground Truth（图4.3.31），就能看到人工标注的结果。相信通过对两者进行比较，读者会更加深入地理解作为评估指标的F1值、精确率及召回率的含义。

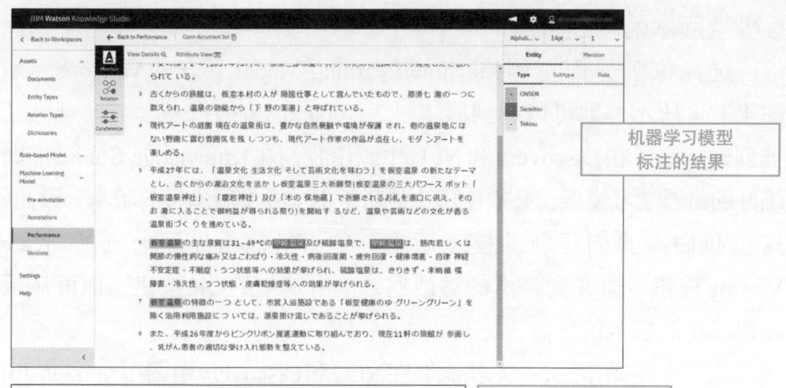

机器学习模型
标注的结果

5 平成27年には、「温泉文化 生活文化 そして芸術文化を味わう」を板室温泉 の新たなテーマとし、古くからの湯治文化を活か し板室温泉三大祈願祭(板室温泉の三大パワース ポット「板室温泉神社」、「龍岩神社」及び「木の 保地蔵」で祈願されるお札を湯口に供え、その お 湯に入ることで御利益が得られる祭り)を開始す るなど、温泉や芸術などの文化が香る温泉街づく りを進めている。

6 板室温泉の主な泉質は31~49°Cの単純温泉及び硫酸塩泉で、単純温泉は、筋肉若し くは関節の慢性的な痛み又はこわばり・冷え性・病後回復期・疲労回復・健康増進・自律 神経不安定症・不眠症・うつ状態等への効果が挙げられ、硫酸塩泉は、きりきず・末梢循 環障害・冷え性・うつ状態・皮膚乾燥症等への効果が挙げられる。

7 板室温泉の特徴の一つ として、市営入浴施設である「板室健康のゆ グリーングリーン」を除く浴用利用施設につ いては、源泉掛け流しであることが挙げられる。

人工标注的结果
（正确答案数据）

5 平成27年には、「温泉文化 生活文化 そして芸術文化を味わう」を板室温泉 の新たなテーマとし、古くからの湯治文化を活か し板室温泉三大祈願祭(板室温泉の三大パワース ポット「板室温泉神社」、「龍岩神社」及び「木の 保地蔵」で祈願されるお札を湯口に供え、その お 湯に入ることで御利益が得られる祭り)を開始す るなど、温泉や芸術などの文化が香る温泉街づく りを進めている。

6 板室温泉の主な泉質は31~49°Cの単純温泉及び硫酸塩泉で、単純温泉は、筋肉若し くは関節の慢性的な痛み又はこわばり・冷え性・病後回復期・疲労回復・健康増進・自律 神経不安定症・不眠症・うつ状態等への効果が挙げられ、硫酸塩泉は、きりきず・末梢循 環障害・冷え性・うつ状態・皮膚乾燥症等への効果が挙げられる。

7 板室温泉の特徴の一つ として、市営入浴施設である「板室健康のゆ グリーングリーン」を除く浴用利用施設につ いては、源泉掛け流しであることが挙げられる。

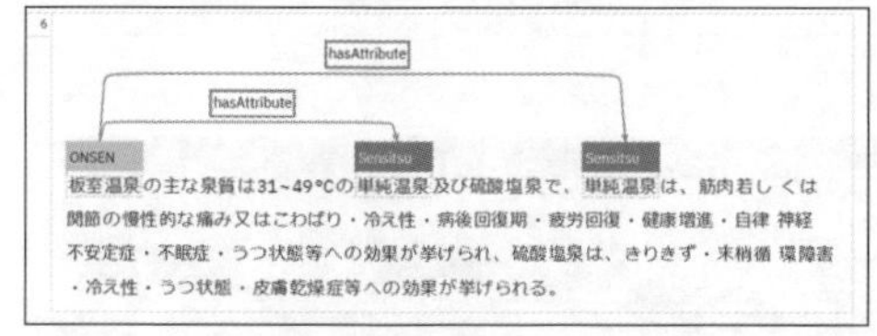

机器学习模型
标注的结果

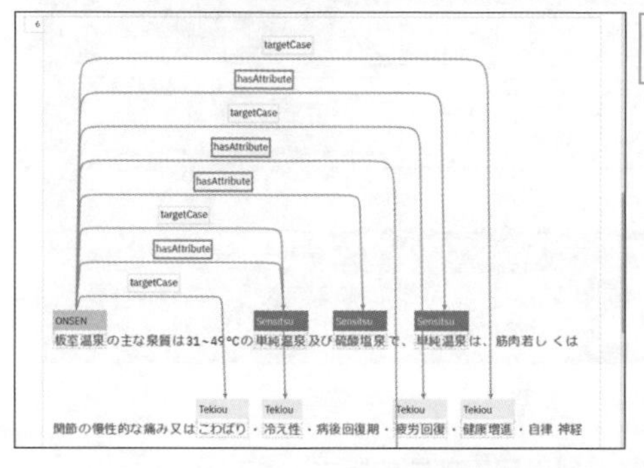

人工标注的结果
（正确答案数据）

图 4.3.33　机器学习模型产生的标注结果

●模型版本的创建

选择位于界面左侧Machine Learning Model下方的Versions，如图4.3.34所示，就可以看到版本号为Version 1.0的机器学习模型已经被创建。为了在Discovery和NLU中调用我们在Knowledge Studio中训练好的机器学习模型，必须使用比最新版本早一个版本号的版本。因此，这里我们需要创建新的模型版本。单击Version界面上方的Create Version按钮，会看到弹出的对话框，单击其中的OK按钮，即可显示创建成功的版本信息。

完成上述操作后，我们就能够在NLU和Discovery中调用Version 1.0的模型了。

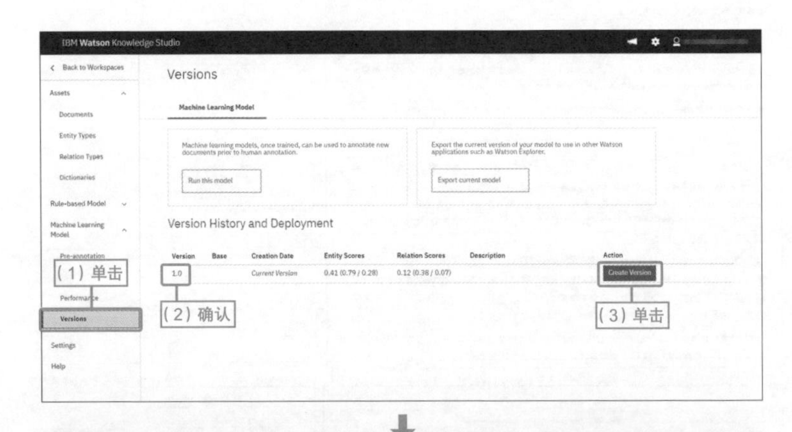

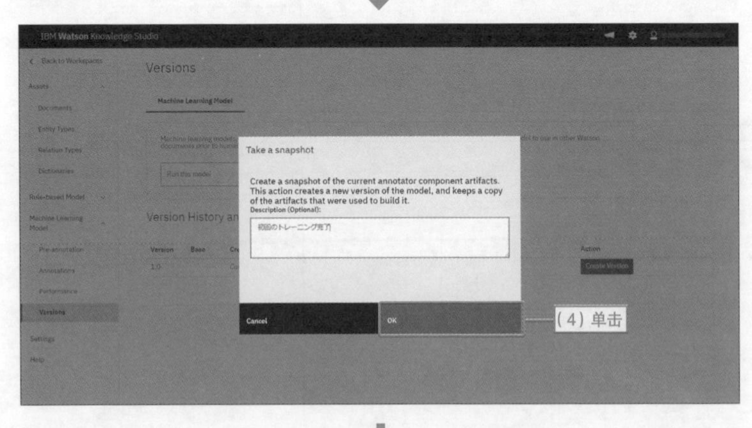

图4.3.34　创建用于部署的版本

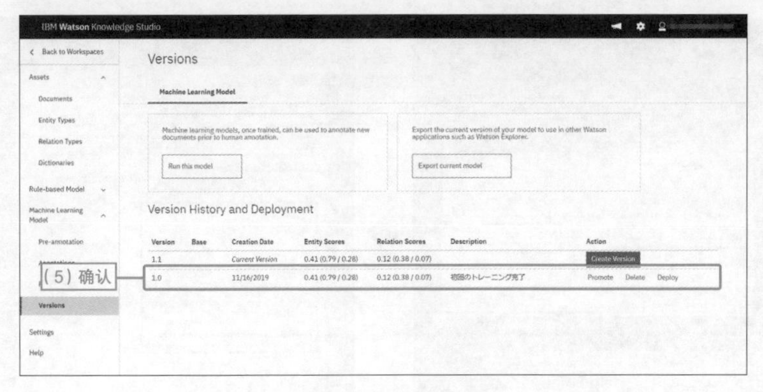

图 4.3.34　创建用于部署的版本（续）

4.3.7　模型的使用方法（与NLU联动）

下面我们将尝试让模型可在NLU中使用。

在Version 1.0模型对应的Action中单击Deploy，如图4.3.35所示，就会看到选择服务的对话框。选择Natural Language Understanding后单击Next按钮，在第二个对话框中选择适配到哪个NLU上，最后单击Deploy按钮。这样就成功地创建了在NLU中进行调用时所需要的模型ID。

程序4.3.3与第4.2.3小节的程序4.2.1是相同的内容。程序4.3.4与第4.2.3小节的程序4.2.2是相同的内容。程序4.3.5使用的是在本练习中所创建的模型ID被NLU调用所得到的分析结果。

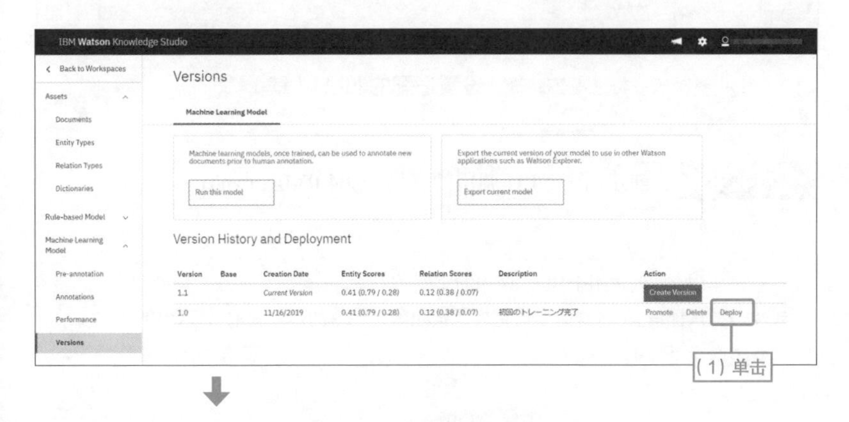

图 4.3.35　设置适配的 NLU

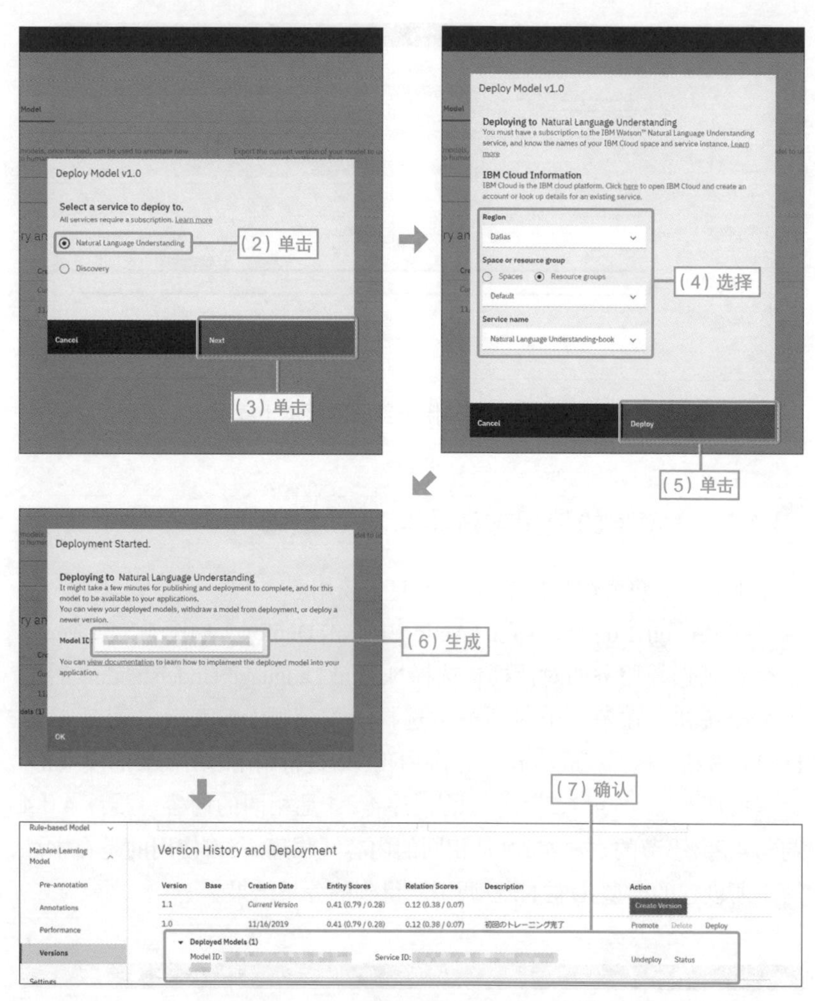

图 4.3.35　设置适配的 NLU（续）

程序 4.3.3　创建用于 NLU 调用的实例 (ch04-03-01.ipynb)

In

```
# 程序4.3.3 创建用于NLU 调用的实例
# NLU的认证信息(将这两个值替换成按照附录C.3的步骤获取认证密钥)
nlu_credentials = {
```

```
  "apikey": "[blurred]",
  "url": "[blurred]"
}

# import需要使用的软件库
import json
from ibm_watson import NaturalLanguageUnderstandingV1
from ibm_watson.natural_language_understanding_v1 import *
from ibm_cloud_sdk_core.authenticators import IAMAuthenticator

# 生成用于API调用的实例
authenticator = IAMAuthenticator(nlu_credentials['apikey'])
nlu = NaturalLanguageUnderstandingV1(
    version='2019-07-12',
    authenticator=authenticator
)
nlu.set_service_url(nlu_credentials['url'])
```

程序 4.3.4　用于高 NLU 调用的共用函数 (ch04-03-01.ipynb)

In

```
# 程序4.3.4 用于高NLU调用的共用函数

# text: 对象文本
# feature: 代表分析功能的Object
# key: 用于filter 分析结果json的密钥
def call_nlu(text, features, key):
    response = nlu.analyze(text=text, features=features).
get_result()
    return response[key]
```

程序 4.3.5 调用使用机器学习模型的实体提取功能 (ch04-03-01.ipynb)

In

```
# 程序4.3.5 调用使用机器学习模型的实体提取功能

# 对象文本
text = "大勢の観光客が温泉街を歩く島根県・玉造温泉(カルシウム・ナトリウム—硫酸塩・塩化物泉)は、環境大臣賞受賞。"

# 将实体提取功能作为分析功能使用
features=Features(entities=EntitiesOptions(model=
"[illegible]"))

# 调用共用函数
ret = call_nlu(text, features, "entities")

# 显示结果
print(json.dumps(ret, indent=2, ensure_ascii=False))
```

Out


```
[
  {
    "type": "Sensitsu",
    "text": "ナトリウム—硫酸塩・塩化物泉",
    "disambiguation": {
      "subtype": [
        "NONE"
      ]
    },
    "count": 1,
    "confidence": 0.990433
  }
]
```


使用同样的方法，我们还可以在第4.4节所讲解的Discovery中调用模型。

1 2 3 4 5 基于商用API的文本分析与检索技术

COLUMN

使用Knowledge Studio的注意事项

这里我们将对Knowledge Studio的要点进行说明。在实际开发Knowledge Studio项目时，需确认以下注意事项后再开展对各类任务的处理。

1. Type System设计的注意事项

Type System的设计相当于通常开发项目中关系数据库的设计工作，是最为重要和最为难的任务。其优点如下所示。

注意事项1.1　检验实现的可能性

在开始进行Type System设计前，先对自己计划在Knowledge Studio中所实现功能的可行性进行论证。此时，最为重要的是先设法获取计划用于标注的文档。从大量不同模式的文档中，选择类似特定类目的术语、术语之间的关系这样具有相对固定形式的文档，并评估其是否能够进行定义。

在实际进行评估时，主要关注特定类目的术语出现的频率。如果出现的频率较低，学习的量就会偏小，很可能无法构建精度较高的学习模型。

如果评估的结论是可以从文档中总结出的相对固定的模式，那么就将特定类目的术语作为实体（Entity）的候选项，将术语之间的关系作为关系（Relation）的候选项。

注意事项1.2　将实体与关系压缩到最小范围内

刚开始进行Knowledge Studio的项目开发时，很多人都会倾向于对各种功能进行尝试，结果就很容易导致定义了大量的实体和关系。然而，随着数量的增加，人工标注所需的工时也会增加，并且对于机器学习模型而言，作为候选项的实体数量越多，模型的精度就越容易随着降低。

因此，特别是刚开始进行开发时，一定要尽可能地将实体和关系的数量限制在必要的范围之内。在对数量范围进行压缩时，可以参考的基准之一是从业务需求的角度判断将其提取出来是否有意义。

根据这一基准，以下在教程中所引用的示例就是非常不好的做法(实体和关系的数量太多)，在刚开始进行标注时尽量避免使用。本书中的练习已经考虑过这个问题，建议初次尝试的读者按照本书的讲解进行练习。

- 教程中所引用的示例

URL https://watson-developer-cloud.github.io/doc-tutorial-downloads/knowledge-studio/en-klue2-types.json

短网址 https://ibm.co/2rGk41V

注意事项1.3 确认实体的含义是否具有明确的定义

这个是笔者在实际中遇到的例子。客户提出的要求是希望对实体*A*和实体*B*加以区分，因此开发人员就按照客户的要求对Type System进行了定义，但是客观地说，这两个实体的区别并不明显，而且出现在它们周围的单词也比较相似。

最后在进行实际验证时，模型对这两个实体的区分很不理想，精度也明显下降。要提高模型的识别精度，最好是能够对每一个实体的含义进行明确的规定。

2. 人工标注的注意事项

即使在进行Type System时处理得当，模型实际所表现出来的精度还是会受人工标注等操作的具体执行方式影响。因此，下面将对进行标注操作时需要注意的地方进行讲解。

注意事项2.1 标准化是否彻底

在Knowledge Studio中提高模型精度最大的诀窍在于尽力确保标注处理的方针中没有模棱两可的地方。为了做到这一点，就需要做到尽可能地完善与标注操作方针相关的标准化和文档化工作。

首先是进行初步调查，并且将定义Type System时所考虑的规则全部都进行文档化管理。此时，不能简单地制定一些抽象的规则，一定要尽最大可能地设置数量足够多的实际示例，对实际的文章中的情况进行把握。

实际上，我们在对大量的文档进行标注操作时，肯定会遇到使用以前所设想的规则无法进行判断的情况。遇到这种情况时，可以针对每种情况制定与以前所制定的规则不相矛盾的新规则，并进行规则和事例的添加、登记操作。

上述方针即使是对于只有一个人进行标注操作的场合也同样是至关重要的，如果是多个人同时进行标注操作就更是如此了。

如果是多个人同时进行标注操作，最好采取下列方针进行运用[※1]。

- 确定一个管理者。
- 进行标注的人员如果遇到自己无法判断的问题，必须向管理者汇报咨询。
- 管理者在回答标注人员问题的同时，还需要将新添加的规则文档化，以规范标注人员的操作。

如果能够认真地贯彻上述方针，有可能会遇到初期的标注结果与后期的标注结果不同的情况。或者在经过多次反馈后，突然发现需要对当初所确定的Type System进行修正。

考虑到这些问题，如果能采用真正的概念验证(Proof of Concept)方式，在第一轮标注操作中以明确规则为主要目标，对较为少量的文档进行标注，将标注的结果作为可随时放弃的方式对整个标注过程进行规划是比较理想的。

注意事项2.2 标注对象文档的选定

对于那些出现比较少的Entity，由于学习数据也会较少，因此肯定会出现比其他Entity的识别精度更低的问题。解决这类问题的一种方法就是将包含出现频率较低Entity的文档使用比例设置得更高。

注意事项2.3 负面数据也是重要的学习数据

在使用Knowledge Studio进行学习时，很多人都倾向于更加关心带有实体和关系标签的监督学习数据，而实际上，一个实体都不包

※1 比较理想的做法是使用Knowledge Studio功能，让不同的两个人标注同一份文档，并进行对比。但是这样会导致人工成本翻倍，因此在实际的项目中很少采用。

含的文档也是非常重要的监督学习数据。因此，在实际操作中千万不要忘记将这类文档也加入学习数据。

注意事项2.4　实体中不要包含太多的字

这一点在Knowledge Studio的英文网站中是有提醒的。如果使用字数太多的实体，容易导致Knowledge Studio的机器学习模型识别精度降低※2。为了防止这类问题，在设置实体时应当尽量采用字数较少的字符串。

图4.3c.1中展示的是不恰当标注的示例。这个例子将The electronic module was burnt和because the wrong voltage was applied整个作为PROBREM和CAUSE实体，这种实体就属于字数太多的实体。

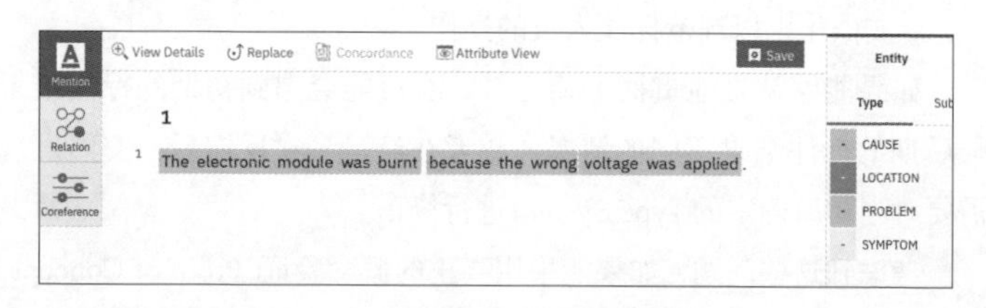

图 4.3c.1　不恰当标注的示例

图4.3c.2中展示的是对图4.3c.1进行改善后的示例。这里采用的方式是使用electronic、burnt、wrong voltage这样字数较少的词作为实体。然后通过Relation对实体之间的关系进行表示，实现了与图4.3c.1中相同的含义提取操作。

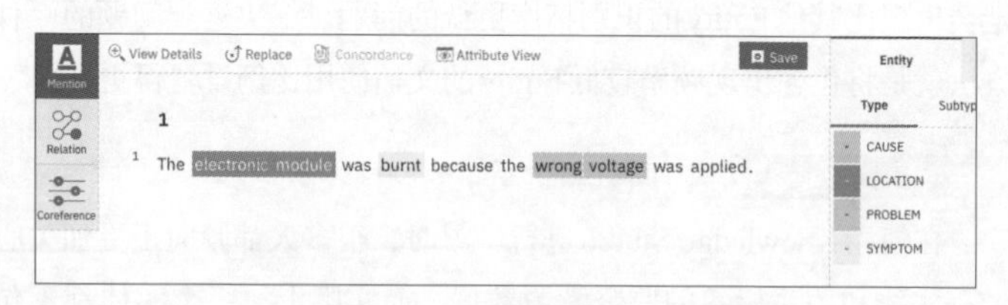

图 4.3c.2　恰当标注的示例

※2　如果执行了大量此类标注操作，可能会导致模型出现误识别（将原本不是实体的对象也当成了实体）的问题。

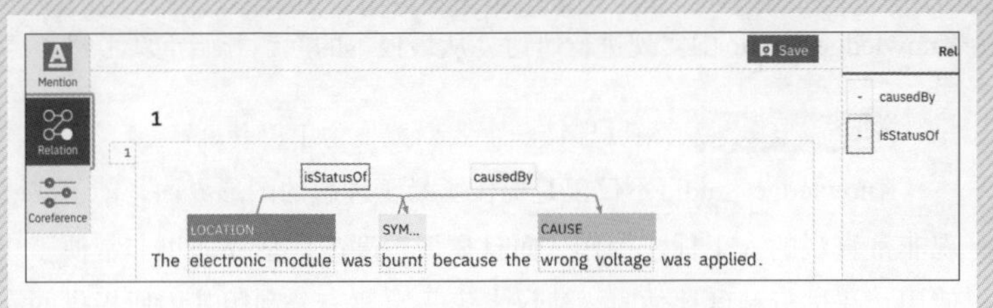

图 4.3c.2　恰当标注的示例（续）

3. 评估时的注意事项

当我们完成标注和机器学习等操作后，接下来的操作就是对模型精度的评估。下面我们将对评估模型精度时的注意事项进行讲解。

注意事项3.1　精度的目标值

我们经常会遇到的一个问题就是最终构建的模型究竟需要达到怎样的精度。但是由于文档内容倾向、问题的难易程度等不同，目标精度也会随着发生变化，因此对于这个问题，很难统一回答。下面我们列出的是通常目标精度的大致范围。

- 实体：80%。
- 关系：50%。

另外，上述精度在实际中也的确有成功的先例（概念验证）。那么，为什么关系的目标精度要小一些呢？其实，这是一个简单的数学问题。

假设我们需要对实体A与实体B之间的关系C进行识别。

（1）实体A本身能够正确识别。

（2）实体B本身能够正确识别。

（3）当（1）和（2）都能实现时，A与B之间的关系就能够被正确识别。

结果实际上就是上述3个条件的AND条件。

再假设满足其中一个条件的概率为80%，那么同时满足这3个条件的概率就是$0.8 \times 0.8 \times 0.8 = 0.512$，也就是51.2%。

在某些应用中，如果精度只能达到50%，是无法作为正式的项目使用的。在这种情况下，我们就需要对业务需求本身是否适合在

Knowledge Studio 中实现进行研讨，从最根本的问题开始重新考察。

注意事项3.2 精度评估一定要以项目为单位开展

Knowledge Studio 不仅仅是提供了易于理解的图形界面，能够实现非常直观的人工标注操作，而且模型精度的评估界面也非常便于使用。在进行精度评估时，建议大家一定要充分利用其中所提供的功能。

下面介绍的是笔者接受咨询时遇到的一个案例。

开始客户咨询的问题是“现在的精度无法达到预期的目标精度应当如何解决”，于是笔者就问客户：“其中每个子项目的精度目前是多少呢？”结果发现客户根本不知道有这样的功能存在。他赶紧对每个子项目的精度进行了确认，然后发现其中存在精度特别低的实体。通过多次“原因分析”⇒“对策”的循环，客户最终实现了预期的目标精度。

4.4 Discovery

在本节中，我们将对云平台型的信息搜索引擎Discovery 的相关特点及功能进行讲解。

4.4.1 何谓Discovery

Discovery是用于文本信息搜索和分析的云服务，如图4.4.1所示。使用这一服务能够极大地简化载入大量文本数据后的发现和分析人们感兴趣的信息的处理操作。

Discovery的功能主要包括将文档载入Discovery后的文档读取、负责为文档设置信息的扩充（Enrich）、从Discovery中获取信息的查询（Query）三大功能。

Discovery中具有代表性的功能包括在读取文档时所使用的Natural Language Understanding（第4.2节中介绍的）、与Knowledge Studio（第4.3节中介绍的）联动对文章的分析结果进行设置和保存的Enrich功能。不仅是针对文档中所包含的文本信息，而且还可以使用经过扩充的数据实现非常复杂的信息搜索操作。

关于这三大功能，下面我们将分别进行介绍。

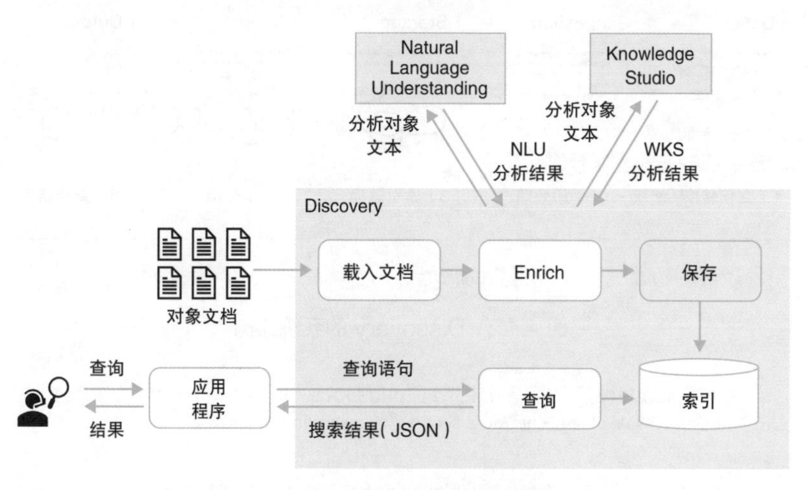

图 4.4.1　Discovery 示意图

来源 基于「IBM Watson Discovery Japan」创建

URL https://www.ibm.com/watson/jp-ja/developercloud/discovery.html

Discovery 的优点

我们将Discovery的优点简单总结为如下几点。

- 在对各种不同种类、格式的文档进行操作时，感觉不到其中的差别。
- 使用机器学习实现的NLU可以自动地提取信息，实现复杂的搜索和分析操作。
- 支持使用口语和自然语言进行搜索。
- 提供非常方便使用的图形界面，能够对机器学习中所使用的字段进行定义。
- 提供了对多语言的支持（到本书截稿为止（2019年11月）支持11种语言）。

Discovery 的系统架构

接下来，我们将对在Discovery中从读取信息到获取结果的一连串操作进行介绍。Discorery的系统架构如图4.4.2所示。

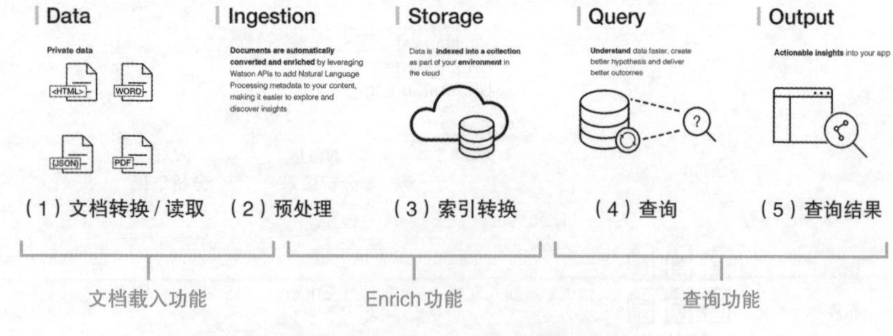

图 4.4.2　Discovery 的系统架构

- Discovery 产品信息 | IBM Cloud Docs

URL https://console.bluemix.net/docs/services/discovery/index.html#-

Discovery的系统架构可以划分为如下的5个阶段。

- Data：支持9种不同格式对象文档的读取。
- Ingestion：读取文档、为文档设置元数据、执行创建索引前的归一化处理。
- Storage：创建用于集合内搜索、分析的索引。
- Query：获取信息的搜索和分析结果。
- Output：分析结果的运用。

接下来，我们将对上述每个功能的具体内容逐一进行讲解。

Discovery 的使用方法

Discovery 的使用方法可以分为通过图形界面工具（在 Web 浏览器中运行的工具）进行访问和在程序中通过 API 进行访问两种不同的方法。访问 Discovery 的示意图如图 4.4.3 所示。

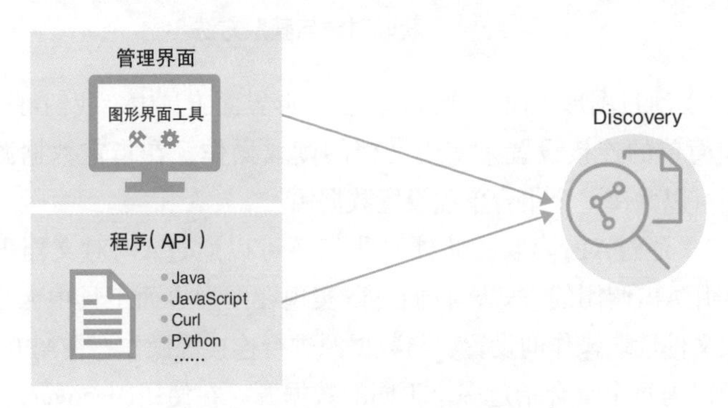

图 4.4.3　访问 Discovery 的示意图

4.4.2　文档的读取

使用Discovery的第一步就是文档的读取操作。

下面我们将对文档的读取方法、用于读取文档的设置、Discovery 中所支持的数据格式及 SDU（Smart Document Understanding）等内容进行讲解。

读取文档的方法

文档的读取可以通过使用图形界面工具和调用API两种方法实现，

如图4.4.4所示。在本书中，我们将在第4.5节中对使用图形界面工具的方法，以及在第4.6节中对使用API调用的方法进行讲解。

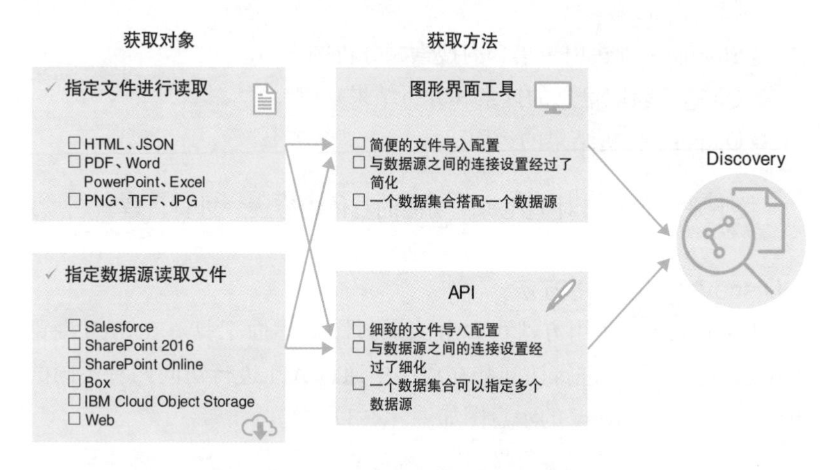

图 4.4.4　获取对象与获取方法

（1）通过图形界面工具读取。在图形界面工具中，我们可以通过拖放和简单的连接设置来实现文档的读取操作。在指定数据源时，我们还可以为每一个集合单独设置数据源。

（2）通过API读取。此外，我们还可以通过API对文档进行读取。使用API调用的方式，我们可以实现在图形界面工具中无法实现的细致文件读取操作的设置、与数据源进行连接等操作。在API中，我们还可以为每个集合指定多个不同的数据源。在使用Discovery构建和运用搜索系统时，使用API实现文档的添加、修改、删除等细致维护操作是比较常见的做法。无论是图形界面工具还是API都可以实现从指定的文件中读取文档数据和从连接的数据源中读取文档数据的操作。

① 从指定文件中读取文档。将指定的文件拖放到图形界面工具中就可以实现对文档数据的读取操作。关于具体支持的数据格式，我们将在稍后进行讲解。

② 设置与数据源的连接并读取文档。通过在图形界面中进行简单的连接信息设置，我们就可以让Discovery自动地从数据源中爬取文档数据。允许指定的数据源如下所示。

- Salesforce。
- SharePoint 2016。
- SharePoint Online。
- Box。
- IBM Cloud Object Storage。
- Web。

读取文档的设置

无论是使用图形界面工具还是从API访问，都可以实现对用于读取文档设置信息的修改，如图4.4.5所示。系统中存在默认的设置(默认情况下执行的操作)，如果需要修改可以在图形界面工具中进行修改，以创建定制的设置。

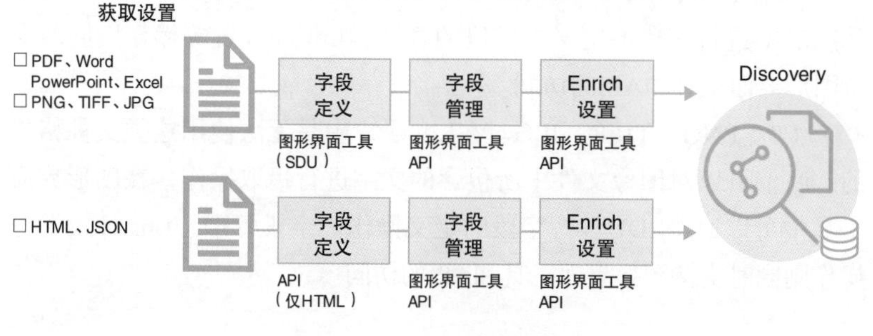

图 4.4.5　获取设置的方法

1. 字段的定义

我们需要对文档中存在怎样的字段进行定义。如果是HTML文档，需要通过API进行定义。如果是PDF或者Word等非HTML文档，则需要使用SDU进行定义（如果是JSON文档，由于其本身已经是结构化的数据，因此不需要定义）。

2. 字段的管理

其用于管理文档中所包含的字段是读入Discovery，还是以对象的字段为单位进行分割读取。无论是从图形界面工具还是API都可以进行设置。

3. Enrich 的设置

其用于设置字段中采取怎样的Enrich操作。无论是从图形界面工具还是API都可以进行设置。如果使用了SDU，则只允许设置text字段。

● 支持的数据格式

能够读入Discovery的文档格式包括HTML、JSON、PDF及Word等（图4.4.4）。读取设置的对象及方法会根据文档格式的不同而有所不同。

（1）HTML、JSON。在字段定义中，可以对如何读取HTML标签进行定义，同时支持使用XPath进行指定。字段定义只允许通过API进行操作。字段的管理、Enrich设置等操作则同时支持图形界面工具和API的访问。

（2）PDF、Word、Excel、PowerPoint。在图形界面工具中，可以使用SDU进行字段的定义。字段的管理、Enrich设置等操作则同时支持图形界面工具和API的访问。

（3）PNG、TIFF、JPG。在Lite账户中是无法使用这类文件格式的。我们可以对图像文件中所包含的文字进行提取操作，在图形界面工具中可以通过SDU进行字段的定义操作。字段管理、Enrich设置等操作则同时支持图形界面工具和API的访问。

● SDU

所谓SDU，实际上是一个类似我们在第4.3节中所介绍的Knowledge Studio的简易版功能，如图4.4.6所示。它是对Discovery进行训练，通过机器学习的方式从文档中提取自定义字段的一种新功能。具体的使用方法将在第4.5节中进行讲解。

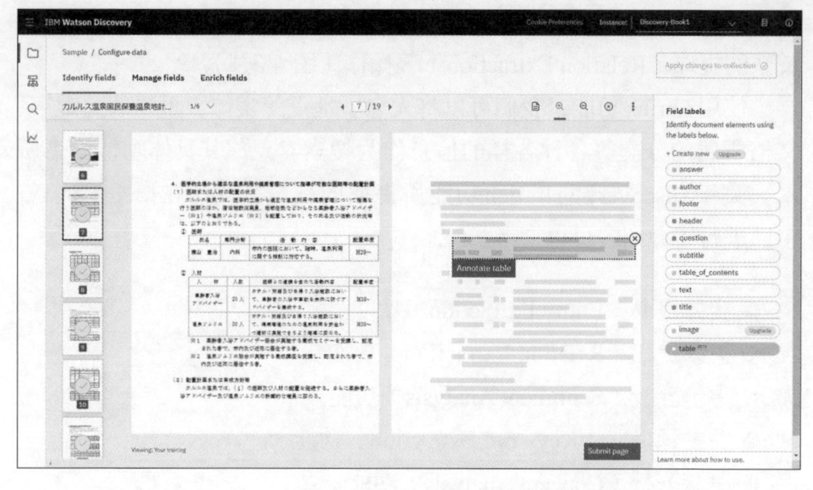

图 4.4.6　基于 SDU 的字段定义示意图

4.4.3　Enrich

Enrich功能可以说是Discovery中最具特色的功能，如图 4.4.7 所示。Enrich的功能是当我们向Discovery中登记文档时，可以从文档中提取各种各样的信息并将其作为元信息进行设置。Discovery的一大优势就是不仅可以对文档内的文本信息进行搜索，而且可以对这类元信息进行搜索。

信息的提取方法大致可以分为两种：一种是与NLU联动进行提取的方式；另一种是与Knowledge Studio联动进行提取的方式。

● 能与 NLU 联动的标准 Enrich 功能

使用已经完成了学习的模型从文档中提取信息，使用者不需要对模型进行任何训练。

● 能与 Knowledge Studio 联动的定制 Enrich 功能

使用在 Knowledge Studio 中创建的机器学习模型和定义的规则，我们就可以实现从文档中提取信息的操作。对于那些与 NLU 联动也无法提取的行业术语、企业特有的名词和说法等，都可以通过在 Knowledge Studio 中进行定制学习来实现信息的自动提取。与 Knowledge

Studio进行联动时，我们可以实现实体的提取（Entity Extraction）和关系的提取（Relation Extraction）等操作（图 4.3.1）。

使用Enrich功能，我们可以将人名、地点等实体、重要的关键字、文档所属的分类等各种各样的信息作为搜索对象，其具体功能如下所示。关于Discovery的Enrich功能所提取的信息，我们在第4.4.2小节中已进行了介绍，可以参考。

- 实体提取（Entity Extraction）功能。
- 关系提取（Relation Extraction）功能。
- 评价分析（Sentiment Analysis）功能。
- 关键词提取（Keyword Extraction）功能。
- 概念分析（Concept Analysis）功能。
- 类目分类（Category Classification）功能。
- 语义角色提取（Semantic Roles Extraction）功能。
- 情感分析（Emotion Analysis）功能。
- 元素分类（Element Classification）功能。

4.4.4 Query

Query（查询）功能是对读入Discovery的文档、Enrich功能处理过的信息进行搜索和分析的功能。其中，也提供了可灵活地支持用于复杂信息查询的搜索参数，并且通过指定搜索参数，使用者可以决定搜索结果以怎样的形式返回（对象的字段、获取结果数量的上限、排序方式等）。此外，还提供了可像使用SQL语言进行搜索那样，实现搜索结果合计、数值统计等的聚合函数。

● 搜索参数

在Discovery中进行搜索操作时，可以指定query、filter、natural_language_query、aggregation等搜索参数，见表4.4.1。

表4.4.1 在Discovery中可指定的4种搜索参数及说明

搜索参数	说 明
query	将符合条件的文档按照相关性由高到低的顺序返回。搜索时使用DQL语言。 [例] query=enriched_text.concepts.text:cloud computing
filter	对文档进行过滤，其不按照相关性进行排序，可对搜索结果进行缓存。搜索时使用DQL语言。 [例] filter=enriched_text.concepts.text:cloud computing
natural_language_query	将符合条件的文档按照相关性的降序排列返回。使用该参数可以使用自然语言进行搜索，还可以根据指定的搜索条件对搜索结果进行训练（学习相关性）。 搜索时使用自然语言。 [例] natural_language_query= 云计算
aggregation	对符合条件的信息进行聚合并返回。该参数可以用于获取特定字段的合计值、文档的总数等信息，且可以与query和filter组合在一起使用。搜索时使用DQL语言。 [例] aggregation=term(enriched_text.entities.type,count:10)

MEMO

DQL

DQL(Discovery Query Language)是指Discovery中独有的搜索查询语言。

结构参数

结构参数是指用于指定符合检索参数条件的结果文档集合应当按照怎样的形式进行返回的参数。具体的内容见表4.4.2。

- 查询参考| IBM Cloud Docs

URL https://console.bluemix.net/docs/services/discovery/query-reference.html

表4.4.2　结构参数的具体说明和示例

结构参数	说　明	示　例
count	返回result文档的数量，默认值为10。count值与offset值和的最大值为10000。	count=15
offset	从结果集合中返回result文档前面跳过结果的数量，默认值为0。count值与offset值和的最大值为10000。	offset=100
return	返回字段的列表。	return=title,url
sort	用于指定结果集合进行排序的基准字段。默认按升序排列※。	sort=enriched_text.sentiment.document.score
passages.fields	用于段落提取的字段。如果不指定就使用排在最前面的字段进行提取。	passages=true&passages.fields=text,abstract,conclusion
passages.count	返回段落的最大数量。默认值为10，最大值为100。	passages=true&passages.count=6
passages.characters	返回段落的估算字符数。默认值为400，最小值为50，最大值为2000。	passages=true&passages.characters=144
highlight	高亮显示匹配查询条件的布尔值。	highlight=true
deduplicate	去掉Watson Discovery News返回结果中重复的项。	deduplicate=true
deduplicate.field	根据字段删除返回结果中重复的项。	deduplicate.field=title
collection_ids	对环境内的多个集合进行查询※。	collection_ids={1},{2},{3}

※表示sort和collection_ids参数在图形管理工具中是无法使用的，只能通过API调用。

MEMO

Passage

Passage（段落）表示文档内“与搜索条件相关程度较高的部分”。对于处理搜索结果的文档有庞大页数的情况，可以极大地简化在文档内查找作为搜索结果部分的操作。

聚合函数

使用聚合函数可以实现对诸如排在前列的关键字、整体占比等数据的获取。系统支持的聚合函数及相关说明和示例见表4.4.3。

- 查询参考 | IBM Cloud Docs

URL https://console.bluemix.net/docs/services/discovery/query-reference.html

表4.4.3 聚合函数的具体说明和示例

聚合函数	说　明	示　例
term	返回所选择的Enrich中排在前面的值。可以在count中设置返回结果的数量。	term(enriched_text.concepts.text,count:10)
filter	根据指定的模式对结果集合进行过滤。	filter(enriched_text.concepts.text:cloud computing)
nested	对聚合进行限制。	nested(enriched_text.entities)
histogram	使用数值创建区间分片。使用单一的数值字段，在interval中指定整数。右边的示例中，将product.price划分成了100日元幅度的分组。	histogram(product.price,interval:100)
timeslice	使用日期创建区间分片。	timeslice(last_modified,2day,America/New York)
top_hits	返回排名最靠前的结果文档。可以在任意搜索参数和聚合函数中使用。	term(enriched_text.concepts.text).top_hits(10)
unique_count	返回聚合内字段唯一值的数量。	unique_count(enriched_text.entities.type)
max	返回结果集合内所指定的数值项目的最大值。	max(product.price)
min	返回结果集合内所指定的数值项目的最小值。	min(product.price)
average	返回结果集合内所指定的数值项目的平均值。	average(product.price)
sum	返回结果集合内所指定的数值项目的合计值。	sum(product.price)

查询功能的使用示例

下面让我们通过将搜索参数与聚合函数进行结合使用，对日文版Discovery News实际的搜索效果进行确认（可在完成第4.5节使用

Discovery后再执行这一操作）。

首先，我们将对日文版Discovery News中分析为positive的前10个类目进行搜索，如图4.4.7所示。

［例1］ センチメントが（情绪）为"positive"的新闻报道中位于分类排名前10位的文章

（1）filter：センチメント（情绪）标签与"positive"完全匹配

```
filter=enriched_text.sentiment.document.label::"positive"
```

（2）aggregation：排名前10位分类标签的值

```
aggregation=term（enriched_text.categories.label,count:10）
```

Discovery New查询结果

Aggregations

term(enriched_text.categories.label)

- **/food and drink** (7,734)
- **/business and industrial/energy/renewable energy/wind energy** (7,272)
- **/travel/tourist destinations/japan** (6,757)
- **/family and parenting/children** (6,320)
- **/business and industrial** (5,734)
- **/art and entertainment/movies and tv/movies** (5,419)
- **/science/weather** (5,046)
- **/food and drink/desserts and baking** (4,421)
- **/art and entertainment/humor** (4,046)
- **/art and entertainment/visual art and design/design** (3,715)

图4.4.7 查询功能使用的示例1

接下来，我们对情感分析为positive的新闻报道中类目排名最靠前的/foot and drink分类中经常出现的地点location进行检索，如图4.4.8所示。

[例2] センチメント(情绪)为"positive"且分类为"/food and drink"的报道中出现的地名有哪些?

(1)filter：センチメント标签与"positive"完全匹配

```
filter=enriched_text.sentiment.document.label::"positive"
```

(2)query：分类标签的值中包含"/food and drink"

```
query=enriched_text.categories.label:"/food and drink"
```

(3)aggregation：实体类型为"Location"的文本数据中排名前20位的文章

```
aggregation=
nested( enriched_text.entities ).filter( enriched_text.entities.type::"Location" ).
term( enriched_text.entities.text,count:20 )
```

Discovery New查询结果

Aggregations

term(enriched_text.entities.text)

- 日本 (863)
- 東京 (322)
- 米 (308)
- 東京都 (235)
- 北海道 (221)
- アメリカ (179)
- フランス (138)
- イタリア (132)
- 京都 (123)
- 大阪 (119)
- 韓国 (110)
- 沖縄 (90)
- 都内 (90)
- 世界 (88)
- タイ (80)

⋮

Results

Showing 10 of 18583 matching documents

- 超時短☆おつまみ冷奴♪ by ぱたみそーぱん☆ 【クックパッド】 簡単おいしいみんなのレシピが296万品
- 【カルビー】「ポテトチップス麻辣味」麻辣が利いてビリビリ！【感想】
- お腹が空くとイライラする…。HSPが空腹で悩まないために意識すべきこと - 静かな暮らし
- 秋と言えば？ | 麗タレントプロモーション☆情報ブログ☆
- ローストビーフからアイスケーキまで！グランドプリンスホテル新高輪の高級ビュッフェ♡
- BMペプチド5000 口コミ 全62件まとめ【いまなら44%オフ♪】 | じゅんこ@43さんのブログ
- かっぱ寿司が2500円で60分食べ放題やってるけどねデブしか得しねーだろこれwww

图 4.4.8　查询功能使用的示例 2

从上述结果中可以看到，在日本国内排在前面的是东京、北海道、京都、大阪。在国外则是法国、韩国、美国等国家和地区的城市排在前面。

4.4.5 排名学习

Discovery中还提供了对如何按照更加恰当的顺序对使用自然语言搜索产生的结果排序方式进行学习的功能，即排名学习※1。

在第3.4节中，我们对搜索结果的评分机制进行了学习。而排名学习则是对检索的文章和检索结果的集合中所能获取的特征量进行机器学习，将检索结果按照更为恰当的顺序进行排列。采用排名学习方式的优点是即使作为搜索对象的文档数量增加，也同样可以返回用户需要的结果，而且效果会更好。

我们将在第4.7节中对使用Discovery进行排名学习的部分进行讲解和练习。

※1 在IBM公司的官方文档中使用了相关性学习这个词，本书中则采用了更加通俗易懂的排名学习这一术语。

4.5 使用Discovery模块

在第4.4节中，我们对Discovery 进行了概要性的说明。在本节中，我们将对使用Discovery图形界面工具进行文档载入和搜索的操作方法进行讲解。

在开始使用Discovery前，需要像使用其他Watson的功能一样创建Discovery服务的实例，并准备好用于存储信息的环境。

Discovery 环境的构成

在Discovery实例中，包含一个被称为环境(Environment)的用于保存私有数据集合的存储空间。我们可以在其中保存多个数据集合，如图4.5.1所示。

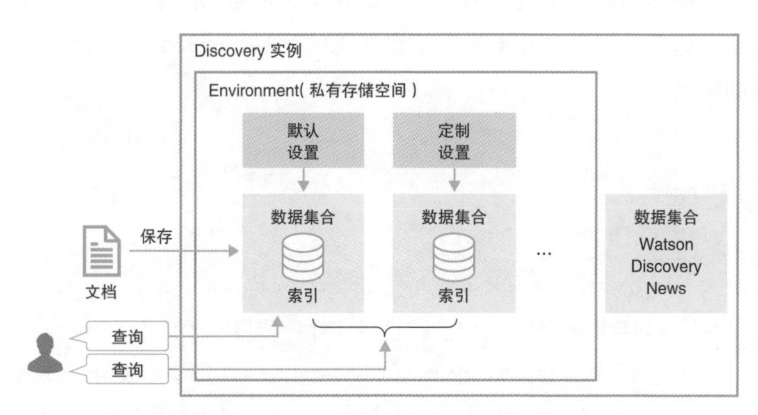

图 4.5.1　Discovery 的实例、环境和数据集合的示意图

MEMO

私有数据集合

私有数据集合是用于保存使用者私人的文档和数据的一种集合。使用者可以自由地进行文档的添加、删除和添加文档时进行Enrich设置等操作。在实例创建成功后，有一个名为Watson Discovery News

的集合是可以立即使用的。但这个集合是只能用于搜索的公开集合，不是私有数据集合。

在上传资料前，至少创建一个数据集合。实例内环境的大小和数据集合的数量等因素会根据我们购买套餐的不同（Lite、Advanced、Premium）而有所差别。如果是 Lite 账户，具体的使用限制如下所示（截至 2019 年 11 月）。

- 200MB 的存储空间。
- 最多可以创建两个数据集合。
- 允许登记的文档数量为 1000 份。
- 每个月可以搜索的文档为 200 份。

在成功创建实例后，系统会自动嵌入 Watson Discovery News 数据集合，这个数据集合并不被包括在环境的存储空间和数据集合最大数量的限制之内。

MEMO

Watson Discovery News

Watson Discovery News 是已经事先扩充（Enrich）过的数据集合。每份新闻报道的爬取时间也被记录在其中，使用者可以对过去 60 天内的新闻数据进行搜索。Watson Discovery News 每天都在更新，英文版每天大约要更新 30 万份新闻报道，日文版每天大约要更新 1.7 万份新闻报道。应用程序可以将这个数据集合嵌入应用内部。此外，进行搜索时 API 调用是免费的。

在本节的练习中，我们将使用从日本环境省（环保部）的网站中获取的《カルルス温泉国民保養温泉地計画書 _hoyo_060.pdf（卡鲁斯温泉国民休闲温泉度假区企划书）》对文档的读取结构进行设置。在文档的读取中，我们还将加入《ながぬま温泉国民保養温泉地計画書 _hoyo_002.

pdf（长沼温泉国民休闲温泉度假区企划书）》《鹿沢温泉国民保養温泉地計画書 _hoyo_022.pdf（鹿泽温泉国民休闲温泉度假区企划书）》《八幡平温泉郷国民保養温泉地計画書 _ hoyo_005.pdf（八幡温泉国民休闲温泉度假区企划书）》3 份文档。练习中所用文件的下载方式在本书的下载文件《利用ファイル一览 .xlsx（使用文件一览表）》中有说明。

4.5.1 环境的创建

接下来，让我们尝试创建一个环境。在Discovery的详细界面中，单击“Watson Discovery的启动”按钮，启动图形界面工具，如图4.5.2所示。

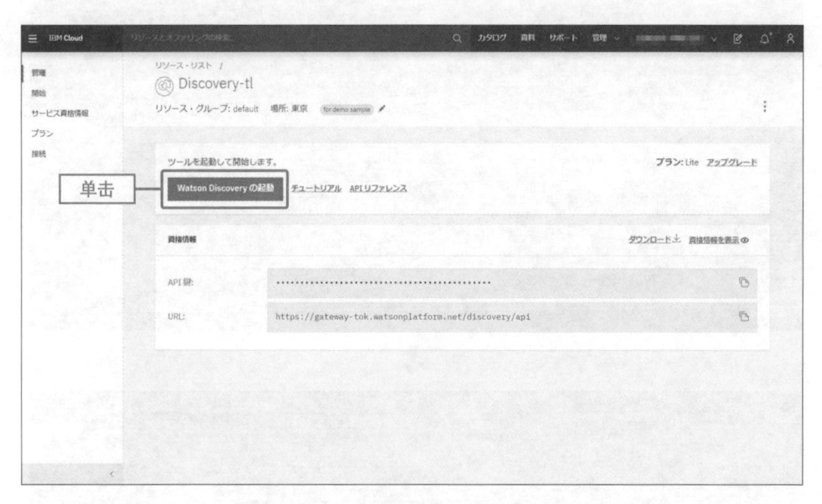

图 4.5.2　图形界面工具的启动

图形界面工具启动后，界面处于只存在Watson Discovery News数据集合的状态，如图4.5.3所示。单击图形界面工具右上方的Environment details按钮后，再单击Create environment按钮。系统会询问是否需要设置私有数据的存储空间，单击Set up with current plan，再单击Continue按钮。

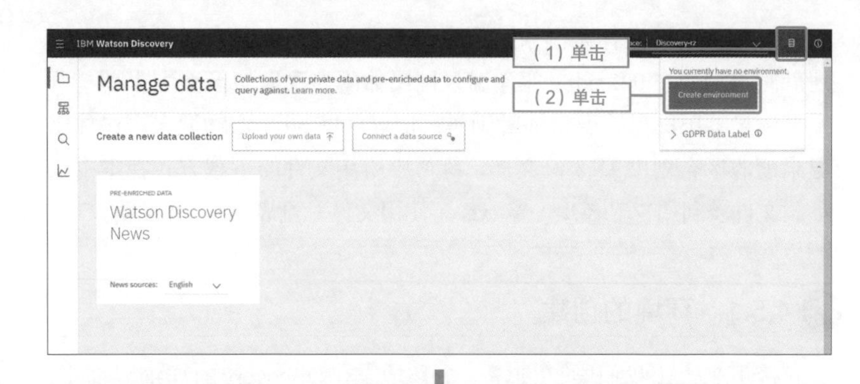
IBM Watson Discovery
Manage data
Collections of your private data and pre-enriched data to configure and query against. Learn more.
Create a new data collection
Upload your own data
Connect a data source
PRE-ENRICHED DATA
Watson Discovery News
News sources: English
(1) 单击
(2) 单击
You currently have no environment.
Create environment
GDPR Data Label

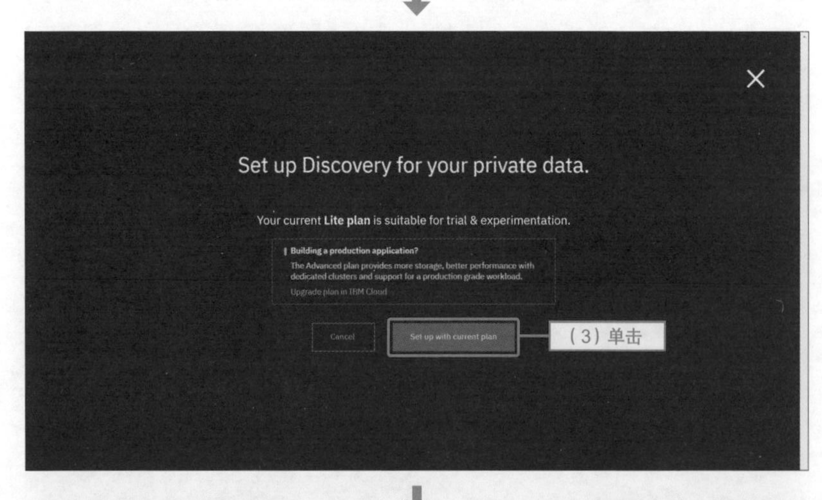
Set up Discovery for your private data.
Your current Lite plan is suitable for trial & experimentation.
Building a production application?
The Advanced plan provides more storage, better performance with dedicated clusters and support for a production grade workload.
Upgrade plan in IBM Cloud
Cancel
Set up with current plan
(3) 单击

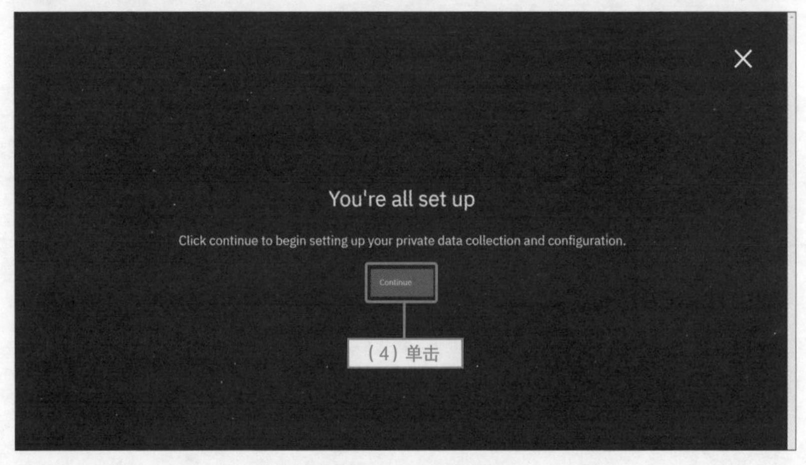
You're all set up
Click continue to begin setting up your private data collection and configuration.
Continue
(4) 单击

图 4.5.3　环境的创建

这样就完成了环境的创建。也可以说，使用Discovery所必需的环境就准备就绪了。单击位于图形界面工具右上方的Environment dotails按钮，如图4.5.4所示，就可以对这个服务实例中可使用的存储容量进行确认。

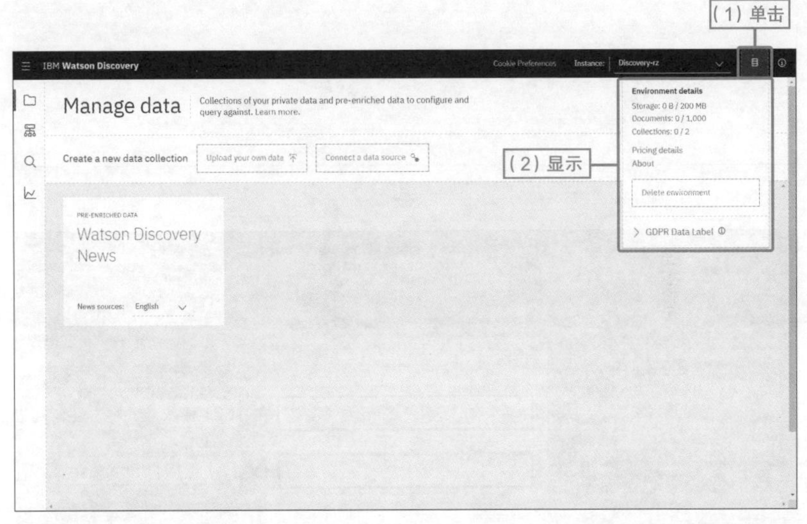

图 4.5.4　环境的确认

4.5.2　数据集合的创建

接下来，我们将创建在环境中用于保存数据、文档及关联信息的数据集合。

在图形界面工具中单击Upload your own data，如图4.5.5所示，会看到Name your new collection界面的显示，在Collection name中输入任意的数据集合名称，这里我们输入的是Sample。在Select the language of your documents一栏中选择Japanese。单击Create按钮后，就会看到创建好的数据集合的Overview选项卡。

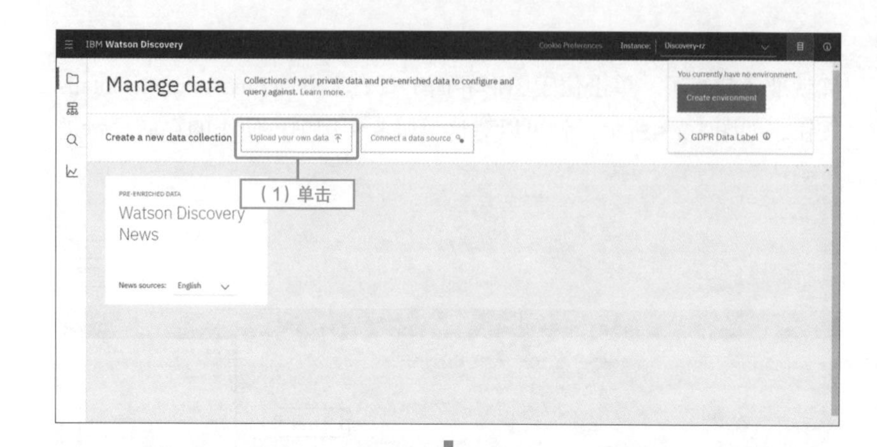

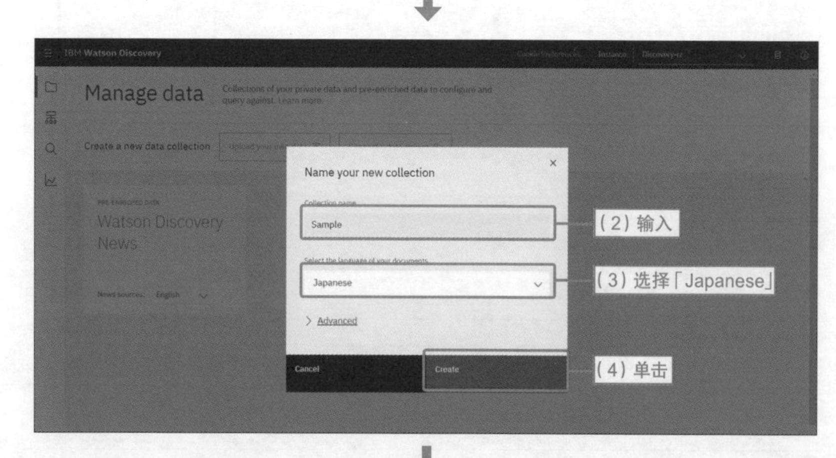

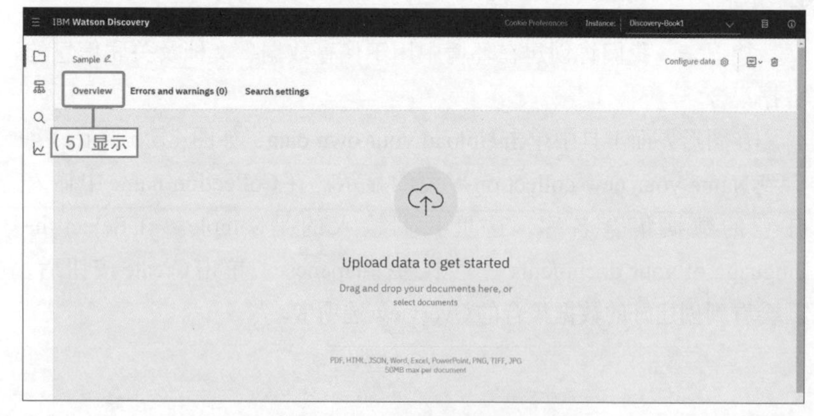

图 4.5.5　数据集合的创建

4.5.3 管理界面

完成数据集合的创建后，会看到数据集合管理界面，如图4.5.6所示。这个界面显示的是载入多个文档后的状态。如果尚未载入任何文档，则会显示如图4.5.5中的界面。

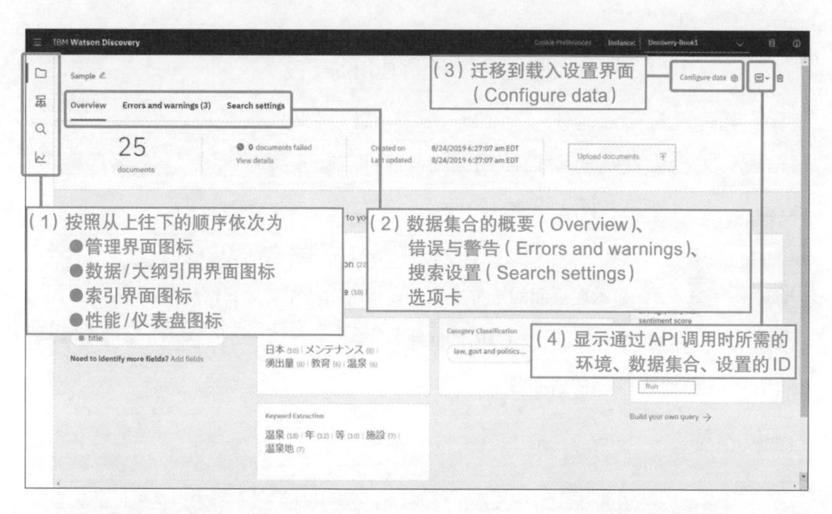

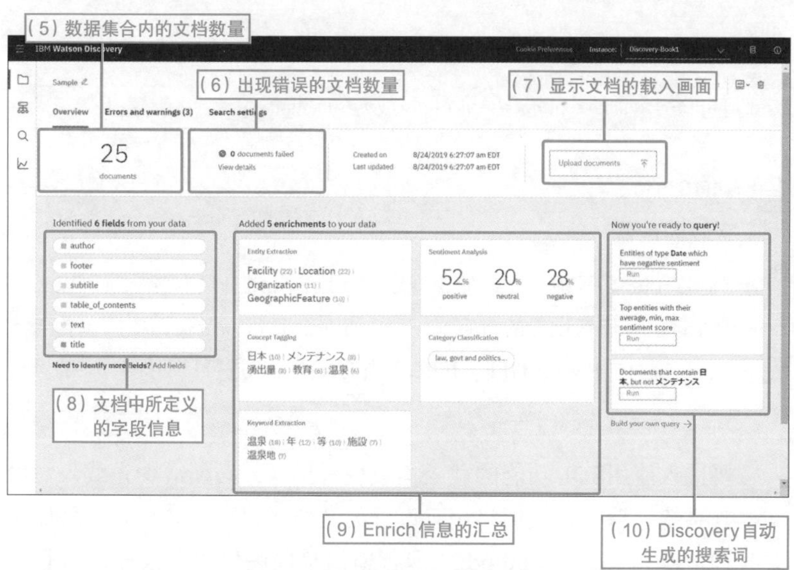

图 4.5.6 数据集合的管理界面

4.5.4 使用SDU定义字段

在本小节中，我们将对使用SDU定义字段的操作方法进行说明。学习中使用的文档与进行自动载入的文档需要确保布局等样式是完全相同的。此外，一个数据集合中允许对多个样式进行学习。

在Lite账户中可以使用的字段见表4.5.1。

表4.5.1 允许使用的字段

字段	定 义
answer	Q/A问答或FAQ中针对问题的答案
author	创建者的名字
footer	显示在页面的下方，用于显示与文档相关的元信息（页码和引用等）
header	显示在页面的上方，用于显示与文档相关的元信息
question	Q/A问答或FAQ中的问题
subtitle	文档的副标题
table-of-contents	文档的目录
text	在标准文本中使用。标题、作者等其他字段中所未包括单词的集合
title	文档的主标题

来源 IBM Cloud 资料：引自Discovery
URL https://cloud.ibm.com/docs/services/discovery/sdu.html#sdu

MEMO

字段的设置

在Lite账号中只允许使用规定的字段，如果升级套餐，就可以创建自己可任意设置的自定义字段。此外，还可以对文档中所包含的图像文件（PNG、TIFF、JPEG）中的文字信息进行自动提取。

要进入使用SDU功能的载入构成设置界面，必须最少先载入一份文档到系统。首先，我们将用于设置的文档《カルルス温泉国民保養温泉地計画書_hoyo_060.pdf（卡鲁斯温泉国民休闲温泉度假区企划书）》拖放到图形界面工具的窗口中进行载入处理，如图4.5.7所示。

等待大约30秒文档载入完成后，界面中的Overview选项卡会被更新。文档数量变成了1，因此可以单击管理界面右上方的Configure Data按钮。如果发现界面没有自动更新，需重新刷新界面。

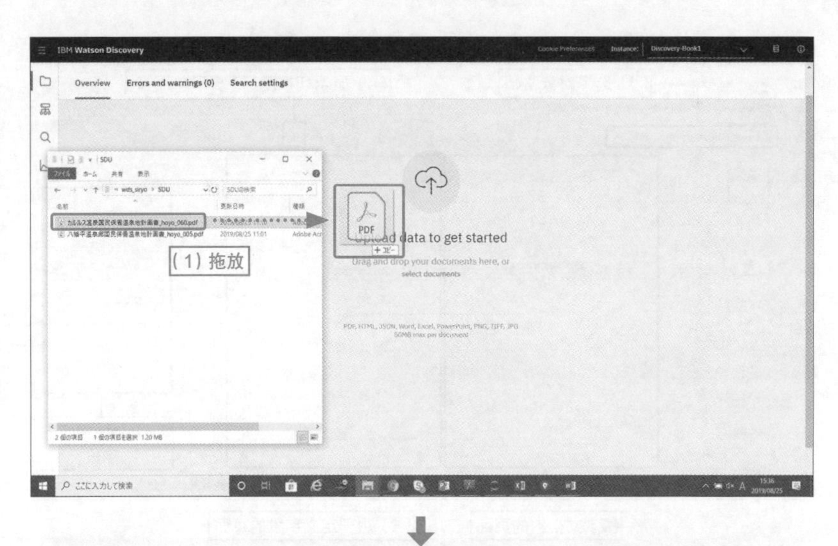

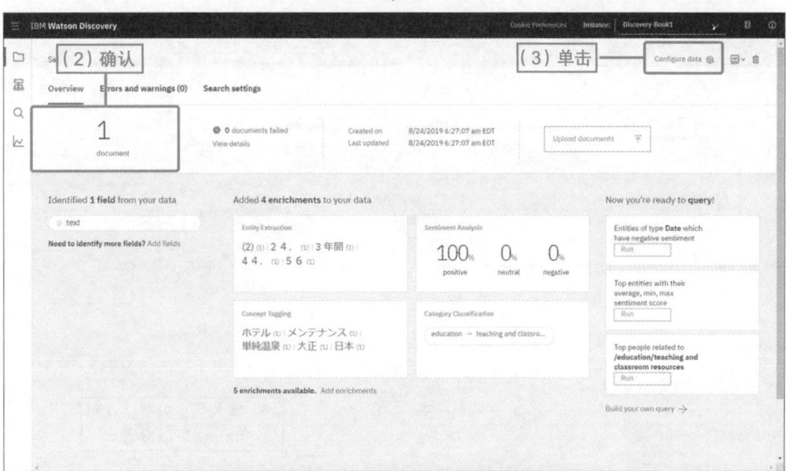

图 4.5.7　显示载入构成设置的步骤

切换到载入构成的设置界面Configure Data后，会看到SDU编辑器的界面（使用SDU进行字段定义的界面），如图4.5.8所示。

在SDU编辑器中，已经登记文档中的20份文档被作为设置对象的文档进行设定。在一次性载入所有的文档前，先将我们希望作为设置对象的文档载入，并对字段进行定义。

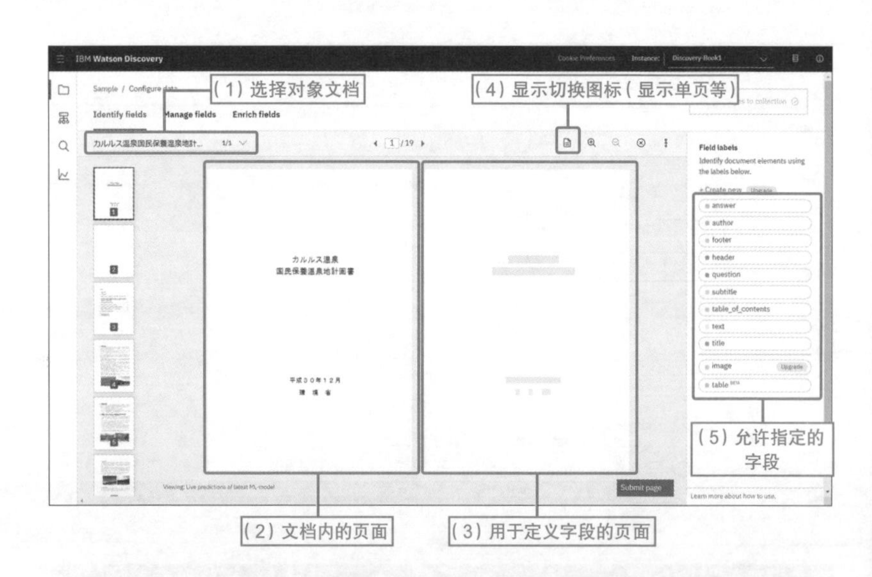

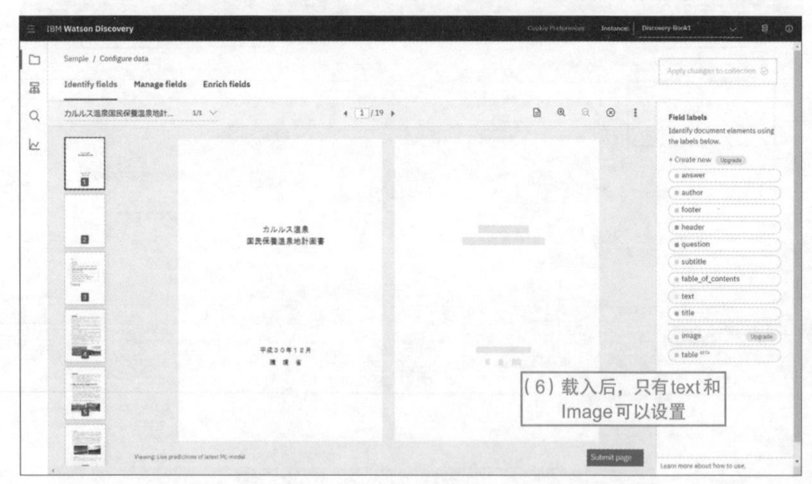

图 4.5.8　SDU 编辑器的界面

位于中央部分左侧的是文档页面，右侧显示的是定义字段的页面，单击位于上方的文档图标可以将页面切换到只显示字段定义页面的模式。最右边显示的是字段。该界面与Knowledge Studio的标注界面比较相似。

在载入第一份文档后，进入只有text和image是已定义字段的状态。

MEMO

支持载入的文件格式

在Lite账户中可以载入的文件格式包括PDF、HTML、JSON、Word、Excel、PowerPoint，但是SDU编辑器中不支持设置HTML、JSON。对HTMl、JSON进行字段定义时，需要通过API访问。

接下来，让我们在《カルルス温泉国民保養温泉地計画書.pdf（卡鲁斯温泉国民休闲温泉度假区企划书）》的第1页中定义title（标题）和author（创建者）字段。

实际的操作非常简单，选择位于右侧的字段标签，如图4.5.9所示，然后在页面中选择对象所在的位置即可。在Knowledge Studio中进行标注操作时，是先选择单词再选择实体类型，但在SDU中是先选择字段标签。在实际操作时注意不要颠倒顺序。完成第1页的设置后，单击位于右下角的Submit page按钮，将数据发送给Discovery。

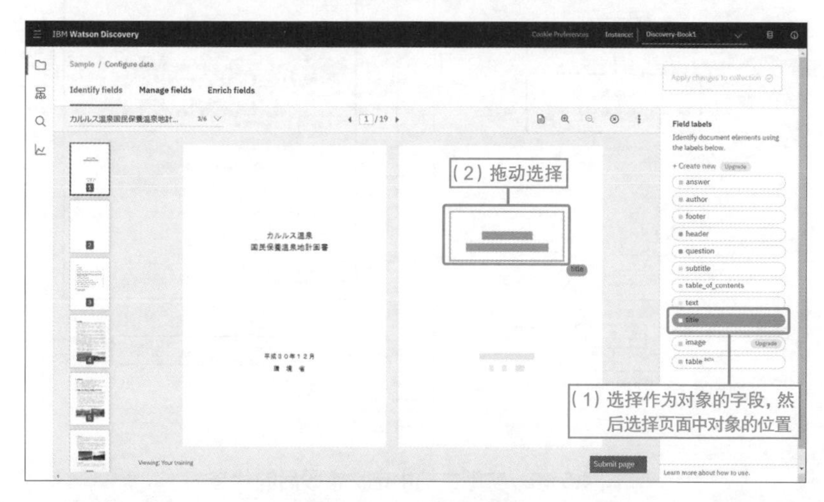

图4.5.9　字段的定义

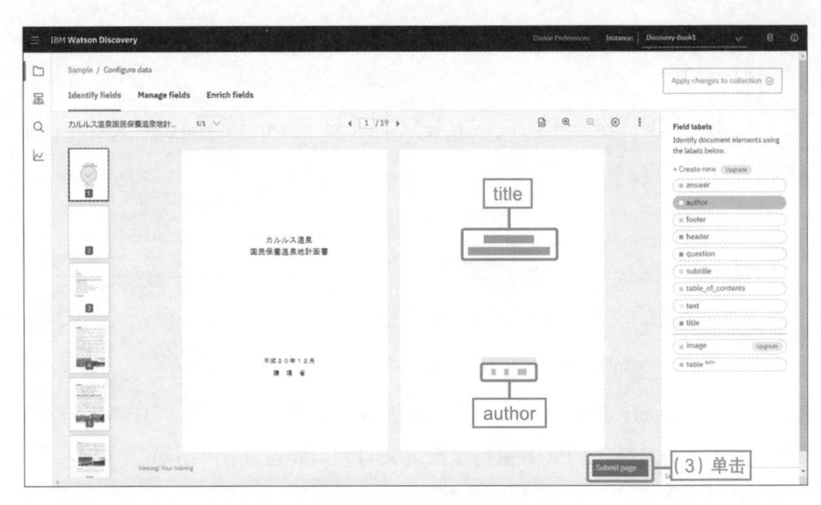

图 4.5.9　字段的定义（续）

●字段的设置操作

由于第2页是空白的，因此继续单击Submit page按钮。在第3页中设置table_of_contents（目录），在第4~5页中设置subtitle（副标题）、text（文本）、footer（页脚）。

具体的定义如图4.5.10中所示。

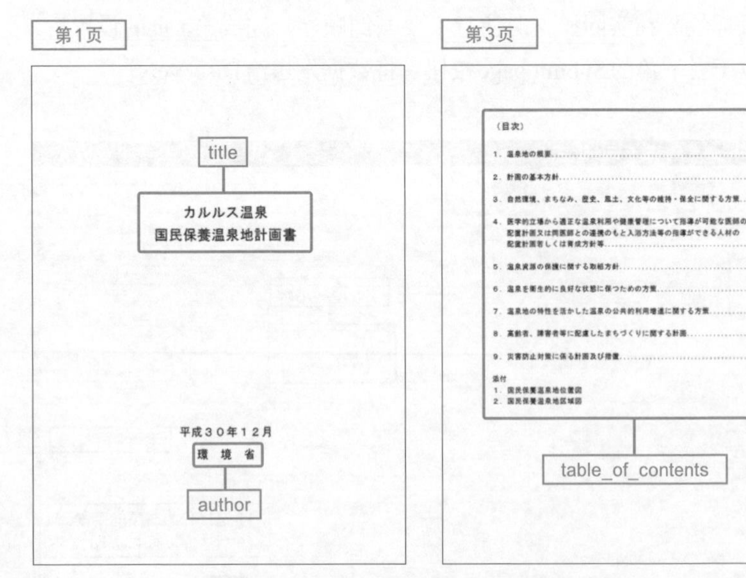

图 4.5.10　实际文档中定义字段后的状态

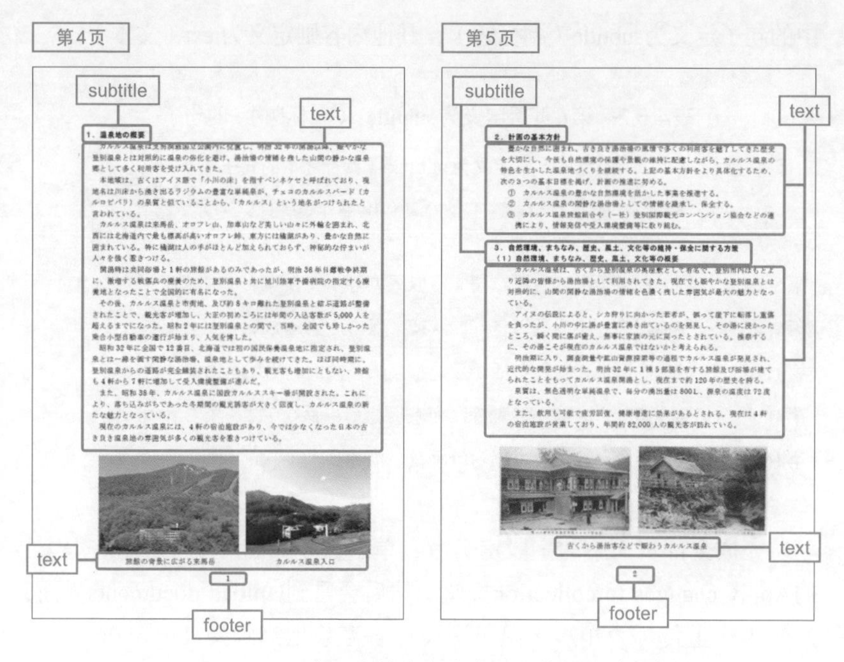

图 4.5.10　实际文档中定义字段后的状态（续）

使用SDU编辑器定义第4页后的效果如图4.5.11所示。

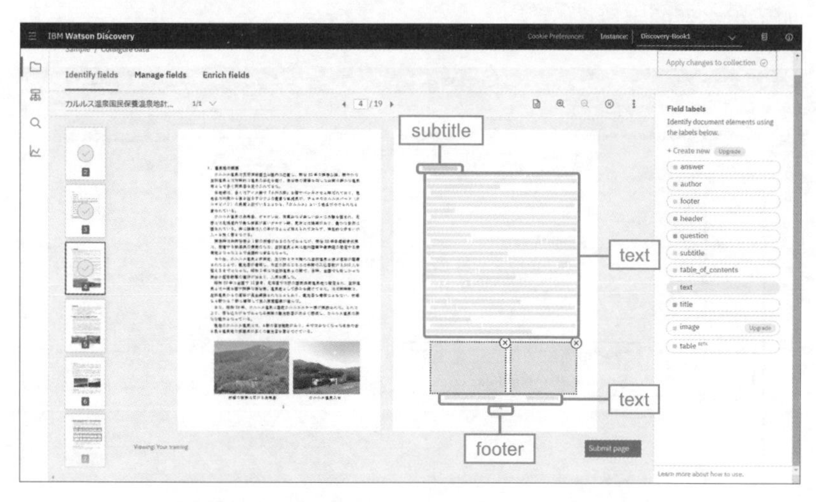

图 4.5.11　使用 SDU 编辑器定义的第 4 页内容

从第6页以后，将位于下方的页码定义为footer（页脚），将表4.5.2

中的句子定义为subtitle（副标题），其他内容则定义为text（文本）。

表4.5.2　第6页后定义为subtitle（副标题）的句子

页　数	定义为subtitle（副标题）的句子
第7页	4. 医学的立場から適正な温泉利用や健康管理について指導が可能な医師等の配置計画
第8页	5. 温泉資源の保護に関する取組方針
第9页	6. 温泉を衛生的に良好な状態に保つための方策
第11页	7. 温泉地の特性を活かした温泉の公共的利用増進に関する方策
第14页	8. 高齢者、障がい者等に配慮したまちづくりに関する計画
第16页	9. 災害防止対策に係る計画及び措置

完成全部页面中的字段定义后，单击位于如图4.5.12所示右上方的Apply changes to collection按钮。然后会看到Upload documents界面，此时再次上传《カルルス温泉国民保養温泉地計画書_hoyo_060.pdf（卡鲁斯温泉国民休闲温泉度假区企划书）》。上传完后，会自动切换到管理界面（Overview），因此在上传操作结束之间我们需要等一段时间，直到管理界面刷新，原本字段中只有text，现在我们会看到增加了很多新的字段。

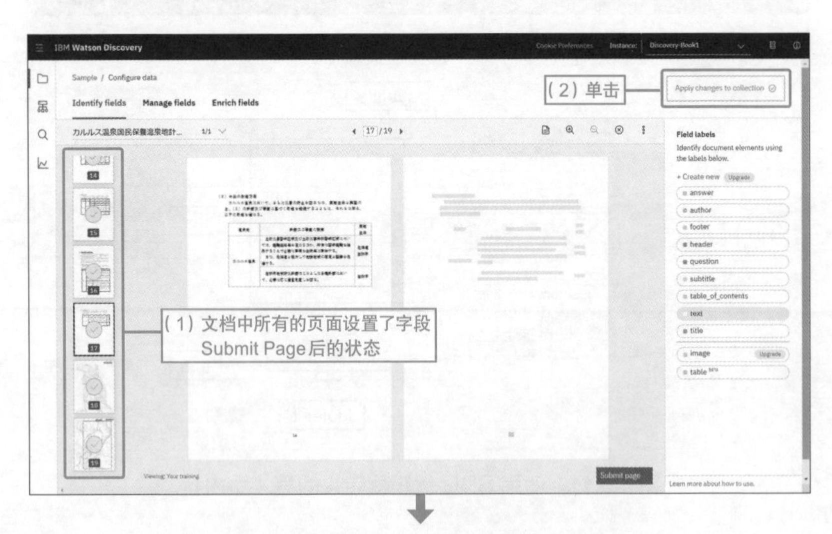

图 4.5.12　确认字段定义后的结果

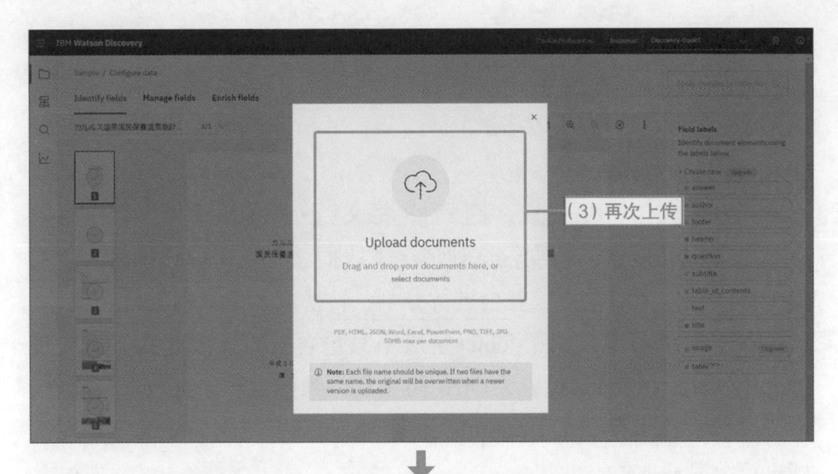

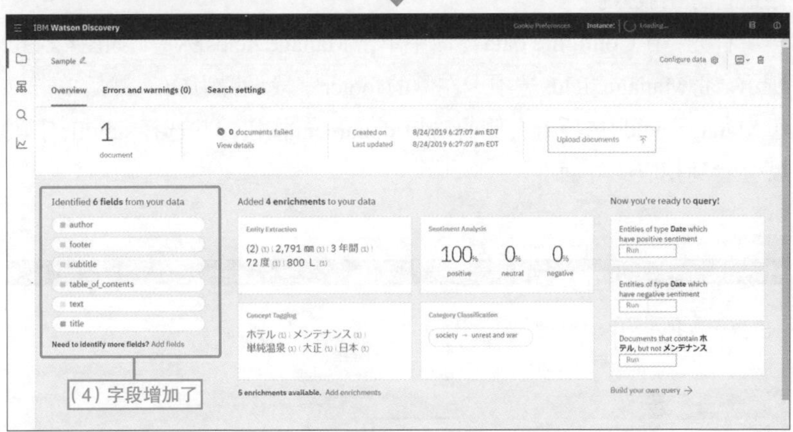

图 4.5.12　**确认字段定义后的结果（续）**

4.5.5　字段的详细定义（字段管理、Enrich 设置）

接下来进行字段管理和Enrich设置等操作。

● 字段的管理

在字段的管理界面中执行如下两项设置。

将对象字段作为搜索对象载入（Identify fields to index）

例如，footer字段在哪份文档里都是差不多的，因此不应作为搜索对象载入，需要从On切换到Off，设置为不对其进行载入。

以对象字段为单位对文档进行分割载入(Improve query results by splitting your documents)

当一份文档中存在多个字段时，将文档分割成多个子文档进行载入有可能提高搜索的精度，这种情况下我们就可以采取这种设置。文档中每出现一个对象字段就会进行分割，转换成多份文档进行处理。

在本次练习中，由于footer字段中只包含页码，因此我们需要将Identify fields to index设置为Off，防止其作为搜索对象被载入。此外，由于一份文档中存在多个subtitle字段，因此设置使用subtitle字段对文档进行分割载入。

首先，在Configure data界面中单击Manage fields标签，如图4.5.13所示。将Manage fields选项卡左侧的footer字段设置为Off。然后单击位于Manage fields选项卡右侧的Split document按钮，并选择subtitle字段，就会看到相应的界面。

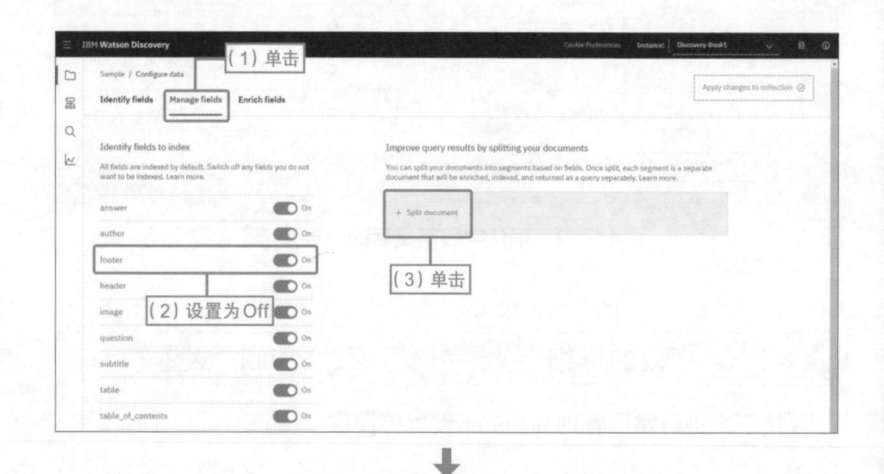

图 4.5.13 字段的管理（Manage fields 选项卡）

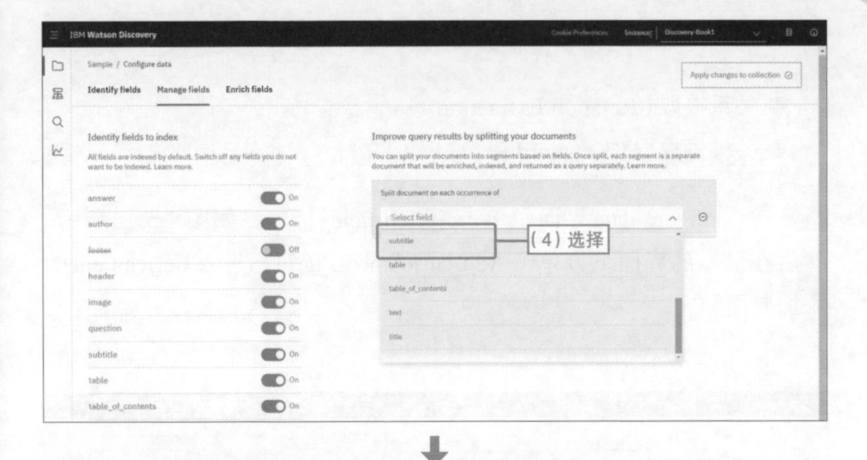

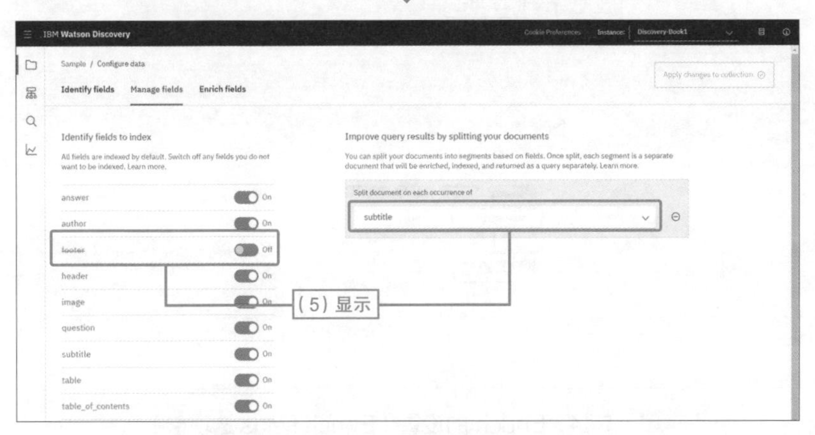

图 4.5.13　字段的管理（Manage fields 选项卡）（续）

Enrich 的设置

在Enrich设置界面中，可以对从对象的字段中提取怎样的信息进行设置。如果不做任何设置，对于text字段，下列4项功能是自动设置为有效的。

- 实体提取（Entity Extraction）功能。
- 评估分析（Sentiment Analysis）功能。
- 概念分析（Concept Analysis）功能。
- 类目分类（Category Classification）功能。

这里我们继续添加如下两项功能。

- 关系提取（Relation Extraction）功能。
- 关键词提取（Keyword Extraction）功能。

在Configure data界面中单击Enrich fields标签，如图4.5.14所示，然后在显示的界面下方单击Add enrichments按钮，进入Enrichment的添加界面。

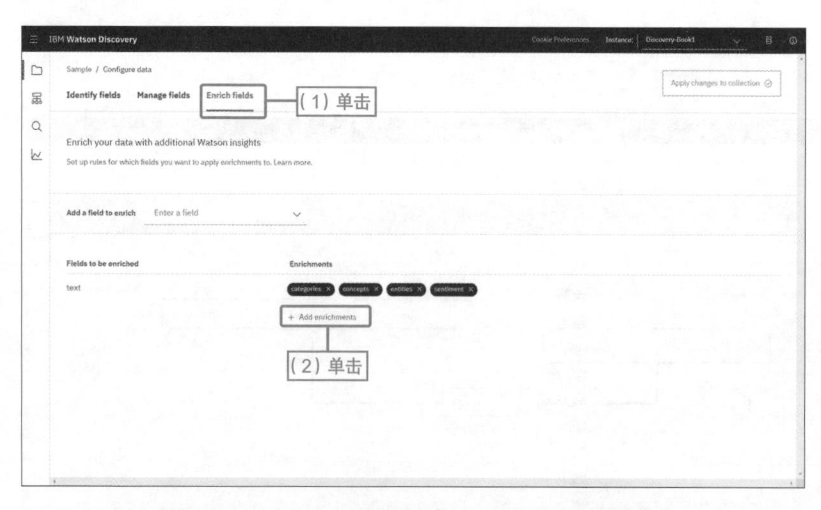

图4.5.14　Enrich的设置（Enrich fields选项卡）

分别单击关键词提取（Keyword Extraction）功能的Add按钮，如图4.5.15所示和关系提取（Relation Extraction）功能的Add按钮，界面关闭后，两个Enrichment就被添加上了。

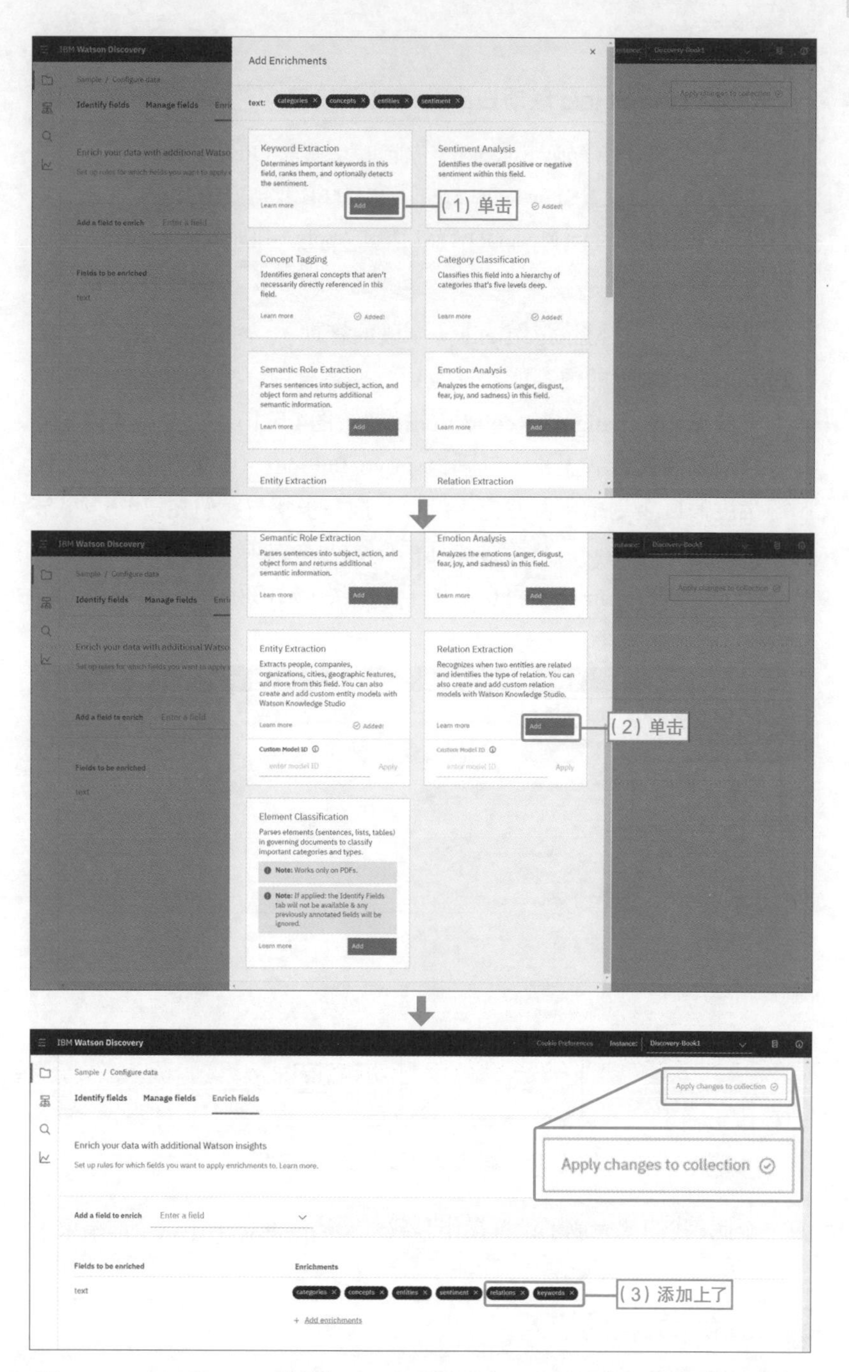

图 4.5.15　Enrichment 的添加（Add Enrichments 界面）与添加结果的确认

MEMO

Knowledge Studio 联动 Enrichment 的设置

在实体提取（Entity Extraction）功能和关系提取（Relation Extraction）功能中，可以设置Knowledge Studio的定制模型。输入从Knowledge Studio获取的Custom Model ID，然后单击Apply按钮即可完成设置。

最后，为了让Manage fields（字段的管理）、Enrich fields（字段的Enrich）中设置的内容能够反映到数据集合中，需要单击位于界面右上方的Apply changes to collection按钮（图4.5.15），上传文档《カルルス温泉国民保養温泉地計画書_hoyo_060.pdf（卡鲁斯温泉国民休闲温泉度假区企划书）》并应用设置。这一步骤与我们在第4.5.4小节中所执行的操作相同。从管理界面的Overview选项卡中可以看到文档被分割成了8份，Enrich项目也增加了，如图4.5.16所示。

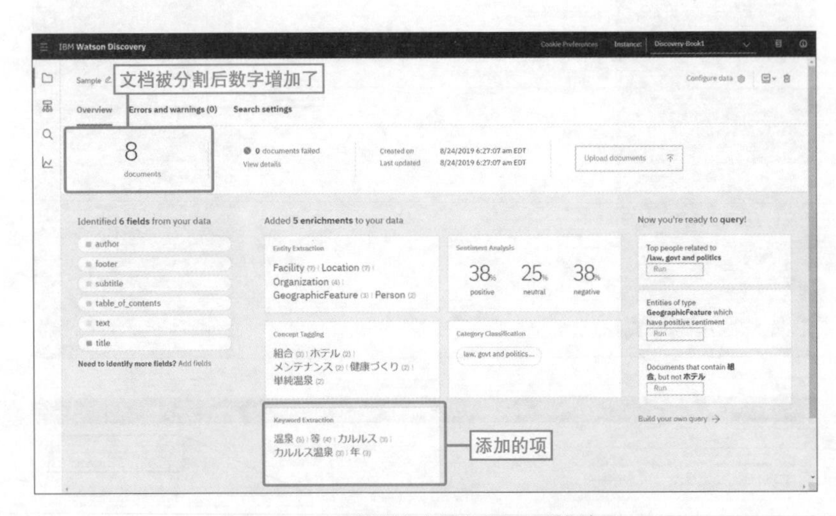

图 4.5.16　确认修改载入设置后的结果

至此，我们就完成了设置操作。载入文档的准备工作就全部结束了。

4.5.6　文档的读入

接下来，从图形界面工具管理画面的概要（Overview）选项卡中执行文档的载入操作。载入的步骤与第4.5.4小节中的操作相同。

这里我们将对《ながぬま温泉国民保養温泉地計画書 _hoyo_002.pdf（长沼温泉国民休闲温泉度假区企划书）》《鹿沢温泉国民保養温泉地計画書 _hoyo_022.pdf（鹿泽温泉国民休闲温泉度假区企划书）》《八幡平温泉郷国民保養温泉地計画書 _hoyo_005.pdf（八幡温泉国民休闲温泉度假区企划书）》3 份文档进行载入。确认载入后的 Overview 选项卡时，会看到文档数量由 8 份增加到了 25 份，如图 4.5.17 所示，很明显后来添加的 3 份文档也被分割处理了。此外，由于文档数量是由 Discovery 根据 subtitle 字段进行分割的，实际执行时不一定就是分割成 25 份。

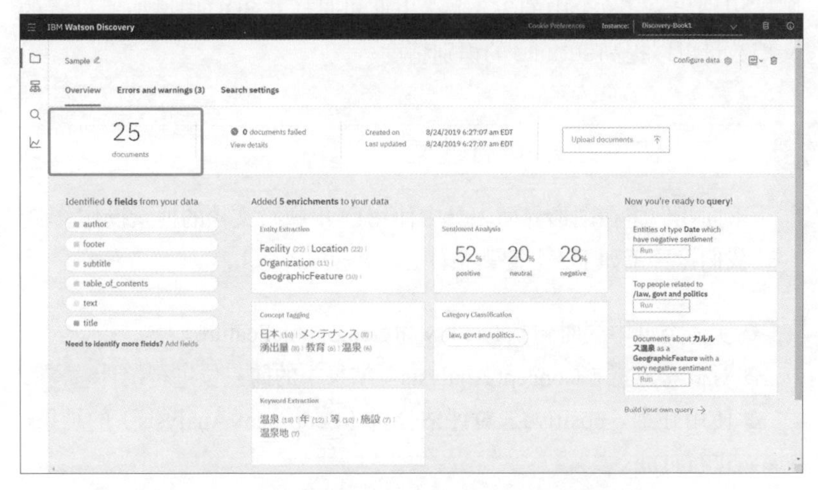

图 4.5.17　载入文档后的 Overview 选项卡

对Errors and warnings选项卡进行确认时会发现系统显示The Source_field……（没找到作为被排除对象的footer字段）这一警告信息，如图4.5.18所示。这个是在分割后的文档中，从载入对象中所排除的字段不存在时显示的警告信息，因此对我们后续的处理并不会造成影响。

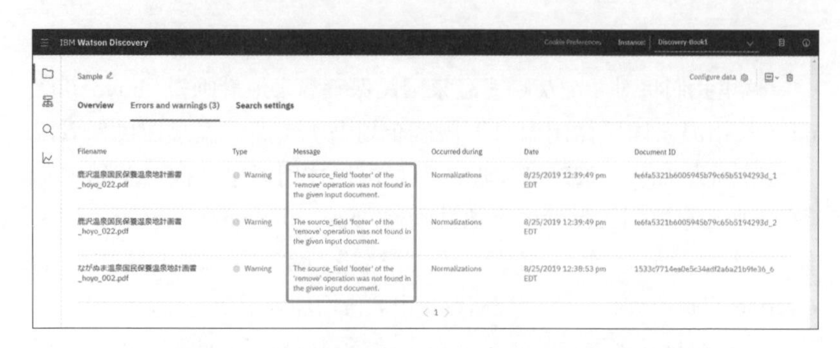

图 4.5.18　载入文档后的 Errors and warnings 选项卡

在笔者使用的环境中，title 和 footer 被 100% 识别出来。而 author 在这 3 份文档中，只有一份文档被识别出来了。subtitle 在每份文档中则被识别出来了 9 个中的 2~3 个。由此可见，在 SDU 中增加所设置的文档数量可以提高 subtitle 的识别精度。

4.5.7　使用 DQL 进行搜索

下面我们将在图形界面工具中使用 DQL 执行文档的搜索操作。

我们设置了如下 3 个搜索条件。

- 实体类型中同时包括 Facility 和 GeographicFeature。
- 对概念分析（Concept Analysis）结果中的前三位进行统计。
- 使用好意（positive）对评估分析（Sentiment Analysis）的结果进行过滤。

单击放大镜图标 Build queries，如图 4.5.19 所示，选择对象数据集合，然后单击 Get started。另外，如果已经引用了对象的数据集合，则可以省略图 4.5.19 中显示的步骤。

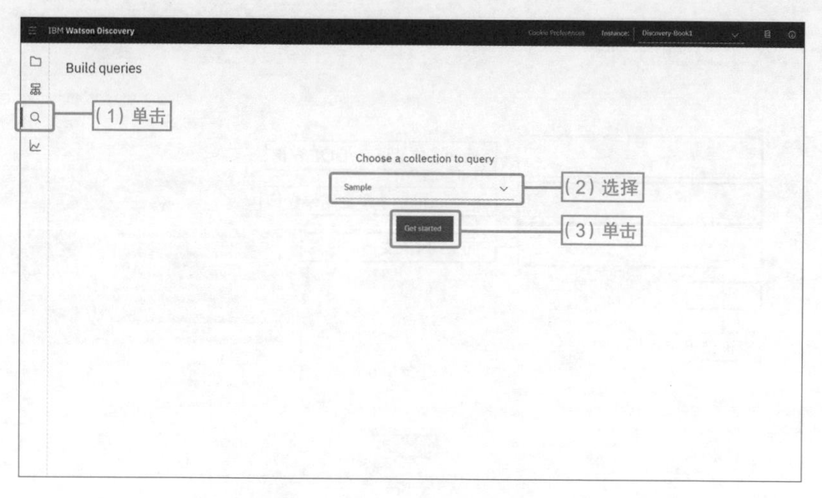

图 4.5.19　搜索界面的显示

使用搜索界面，如图4.5.20所示，可以非常简单地实现我们在第4.4.4小节query中所讲解的使用搜索参数和构造参数进行搜索的操作。

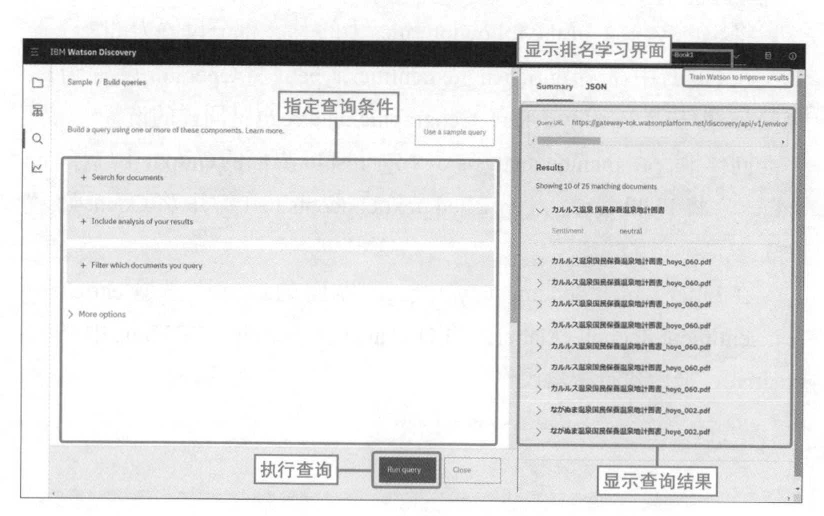

图 4.5.20　搜索界面 1

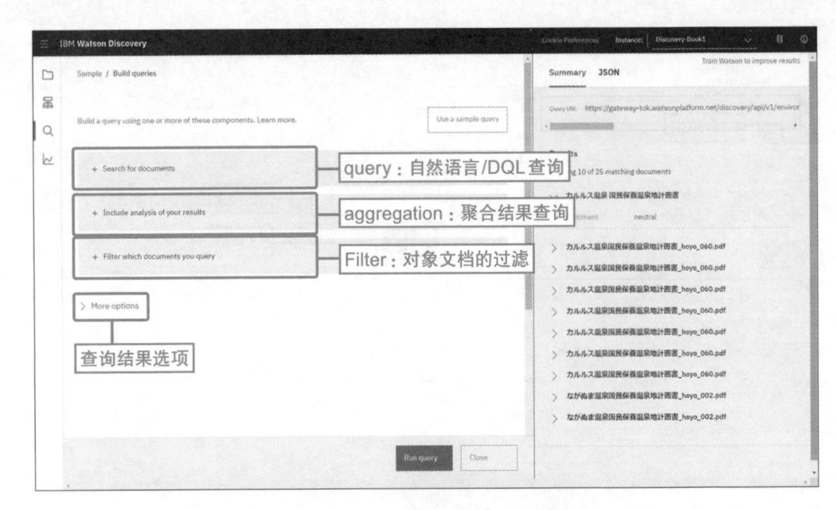

图 4.5.20　搜索界面 1（续）

在Search for documents中选择使用DQL进行搜索（Use the Discovery Query Language），实体类型设置为同时包括Facility和GeographicFeature作为搜索条件，如图4.5.21所示。

将Satisfy ×× of the following rules中的××部分设置为all。

在Fields中选择enriched_text.entities.type，将Operator设置为is，在Value中选择Facility。对于GeographicFeature也是同样的设置。

同样地，在Include analysis of your results界面的Output中选择Top values，将Field设置为enriched_text.concepts.text，并将Count设置为3。

在Filter which documents you query界面的Field中选择enriched_text.sentiment.document.label，将Operator设置为is，在Value中选择positive，最后执行搜索操作。

Search for documents （1）设置 Edit in query language

Use natural language Use the Discovery Query Language

（2）entities.type同时包括Facility和GeographicFeature

Satisfy all of the following rules

Field	Operator	Value
enriched_text.entities.type	is	Facility
enriched_text.entities.type	is	GeographicFeat...

+ Add rule
+ Add group of rules

```
enriched_text.entities.type::"Facility",enriched_text.entities.type::"GeographicFeature"
```

Include analysis of your results Edit in query language

Output	Field	Count
Top values	enriched_text.concepts.text	3

+ Add condition

（3）统计concepts.text的前三位

+ Add child aggregation

+ Add top-level aggregation

```
term(enriched_text.concepts.text,count:3)
```

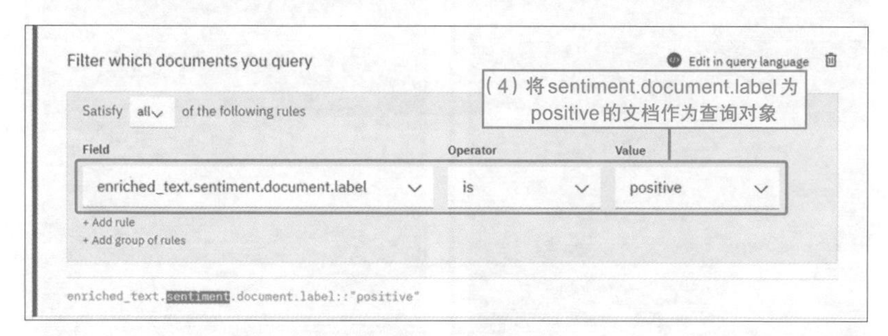

图 4.5.21　搜索界面 2

搜索结果如图 4.5.22 所示。

概念分析结果中的前3项是湧出量（涌出量）、メンテナンス（维护）、健康づくり（促进健康）（图4.5.22）。使用JSON格式查看搜索结果会发现文档的评估分析（Sentiment Analysis）结果是好意的（positive），实体类型中同时包含Facility和GeographicFeature这两种。

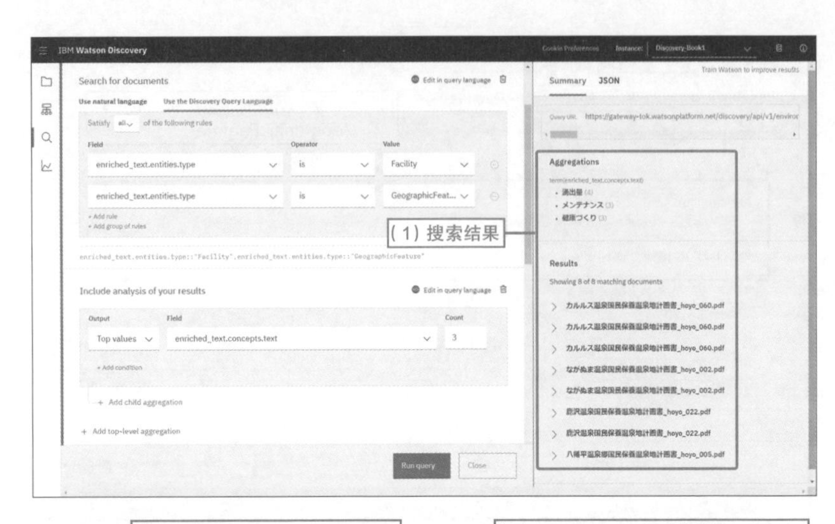

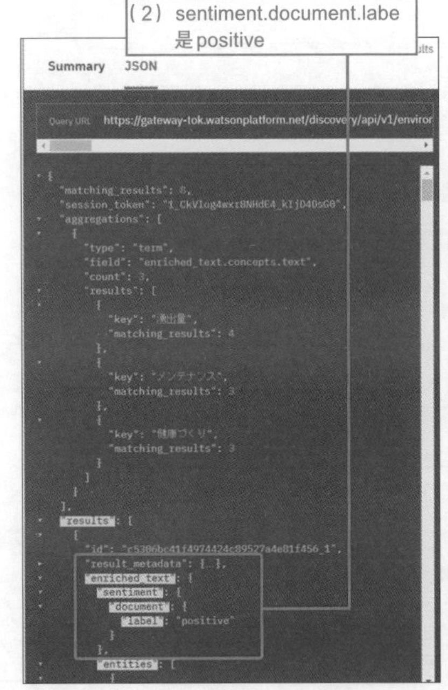

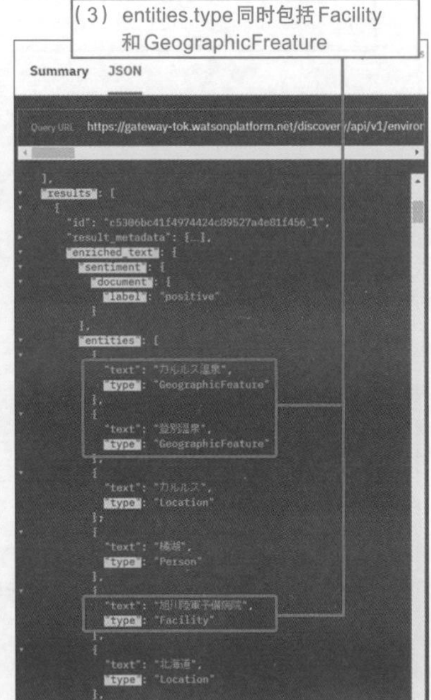

图 4.5.22　搜索结果

4.5.8　同义词字典的使用

在Discovery中使用字典，还可以实现基于同义词的搜索操作。

字典中保存的是常用的同义词和容易拼错的单词。例如，书的同义词中定义了书籍这个词时，Discovery就会将“书”这一搜索条件当成“书or书籍”来执行搜索操作。由于字典不是在载入时使用，而是在搜索过程中使用，因此在上传同义词字典后并不需要再次载入文档。

同义词字典可以分为双向和单向两种，使用JSON格式定义。

双向

当指定以expanded_terms中包含的单词作为搜索条件时，同一定义内的所有单词都会被当成搜索对象。在程序4.5.1的示例中，“本(书)”是按照“本（书）or 書籍（书籍）or 書物（书籍）”进行搜索的。如果搜索条件是“書籍”,也同样是按照“本(书)or 書籍(书籍)or 書物(书籍)”进行搜索。

程序 4.5.1　同义词字典双向定义的示例

```
{
    "expansions": [
        {
        "expanded_terms": [
        "本",
        "書籍",
        "書物"
            ]
        }
    ]
}
```

单向

当指定以input_terms中所包含的单词进行搜索时，会将expanded_terms中的单词作为对象进行搜索操作。在程序4.5.2的示例中，“東北”是按照“東北or青森or秋田or岩手or山形or宮城or福島”进行搜索的。

与双向字典不同，当使用“青森”进行搜索时，“東北”“秋田”并不会同时被匹配。

程序 4.5.2 同义词字典单向定义的示例

```
{
  "expansions": [
    {
     "input_terms": [
       "東北"
      ],
     "expanded_terms": [
       "東北",
       "青森",
       "秋田",
       "岩手",
       "山形",
       "宮城",
       "福島"
      ]
    }
  ]
}
```

下面我们使用程序4.5.2中所定义的同义词字典sample_expansions.json进行后续练习。sample_expansions.json可以使用本书下载站点中的文件。

我们参考第4.5.7小节对text中包含“東北”的文档进行搜索时，得到的结果是0个，没有任何一份文档是匹配的，如图4.5.23所示。

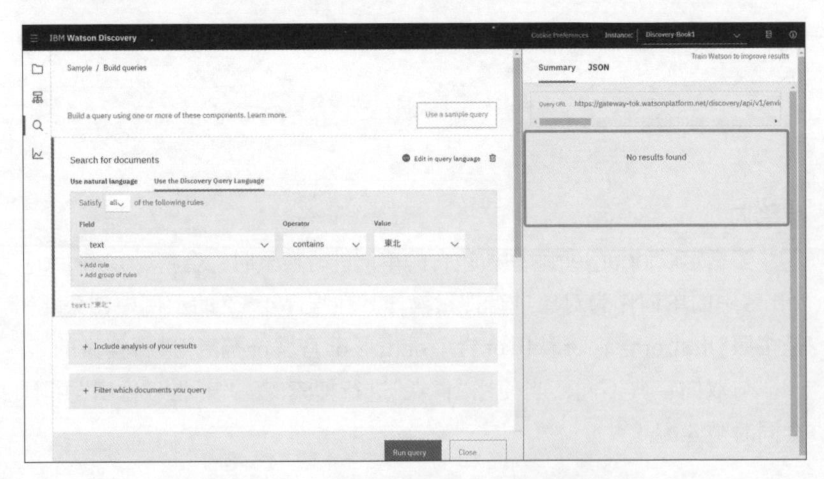

图 4.5.23 搜索包含“東北”文档的结果

在设置同义词字典后，重新尝试使用相同的条件进行搜索。

单击管理界面中的Search settings，如图4.5.24所示，再单击Synonym（同义词）的Upload按钮，并上传sample_expansions.json文件。

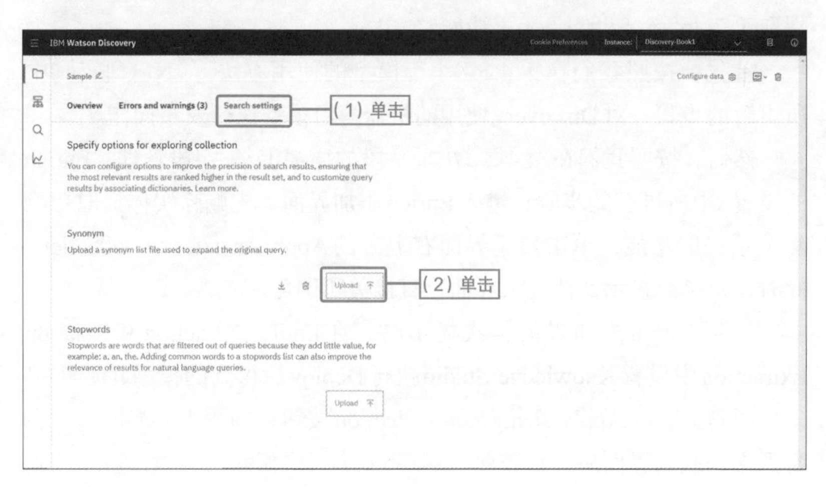

图 4.5.24　同义词字典的上传

与刚才一样，我们尝试对text字段中包含"東北"的文档进行搜索，得到的结果是3个，如图4.5.25所示。此外，"秋田""岩手"这两个单词已被加粗显示，由此可见搜索匹配成功了。

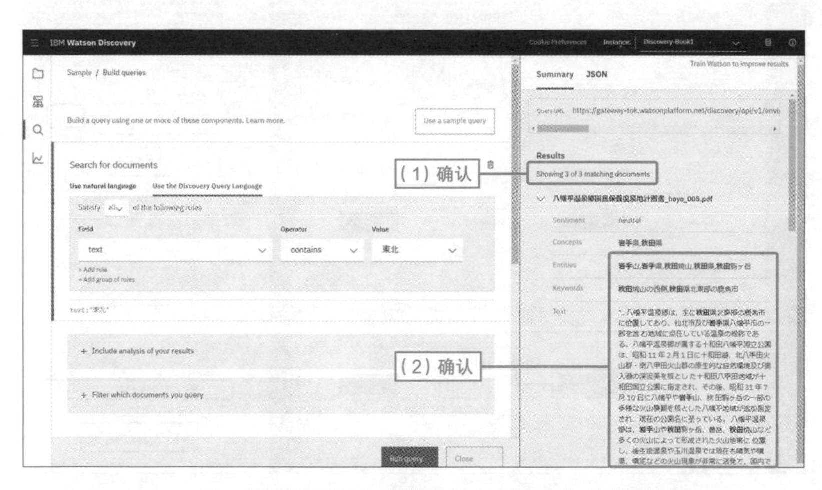

图 4.5.25　使用同义词字典搜索包含"東北"文档的结果

4.5.9 与Knowledge Studio的联动

在本小节中，我们将尝试使用第4.3小节中创建的Knowledge Studio的机器学习模型应用实体提取（Entity Extraction）功能和关系提取（Relation Extraction）功能。

首先，按照我们在第4.3.7小节模型的使用方法（与NLU联动）中所讲解的步骤，对Discovery使用的机器学习模型执行发布操作。

然后，按照我们在第4.5.5小节字段的详细定义（字段管理、Enrich的设置）中所讲解的步骤，进入Enrich添加界面。先删除实体提取功能和关系提取功能，单击位于界面右上方的Apply changes to collection。此时，系统会显示文档载入界面，直接关闭即可。

等到Enrich添加界面再次显示时，在Entity Extraction和Relation Extraction中设置Knowledge Studio执行Deploy后得到的模型ID，再单击界面右上方的Apply changes to collection按钮，如图4.5.26所示。当看到文档载入界面后，再按照与第4.5.6小节中相同的步骤，重新载入前面练习中已经载入过的文档《田沢湖高原温泉鄉国民保養温泉地計画書_hoyo_008.pdf（田泽温泉国民休闲温泉度假区企划书）》。

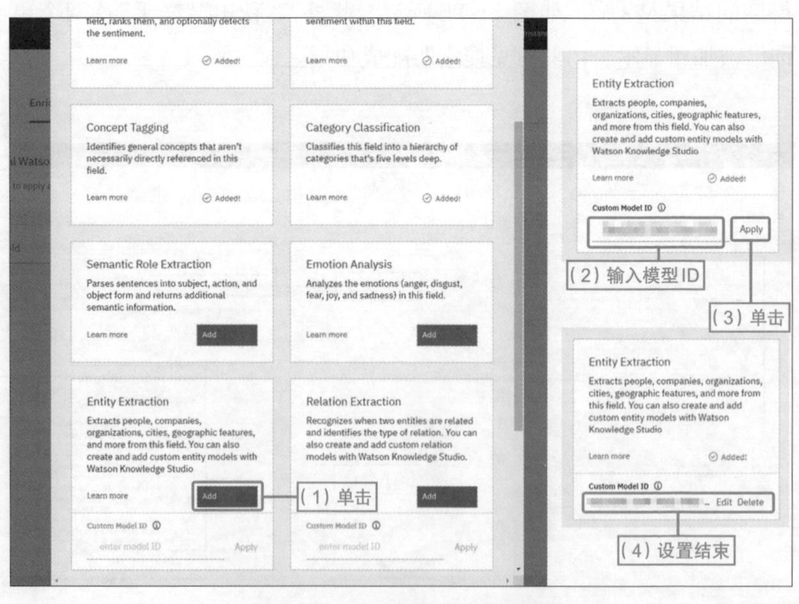

图4.5.26 机器学习模型的应用步骤

在搜索界面的Use natural language选项卡中里输入“田沢湖高原”进行搜索并确认结果。

作为ONSEN提取出来的有“乳頭温泉”“田沢湖高原温泉”，作为Sensitsu提取出来的有“単純硫黄泉”。此外，“乳頭温泉”和“単純硫黄泉”之间存在的has Attribute关系也被提取了出来，如图4.5.27所示。

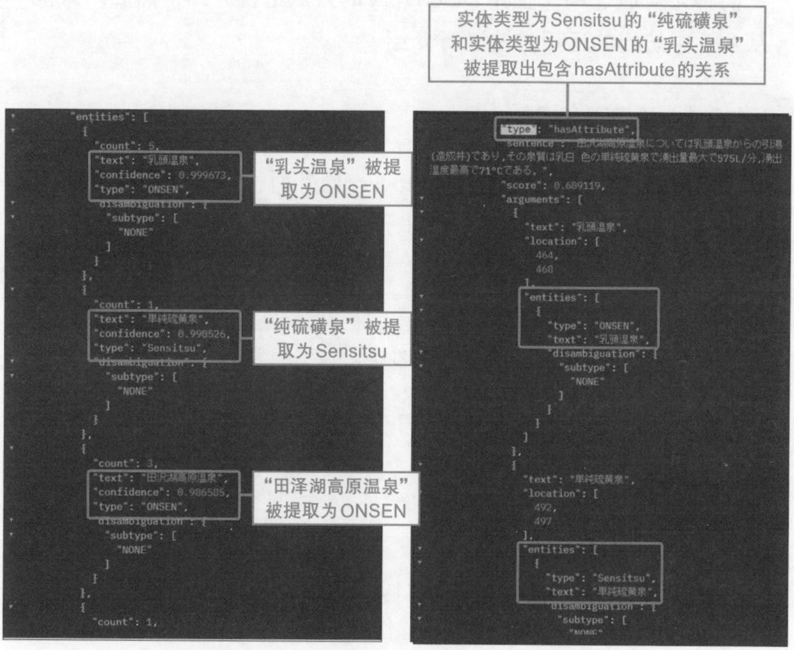

实体类型为Sensitsu的“纯硫磺泉”和实体类型为ONSEN的“乳头温泉”被提取出包含hasAttribute的关系

“乳头温泉”被提取为ONSEN

“纯硫磺泉”被提取为Sensitsu

“田泽湖高原温泉”被提取为ONSEN

图 4.5.27　使用机器学习模型提取实体的结果

由此可见，通过将Knowledge Studio与Discovery结合使用，我们可以实现对专业领域和企业内独有术语的搜索操作。这是一项非常强大的功能。

4.6 通过API 使用Discovery

Discovery 的一大特点是管理性的任务几乎都可以在图形界面工具中完成。因此，我们在第4.5节中完全使用图形界面工具进行操作，实际上同样的操作也可以通过API 调用实现。在本节中，我们将先对通过API 使用Discovery的方法进行介绍，然后对只能从API 中访问的运用方法进行介绍。

4.6.1 API 的初始化

在Python中通过API调用Discovery服务时，需要使用认证信息创建Discovery实例。其具体的操作步骤如下。

[终端窗口]

```
# 导入用于调用Discovery API的软件库
$ pip install ibm_watson
```

注 意 事 项

程序4.6.1的认证信息

程序4.6.1的Jupyter Notebook代码中的认证信息需要从实际使用的ibm cloud实例中获取。详细的操作步骤可以参考附录C.3中的内容。

程序4.6.1的代码单元中的version变量是参考Watson API的发行信息（https://ibm.co/32PjBHC）设置的最新版本号。到本书截稿时（2019年11月16日）版本为2019-04-30。

注 意 事 项

认证信息不正确的情况

即使认证信息不正确，程序4.6.1的执行结果也不会报错。只有当我们执行到程序4.6.2的API调用时，程序才会报错。虽然有些难以理解，但是在实际操作中也要注意。

程序 4.6.1　Discovery API 的初始化（ch04-06-01.ipynb）

In

```
# 程序4.6.1
# 认证信息的设置(需要单独设置)

discovery_credentials = {
  "apikey": "[illegible]",
  "iam_apikey_description": "[illegible]",
  "iam_apikey_name": "[illegible]",
  "iam_role_crn": "[illegible]",
  "iam_serviceid_crn": "[illegible]",
  "url": "[illegible]"
}

# Discovery API的初始化

import json
import os
from ibm_watson import DiscoveryV1
from ibm_cloud_sdk_core.authenticators import IAMAuthenticator

version = '2019-04-30'

authenticator = IAMAuthenticator(discovery_
credentials['apikey'])
discovery = DiscoveryV1(
    version=version,
    authenticator=authenticator
)
discovery.set_service_url(discovery_credentials['url'])
```

● 各种ID的获取

在通过API操作Discovery时，需要在作为操作对象的实例中设置environment_id和collection_id等参数。这些参数中的ID也可以通过图形界面工具中确认，然后手动地在Jupyter Notebook中进行设置。下面我们将介绍使用API来获取这些参数值的方法(程序4.6.2)。

接下来，我们将要介绍的方法使用的是在对象实例内，环境(environment)只有一个，私有数据集合也只有一个，其中的config文件也是一个，这样构成最为简单的环境。如果是更复杂的环境则无法直接使用，在操作时需注意。私有数据集合使用的是前面讲解图形界面工具的功能时创建的数据集合。

程序 4.6.2　各种 ID 的获取 (ch04-06-01.ipynb)

In

```
# 程序4.6.2
# environment_id、collection_id、configuration_id 的获取
# 需要确保已经在图形界面工具中创建好了一个private collection

# environment id 的获取
environments = discovery.list_environments().get_result()
['environments']
environment_id = environments[0]['environment_id']
if environment_id == 'system':
   environment_id = environments[1]['environment_id']
print('environment_id: ', environment_id)

# collection id 的获取
collection_id = discovery.list_collections(environment_id).
get_result()['collections'][0]['collection_id']
print('collection_id:', collection_id)

# configuration id 的获取
configuration_id = discovery.list_configurations
(environment_id).get_result()['configurations'][0]
['configuration_id']
print('configuration_id: ', configuration_id)
```

4.6.2 文档的载入与删除

本小节将演示Discovery中最为基本的操作——文档的载入与删除。

文档的载入

文档的载入正如我们在第4.5节中曾讲解过的，可以通过在图形界面管理工具中进行拖放的方式非常简单地实现。但是，当需要处理的对象文档较多时，使用编程实现的方式会更具效率。在对大量文档进行载入操作时，有几点是必须要注意的。尽管Discovery是采用异步的方式同时对多个文档进行载入处理的，但是对系统允许并行处理的文档数量是有限制的（超过限制，载入就会出错）。

我们在程序4.6.3中展示的代码是考虑了这个问题的，如果处理中的文档数量达到了MAX，就会等待处理结束再继续载入其他文档。具体的处理逻辑是在load_text函数中实现的，不过使用这个函数时需要指定以下参数。

- sample_data: 写入的数据必须使用Python的数组对象形式。
- key_name: 为了将数据上传到Discovery中，需要以项目为单位创建临时文件。文件名必须是唯一的，因此输入数据中必须包含一个作为唯一键的项目，而这个唯一键的名称是在key_name 中指定的。

程序4.6.4展示的是使用load_text 函数实际对文档进行载入操作的代码及其执行结果。

程序 4.6.3　文档的载入 (ch04-06-01.ipynb)

In

```
# 程序4.6.3
# 文档载入函数
# collection_id: 对象数据集合
# sample_data: 写入的对象文本数据(json格式的数组)
# key_name: 文档唯一键的名称

def load_text(collection_id, sample_data, key_name):
    for item in sample_data:
```

```
        # 以item为单位创建work的json文件
        print(item)
        key = item.get(key_name)
        filename = str(key) + '.json'
        f = open(filename, 'w')
        json.dump(item, f)
        f.close()

        # 检查是否允许写入
        collection = discovery.get_collection(environment_
id, collection_id).get_result()
        proc_docs = collection['document_counts']
['processing']
        while True:
            if proc_docs < 20:
                break
            print('busy. waiting..')
            time.sleep(10)
            collection = discovery.get_collection
(environment_id, collection_id)
            proc_docs = collection['document_counts']
['processing']

        # 指定json文件名为参数，将数据载入Discovery中
        with open(filename)as f:
            add_doc = discovery.add_document(environment_id,
collection_id, file = f)
        os.remove(filename)
```

程序 4.6.4　文档载入的示例 (ch04-06-01.ipynb)

In

```
# 程序4.6.4
# 文档载入的示例

# 用于载入测试的文本数据
sample_data = [
    {'app_id': 1, 'title': '最初のテキスト(第一段文本数据)',
'text': 'サンプルテキストその1。(样本文本数据其一。)'},
```

```
    {'app_id': 2, 'title': '2番目のテキスト(第二段文本数据)',
'text': '新幹線はやぶさが好きです。(我喜欢新干线猎隼号特快。)'},
    {'app_id': 3, 'title': '3番目のテキスト(第三段文本数据)',
'text': '令和元年に転職しました。(我在令和元年换工作了。)'},
]

# 文档载入测试
load_text(collection_id, sample_data, 'app_id')
```

Out

```
{'app_id': 1, 'title': '最初のテキスト(第一段文本数据)','text': 'サンプルテキストその1。(样本文本数据其一。)'}
{'app_id': 2, 'title': '2番目のテキスト(第二段文本数据)','text': '新幹線はやぶさが好きです。(我喜欢新干线猎隼号特快。)'}
{'app_id': 3, 'title': '3番目のテキスト(第三段文本数据)','text': '令和元年に転職しました。(我在令和元年换工作了。)'}
```

MEMO

PDF文档和Word文档的载入

使用API进行文档载入时，可以指定载入PDF和Word等格式的文档。Discovery会根据文件扩展名自动判断文件的类型，并根据不同文件的类型采取相应的处理。这个方法对于在使用SDU对文档的布局进行学习后，读取大量文档的操作是非常有效的。

实现代码也可以采用与程序4.6.3中完全相同的代码来实现，但是有一点需要注意，那就是代码的倒数第四行with open (filename) as f: 这段必须改成with open (filename, 'rb') as f: 的形式，指定以二进制形式打开文件的方式进行处理。如果不修改则无法顺利读取文件。

● 文档的删除

虽然Discovery的图形界面管理工具功能非常强大，但也有一些功能是无法在图形界面管理工具中实现的。其中之一就是对输入系统的文档的删除操作。

下面介绍的函数是使用 collection_id 作为参数，对指定数据集合内的文档全部进行删除操作的函数（程序 4.6.5）。

程序 4.6.5　文档删除函数 (ch04-06-01.ipynb)

In

```
# 程序4.6.5
# 删除指定数据集合中全部文档的函数
# collection_id: 对象数据集合

def delete_all_docs(collection_id):

    # 获取文档数量
    collection = discovery.get_collection(environment_id,
collection_id).get_result()
    doc_count = collection['document_counts']['available']

    results = discovery.query(environment_id, collection_id,
return_fields='id', count=doc_count).get_result()["results"]
    ids = [item["id"] for item in results]

    for id in ids:
        print('deleting doc: id =' + id)
        discovery.delete_document(environment_id,
collection_id, id)
```

注 意 事 项

执行程序4.6.6代码前

程序4.6.6中是删除指定数据集合中所有文档的函数，在执行此函数时需要注意。

程序 4.6.6　删除所有文档的测试 (ch04-06-01.ipynb)

In

```
# 程序4.6.6

# 删除所有文档的测试
delete_all_docs(collection_id)
```

Out

```
deleting doc: id =ba7a378f-aad7-4e03-b805-b0df82b9dcff
deleting doc: id =e99eb15b-9f66-4d06-ae79-0aa9608123c6
deleting doc: id =635df5f6-e7a3-47ce-8661-dd29482342c0
(…略…)
```

4.6.3　搜索

Discovery中另一项最基本的操作就是搜索。下面我们将通过API调用的方式体验搜索功能。

程序4.6.7中的query_documents 函数是将搜索的字符串和希望作为结果返回的项目列表指定为参数，并返回搜索结构的函数。

程序 4.6.7　搜索函数 query_documents 的定义 (ch04-06-01.ipynb)

In

```
# 程序4.6.7
# 用于搜索的函数
# collection_id: 作为搜索对象的数据集合
# query_text: 搜索条件表达式
# return_fields: 输出的项目

def query_documents(collection_id, query_text, return_
fields):
    # 获取文档的数量
    collection = discovery.get_collection(environment_id,
collection_id).get_result()
    doc_count = collection['document_counts']['available']
    print('doc_count: ', doc_count)
```

```
    query_results = discovery.query(environment_id,
collection_id,
        query=query_text,
        count=doc_count,
        return_fields=return_fields).get_result()[ "results"]
    return query_results
```

首先，我们将尝试对前面登记的3份文档中的第一份文档所包含的单词“サンプル(样本)”进行搜索。

注意事项

文档载入代码的再次执行

在执行程序4.6.8中的代码前，需要再次执行文档载入代码(程序4.6.4)。此外，由于文档的载入是异步执行的，在正式开始执行程序4.6.8的代码前请等待2~3分钟。

另外，程序4.6.8的代码中搜索条件'text: サンプル'的含义是对名为text的字段中包含**サンプル**(样本)这一字符串进行部分匹配。

程序 4.6.8　将サンプル(样本)作为关键字进行搜索 (ch04-06-01.ipynb)

In

```
# 程序4.6.8
# 将サンプル(样本)为关键字进行搜索

query_text = 'text:サンプル'
return_fields = 'app_id,title,text'
query_results = query_documents(collection_id, query_text,
return_fields)

print(json.dumps(query_results, indent=2, ensure_
ascii=False))
```

Out

```
doc_count:  3
[
  {
    "id": "38d71b68-a6c8-4e80-87bb-6c88db6c2801",
    "result_metadata": {
      "confidence": 0.08408801890816446,
      "score": 1.0226655
    },
    "text": "サンプルテキストその1。",    # 样本文本数据其一
    "enriched_text": {
      "sentiment": {
        "document": {
          "score": 0,
          "label": "neutral"
        }
      },
      "entities": [],
      "concepts": [],
      "categories": [
        {
          "score": 0.627152,
          "label": "/technology and computing/ software/
desktop publishing"
        },
        {
          "score": 0.624509,
          "label": "/technology and computing/ hardware/
computer components"
        },
        {
          "score": 0.624366,
          "label": "/religion and spirituality/hinduism"
        }
      ]
    },
    "app_id": 1,
    "extracted_metadata": {
      "sha1": "48d4c932f9e4c02ff466371093657612cd36bb94",
```

```
      "filename": "1.json",
      "file_type": "json"
    },
    "title": "最初のテキスト"    # 第一段样本数据
  }
]
```

从上述执行结果可以看出函数的执行非常成功。接下来，我们对第二份文档中所包含的"はやぶさ(猎隼)"进行同样的搜索操作。

程序 4.6.9　将"はやぶさ(猎隼)"作为关键词进行搜索(ch04-06-01.ipynb)

In

```
# 程序4.6.9
# 将"はやぶさ(猎隼)"作为关键词进行搜索

query_text = 'text:はやぶさ'
return_fields = 'app_id,title,text'
query_results = query_documents(collection_id, query_text,
return_fields)

print(json.dumps(query_results, indent=2, ensure_ascii=False))
```

Out

```
doc_count:  3
[
]
```

这次程序的执行结果并不理想，似乎出现了与第3章所介绍的语素分析中同样的问题。因此，在下一节中，我们将使用Discovery中的语素字典登记功能重新进行搜索。

4.6.4　语素字典的使用

本小节将要介绍的语素词典工具是没有图形界面的，它是一种只能通过API调用的功能。

程序4.6.10是定义语素字典的示例。其每个项目的名称与第3章中所介绍的Janome的字典相同。如果需要了解它们的具体含义，可以参考第3章的内容。

注意事项

使用语素字典的前提

语素字典功能只能在收费的套餐中使用。到目前为止，我们所使用的免费套餐是无法利用此功能的，在实际操作时需注意。

程序 4.6.10　定义语素字典的示例 (ch04-06-01.ipynb)

In

```
# 程序4.6.10
# 定义语素字典的示例

custom_list = [
    {
        "text":"はやぶさ",
        "tokens":["はやぶさ"],
        "readings":[ "ハヤブサ"],
        "part_of_speech":"カスタム名詞"
    }
  ]
```

将字典定义为Python变量后，再将此变量指定为create_tokenization_dictionary 函数的参数进行调用，以实现语素字典的登记操作。在登记语素字典时，字典变为有效状态需要几分钟，因此程序4.6.11的语素字典登记函数采取了循环检测方式。

程序 4.6.11　语素字典的登记函数 (ch04-06-01.ipynb)

In

```
# 程序4.6.11
# 语素字典的登记函数

def register_tokenization_dictionary(collection_id,
tokenization_rules):

    res = discovery.create_tokenization_dictionary
(environment_id, collection_id, tokenization_rules=
tokenization_rules)
    import time
    res = discovery.get_tokenization_dictionary_status
(environment_id, collection_id).get_result()
    while res['status'] == 'pending':
        time.sleep(10)
        res = discovery.get_tokenization_dictionary_ status
(environment_id, collection_id).get_result()
        print(res)
```

程序4.6.12中展示的是调用程序4.6.11中函数的代码。

程序 4.6.12　调用语素字典登记函数的示例 (ch04-06-01.ipynb)

In

```
# 程序4.6.12
# 调用语素字典登记函数的示例

register_tokenization_dictionary(collection_id, custom_list)
```

Out

```
{'status': 'pending', 'type': 'tokenization_dictionary'}
{'status': 'pending', 'type': 'tokenization_dictionary'}
{'status': 'pending', 'type': 'tokenization_dictionary'}
{'status': 'pending', 'type': 'tokenization_dictionary'}
{'status': 'pending', 'type': 'tokenization_dictionary'}
(…略…)
{'status': 'pending', 'type': 'tokenization_dictionary'}
```

```
{'status': 'pending', 'type': 'tokenization_dictionary'}
{'status': 'pending', 'type': 'tokenization_dictionary'}
{'status': 'pending', 'type': 'tokenization_dictionary'}
{'status': 'active', 'type': 'tokenization_dictionary'}
```

接下来，再次执行与前面相同的搜索操作，并确认结果是否符合预期。在执行程序时，需要注意的是，对于那些在语素分析字典还不存在的状态下登记的文档，在新登记的字典中是无效的。因此，我们需要对文档再次进行登记操作。

在程序4.6.13的代码中，我们使用前面所定义的函数将文档全部删除后重新登记，再执行搜索操作。

程序 4.6.13　确认能否使用“はやぶさ（猎隼）”进行搜索 (ch04-06-01.ipynb)

In

```
# 程序4.6.13
# 确认能否使用“はやぶさ(猎隼)”进行搜索

delete_all_docs(collection_id)
load_text(collection_id, sample_data, 'app_id')

import time
time.sleep(30)

query_text = 'text:はやぶさ'
return_fields = 'app_id,title,text'
query_results = query_documents(collection_id, query_text,
return_fields)

print(json.dumps(query_results, indent=2, ensure_
ascii=False))
```

Out

```
deleting doc: id =8c3a8c77-0de2-43ec-9322-84794bbbf835
deleting doc: id =9efeb0eb-abb9-4744-a16c-82cf89172625
deleting doc: id =06a35420-80c1-415c-966a-7b12e59a98e1
```

```
{'app_id': 1, 'title': '最初のテキスト(第一段文本数据)','text':'サンプルテキストその1。(样本文本数据其一。)'}
{'app_id': 2, 'title': '2番目のテキスト(第二段文本数据)','text':'新幹線はやぶさが好きです。(我喜欢新干线猎隼号特快。)'}
{'app_id': 3, 'title': '3番目のテキスト(第三段文本数据)','text':'令和元年に転職しました。(我在令和元年换工作了。)'}
doc_count:  3
[
  {
    "id": "69847699-433d-428a-a556-ab06576c3e59",
    "result_metadata": {
      "confidence": 0.08408801890816446,
      "score": 1.0226655
    },
    "text": "新幹線はやぶさが好きです。(我喜欢新干线猎隼号特快。)",
    "enriched_text": {
      "sentiment": {
        "document": {
          "score": 0.945075,
          "label": "positive"
        }
      },
      "entities": [],
      "concepts": [],
      "categories": [
        {
          "score": 0.781235,
          "label": "/automotive and vehicles/cars"
        },
        {
          "score": 0.656762,
          "label": "/automotive and vehicles/cars/
performance vehicles"
        },
        {
          "score": 0.602285,
          "label": "/automotive and vehicles/road-side
assistance"
        }
      ]
```

```
    },
    "app_id": 2,
    "extracted_metadata": {
      "sha1": "f9cda473cdb14dc1aba7333afdf787e6b45131e7",
      "filename": "2.json",
      "file_type": "json"
    },
    "title": "2番目のテキスト(第二段文本数据)"
  }
]
```

从上述执行结果可以看出，这次我们使用相同的搜索条件成功地实现了搜索操作。当Discovery返回的搜索结果不符合我们的预期时，建议采取上述步骤重新尝试搜索。

4.6.5 相似搜索的执行

在Discovery的众多功能中，还有一个只能通过API访问的功能是相似搜索。接下来，使用与第3章中Elasticsearch曾使用过的相同题材，体验一下Discovery中的相似搜索功能。这里仍然使用与第3.5节中相同的数据，在日本100座知名温泉中，选择维基百科上有词条的温泉列表进行测试。完整的代码保存在ch04-06-12.ipynb文件中，可以参考。

处理的概要

由于在此前的章节中已经介绍过，因此我们将省略对以下项目的详细说明。

- 创建维基百科中登记了词条的日本100座知名温泉的列表。
- Discovery API的初始化。
- environment_id、collection_id、configuration_id的获取。
- Discovery文档载入函数。
- Discovery文档删除函数。
- 删除所有现存的文档。
- 维基百科文档的载入。

完成上述操作后，日本100座知名温泉的文章就被保存到Discovery中。

这里我们将对北海道定山溪温泉的文章进行相似搜索操作。在Discovery中进行相似搜索操作时，是指定Discovery自动编号的键ID值作为参数的。因此，相似搜索操作的第一步就是获取作为比较对象的文章ID。

●相似搜索

程序4.6.14中展示的是获取ID值的代码。由于是对定山溪温泉进行完全匹配的搜索，因此需要使用filter 选项。

程序 4.6.14　获取定山溪温泉的 id 值 (ch04-16-14.ipynb)

In

```
# 程序4.6.14
# 获取定山溪温泉的id值

return_fields = 'app_id,title'
filter_text = 'title::定山溪温泉'

query_results = discovery.query(environment_id, collection_
id,
    filter=filter_text,
    return_fields=return_fields).get_result()[ "results"]

similar_document_id = query_results[0]["id"]
print(similar_document_id)
```

Out

```
68c992b5-301e-4074-ba48-d6e0ca137c01
```

程序4.6.15中展示的是实际执行相似搜索操作的实现代码。该程序使用了 similar = 'true' 选项对Discovery的query 函数进行调用，并且使用similar_document_ids = similar_document_id 参数作为比较对象的文档进行了指定。

程序 4.6.15 相似搜索与结果的显示 (ch04-16-14.ipynb)

In

```
# 程序4.6.15
# 相似搜索与结果的显示

# 开始相似搜索
simular_results = discovery.query(environment_id, collection_
id,
    similar = 'true',
    similar_document_ids = similar_document_id)
res = simular_results.get_result()
res2 = res['results']


# 显示结果
for item in res2:
    metadata = item['result_metadata']
    score = metadata['score']
    app_id = item['app_id']
    title = item['title']
    print(app_id, title, score)
```

Out

```
4 登別温泉 83.03626
7 朝日温泉（北海道）76.25143
5 洞爺湖温泉 75.06307
39 山中温泉 70.46456
95 霧島温泉郷 69.53352
77 道後温泉 66.549805
81 雲仙温泉 63.2905
67 湯原温泉 63.13256
30 草津温泉 62.3428
83 黒川温泉 62.240948
```

搜索的结果如程序4.6.15所示。

在地理位置与定山溪温泉较为接近的登别温泉、朝日温泉及洞爷湖温泉被排在了靠前的位置上，这样的结果是比较恰当的。与我们在第3.5节中所介绍的Elasticsearch相似搜索的结果相比，评分值和排位顺序虽然多少还是有些不同的，但是两者的搜索结果大体上还是非常接近的。

4.7 基于Discovery的排名学习

在本节中，我们将先对排名学习的概要进行讲解，再尝试使用图形界面工具执行排名学习操作。

4.7.1 何谓排名学习

在第3.4节中，我们从TF-IDF及其应用Elasticsearch的评分机制原理入手，对文档搜索结果显示顺序的相关操作进行了学习。在文档的显示顺序中加入了用户评价后得到的结果就是排名学习，如图4.7.1所示。

在排名学习中，是对搜索词与搜索结果组成的集合中所能获取的特征量进行机器学习，以产生更为贴切的排序结果。采用排名学习后，即使作为搜索对象的文档数量增加了，用户也同样可以获取自己所需要的搜索结果。

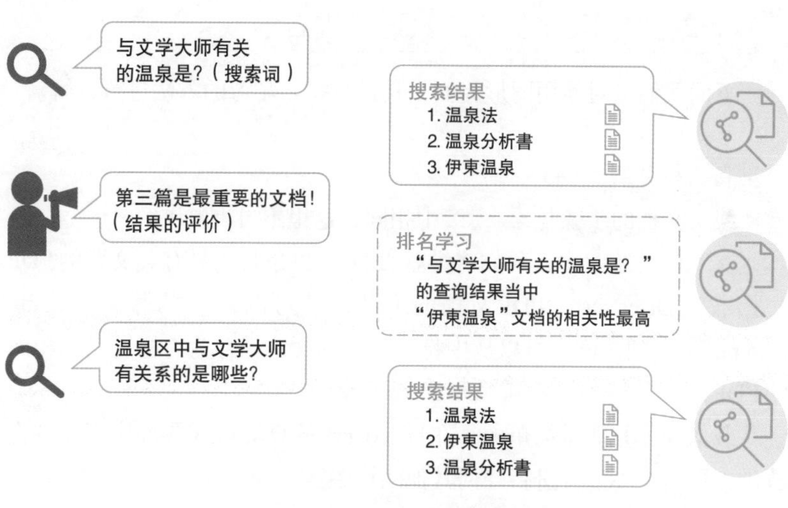

图4.7.1 排名学习示意图

为了在Discovery中实现排名学习，我们最少需要准备49对基于自然语言的搜索词与搜索结果所对应的评价数据。

基于自然语言的搜索词

基于自然语言的搜索词是用户输入的用于搜索操作的句子。使用实际应用的查询语句、预计会被问及的问题进行学习。此外，基于DQL的搜索是无法作为排名搜索的处理对象的。

搜索结果所对应的评价

搜索结果所对应的评价是对搜索结果是符合预期还是不够理想进行评价处理。评价是通过相关度(relevance)这一指标的值来指定的。

使用图形界面工具操作时，可以指定0和10这两个值，而通过API操作时则可以指定从0到10之间的任意整数值作为相关度。实际中相关度如何指定应当由对业务内容比较熟悉的用户来决定。

在Discovery执行排名学习既可以通过图形界面工具操作，也可以通过API访问。关于使用API进行访问的具体方法，我们将在本节后面的专栏中进行讲解。

4.7.2　使用图形界面工具进行排名学习

下面我们将对使用图形界面工具进行排名学习的方法进行讲解。

1. 准备文档并载入Discovery

载入文档的步骤与第4.5节中相同，这里不再重复讲解。

在下面的练习中，我们将维基百科上20条与温泉有关文章的PDF文档载入Discovery。PDF文档的下载链接可以在本书附录的input_data.pdf中找到，读者可以从中将一篇篇的文章保存为与标题名称相同的PDF，见表4.7.1，然后载入Discovery。

载入操作是非常简单的，在Discovery的Overview界面中将文件拖放进去即可，不需要进行任何其他的设置。

从维基百科生成PDF文档时，可以在维基百科左侧的菜单中单击“PDF形式でダウンロード(使用PDF格式下载)”→“ダウロード(下载)”来创建，如图4.7.2所示。

为了对排名学习前后的结果进行对比和确认，可以将“文豪にゆかりのある温泉地(与文学家有关的温泉)”的搜索结果保存为JSON格

式，然后将其中的内容复制并粘贴到记事本中进行保存[※1]。关于使用JSON格式进行表示的方法，可以参考第4.5.7小节。

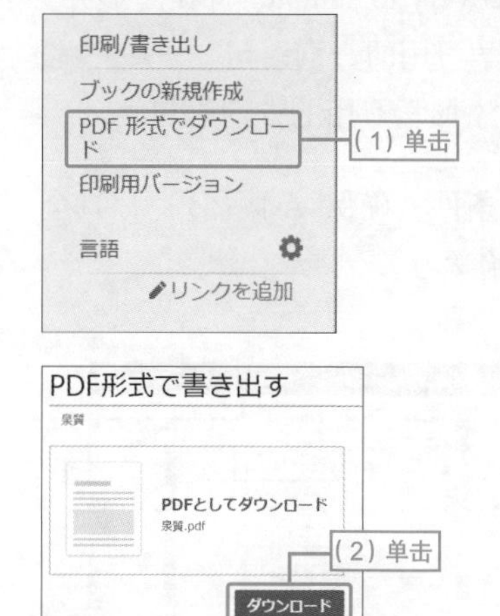

图 4.7.2　PDF 文件的创建

表4.7.1　用于排名学习的文章标题一览

文章标题一览	文章标题一览
泉質	山田温泉
温泉	川棚温泉
温泉法	指宿温泉
温泉分析書	玉造温泉
万座温泉	登別温泉
伊東温泉	花山温泉
吉野温泉	雲仙温泉
塩江温泉	鳴子温泉
塩津温泉	鳴子温泉郷
大子温泉	大歩危温泉

2. 登记用于排名学习的搜索词

下面将在图形界面工具中登记在排名学习中需要用到的基于自然语言的49个搜索词。

单击搜索界面中右上方的 Train Watson to improve results 按钮，如图 4.7.3 所示，就可看到用于执行排名学习的训练（Train Watson）界面。界面中的上半部分显示执行排名学习所必需的 3 个条件处于满足的状态（图 4.7.3 中（A）~（C））。

(A) Add more queries: 用于学习的查询语句（最少 50 字）字数不足的情况。关于添加用于学习的查询语句操作，我们将在稍后的（D）和（E）中进行介绍。

(B) Rate more results: 用于搜索结果所对应的评价（rating）数量不足的情况。要增加评价数量需要对结果进行评价。

(C) Add more variety to your ratings: 用于评价所必需的结果数量不足的情况。要增加这一数量需要在数据集合中增加产生搜索结果的文档数量。

※1　此节只是介绍将PDF文档载入Discovery的方法，如果维基百科网站打不开，请尝试在其他网站下载PDF文档，练习载入操作。

图4.7.3中（D）和（E）是用于对应（A）中的问题添加查询语句的链接。

(D) Add recent queries from Watson Discovery to sample: 将在图形界面工具中执行过的查询语句添加为学习用的查询语句。
(E) Add a natural language query: 输入并添加学习用的查询语句。

在开始排名学习前需要满足所有的条件，确保（A）、（B）、（C）全部都被画上删除线后，系统就会自动开始学习。

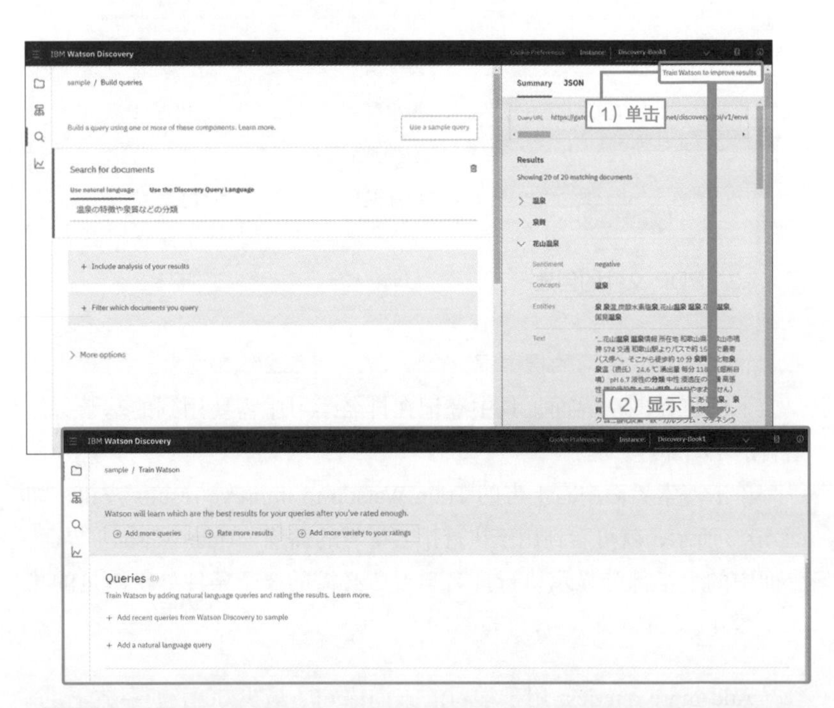

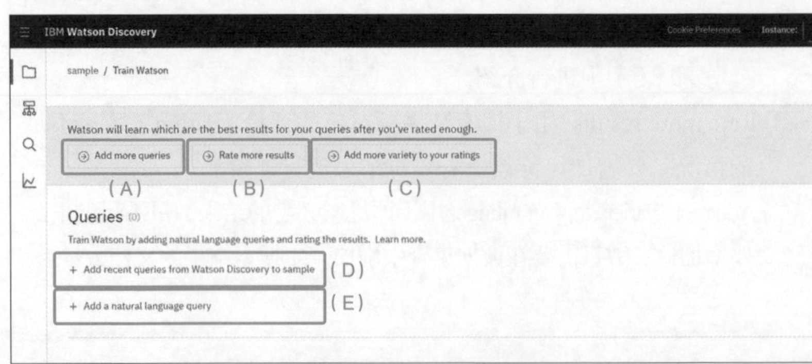

图 4.7.3　训练界面的显示

单击界面中的Add recent queries from Watson Discovery to sample就会显示在图形界面工具中执行过的搜索词，如图4.7.4所示。但是，如果一次搜索都没执行过，是不会显示任何搜索词的。

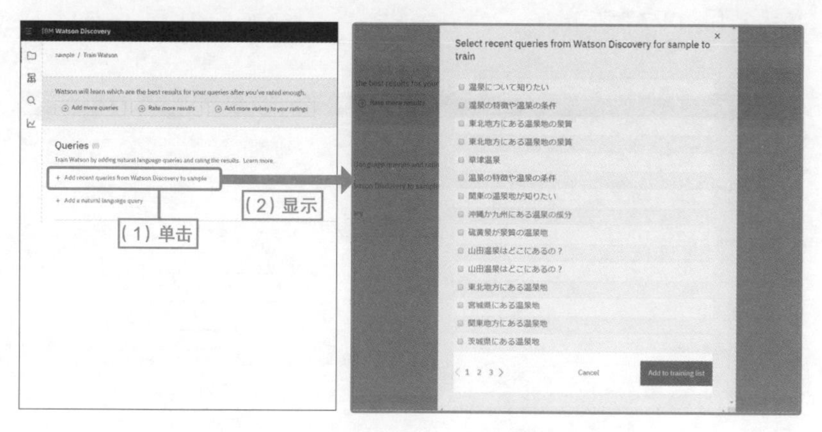

图 4.7.4　训练界面从最近的搜索词中添加

单击界面中的Add a natural language query，如图4.7.5所示，然后就可以手动输入搜索词。但是如果事先没有执行过搜索操作，是不会显示搜索词的，因此这里我们单击Add a natural language query并添加搜索词。

在本书的下载文件中，名为relevant_data.pdf的文件内事先准备好了用于排名学习的搜索词和正确答案文档。我们可以复制、粘贴此文件中的内容，并开始学习。

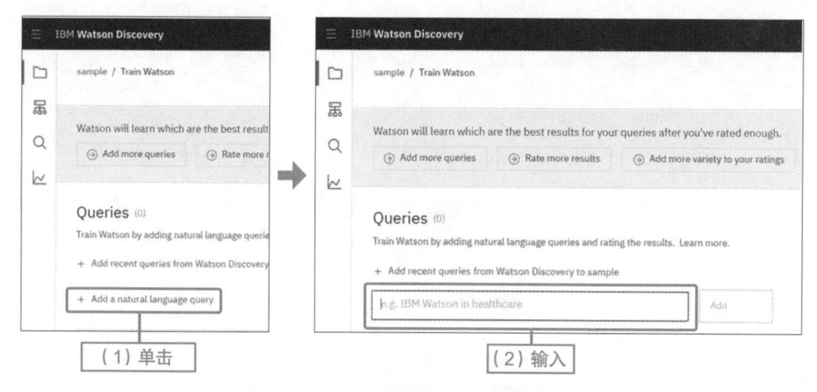

图 4.7.5　在训练界面内输入搜索词并添加

3. 评价搜索结果

下面将对图形界面工具中显示的搜索结果是否符合我们的预期进行评价。在输入了事先准备好的50个搜索词的训练界面中，开始执行评价操作。添加搜索词后，文章旁边就会显示Rate results，对其进行单击，如图4.7.6所示。

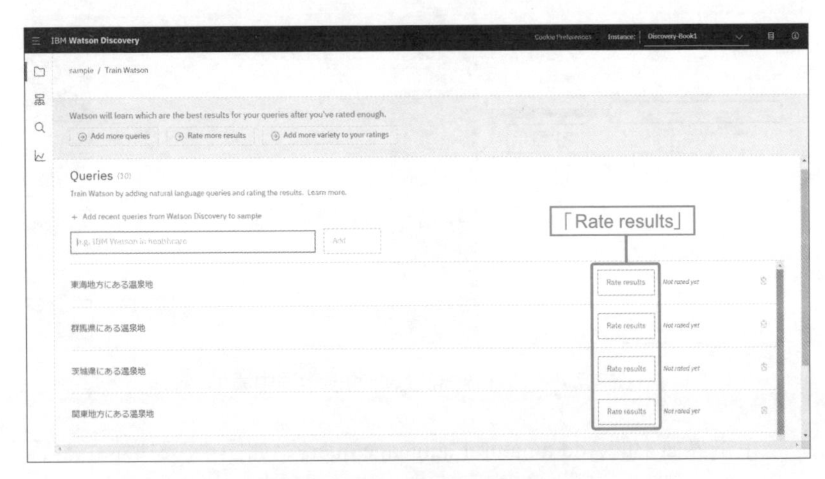

图 4.7.6　添加搜索词的训练界面

然后，我们就会看到对搜索结果及每个结果是符合我们预期的回答，还是毫无关联的回答进行评价的界面，如图4.7.7所示。

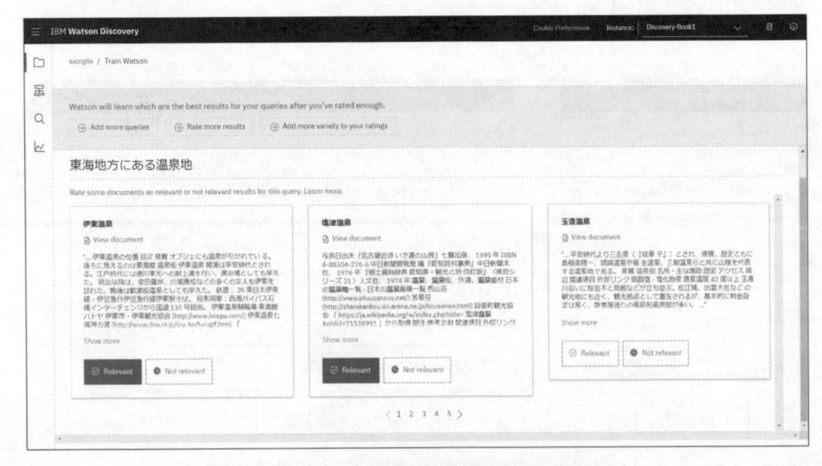

图 4.7.7　评价搜索结果的训练界面

- Relevant：如果回答应当排在前面，我们就单击Relevant按钮，为其加10分。
- Not relevant：如果回答不是我们期待的内容，就单击Not relevant，为其加0分。

至于哪个项目应当单击Relevant，哪个项目应当单击Not relevant，参考内容见表4.7.2。同时，也可以参考本节末尾的Discovery中的注意点。

当训练界面中的Add more queries、Rate more results、Add more variety to your ratings全部被画上删除线时，如图4.7.8所示，系统就会自动开始执行训练操作。

如果希望添加排名学习，可以单击Add recent queries from Watson Discovery to sample或Add a natural language query添加搜索词，然后使用与本练习相同的步骤对搜索结果进行评价。添加后稍微等一下，系统就会自动开始训练。

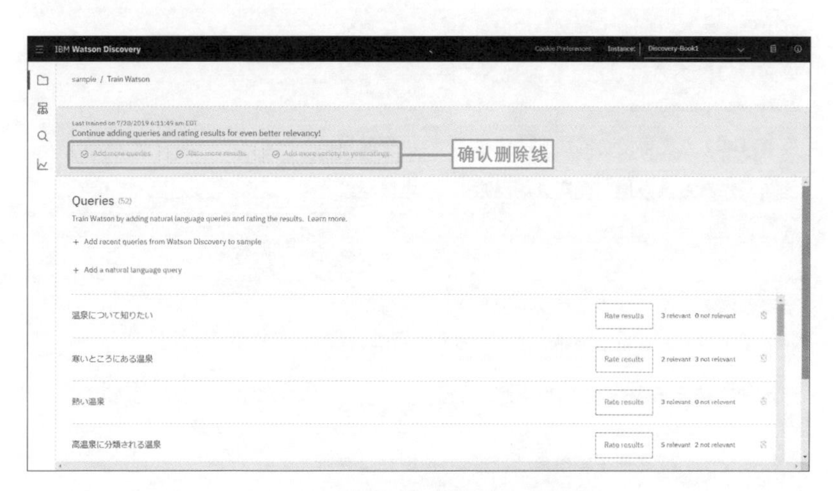

图 4.7.8　执行完自动训练后的界面

这里训练中所使用的搜索词和正确答案文档见表4.7.2。除了正确答案以外，我们需要为所有的搜索结果选择Not Relevant。

表4.7.2 排名学习用的搜索词和正确答案文档

搜索词	正确答案文档1	正确答案文档2	正确答案文档3	正确答案文档4
温泉の特徴や泉質などの分類（温泉的特点和水质等分类）	温泉	泉質		
各泉質の特徴と違いについて（各个泉质的特点和不同）	温泉	泉質		
温泉法と泉質について（温泉法与泉质）	温泉分析書	温泉	泉質	温泉法
北海道にある温泉地（北海道的温泉）	登別温泉			
東北地方にある温泉地（东北地区的温泉）	鳴子温泉	鳴子温泉郷		
宮城県にある温泉地（宫城县的温泉）	鳴子温泉郷	鳴子温泉		
関東地方にある温泉地（关东地区的温泉）	大子温泉	万座温泉		
茨城県にある温泉地（茨城县的温泉）	大子温泉			
群馬県にある温泉地（群马县的温泉）	万座温泉			
東海地方にある温泉地（东海地区的温泉）	伊東温泉	塩津温泉		
静岡県にある温泉地（静冈县的温泉）	伊東温泉			
愛知県にある温泉地（爱知县的温泉）	塩津温泉			
近畿地方にある温泉地（近畿地区的温泉）	花山温泉	吉野温泉		
奈良県にある温泉地（奈良县的温泉）	吉野温泉			
和歌山県にある温泉地（和歌山的温泉）	花山温泉			
四国地方にある温泉地（四国地区的温泉）	塩江温泉	大歩危温泉		
香川県にある温泉地（香川县的温泉）	塩江温泉			
徳島県にある温泉地（德岛县的温泉）	大歩危温泉			
中国地方にある温泉地（中国地区的温泉）	玉造温泉	川棚温泉		
島根県にある温泉地（岛根县的温泉）	玉造温泉			
山口県にある温泉地（山口县的温泉）	川棚温泉			

（续表）

搜索词	正确答案文档1	正确答案文档2	正确答案文档3	正确答案文档4
九州地方にある温泉地（九州地区的温泉）	指宿温泉	雲仙温泉		
長崎県にある温泉地（长崎县的温泉）	雲仙温泉			
鹿児島県にある温泉地（鹿儿岛的温泉）	指宿温泉			
沖縄県にある温泉地（冲绳县的温泉）	山田温泉			
泉質が硫黄泉の温泉（泉质为硫磺泉的温泉）	万座温泉	登別温泉	鳴子温泉	雲仙温泉
泉質が単純硫化水素泉の温泉（泉质为纯硫化氢的温泉）	塩江温泉	山田温泉	大子温泉	鳴子温泉
岡山県に近い温泉地（靠近冈山县的温泉）	玉造温泉	塩江温泉	大歩危温泉	
京都府に近い温泉（靠近京都府的温泉）	玉造温泉	塩江温泉	花山温泉	吉野温泉
熊本に近い温泉（靠近熊本的温泉）	玉造温泉	指宿温泉	塩江温泉	川棚温泉
宮崎県に近い温泉（靠近宫崎县的温泉）	玉造温泉	塩津温泉	山田温泉	塩江温泉
秋田県に近い温泉（靠近秋田县的温泉）	鳴子温泉郷	鳴子温泉		
東京都に近い温泉（靠近东京都的温泉）	大子温泉	万座温泉		
千葉県に近い温泉（靠近千叶县的温泉）	大子温泉	万座温泉		
北海道か東北地方にある温泉（靠近北海道和东北地区的温泉）	鳴子温泉	登別温泉	鳴子温泉郷	
東北地方か関東にある温泉（东北地区和关东的温泉）	鳴子温泉	鳴子温泉郷	大子温泉	万座温泉
近畿か中国地方にある温泉（近畿和中国地区的温泉）	玉造温泉	川棚温泉	花山温泉	吉野温泉
四国か中国地方にある温泉（四国和中国地区的温泉）	玉造温泉	川棚温泉	塩江温泉	大歩危温泉
沖縄か九州地方にある温泉（冲绳和九州地区的温泉）	山田温泉	指宿温泉	雲仙温泉	
沢山の泉質を持つ（具有泽山的泉质）	鳴子温泉	吉野温泉	鳴子温泉郷	登別温泉
文豪にゆかりのある温泉（与文学大师有关的温泉）	吉野温泉	雲仙温泉	伊東温泉	大子温泉

（续表）

搜索词	正确答案文档1	正确答案文档2	正确答案文档3	正确答案文档4
国民保険温泉地に指定されている温泉（国民保险温泉区指定的温泉）	鳴子温泉郷	雲仙温泉	塩江温泉	
武将にゆかりのある温泉（与将军有关的温泉）	吉野温泉	鳴子温泉郷	鳴子温泉	万座温泉
冷鉱泉に分類される温泉（被列为冷矿泉的温泉）	花山温泉	大歩危温泉	山田温泉	
肌がきれいになる（肌肤变好）	大歩危温泉	大子温泉		
温泉に分類される温泉（被列为温泉的温泉）	玉造温泉			
高温泉に分類される温泉（被列为高温温泉的温泉）	大歩危温泉	川棚温泉	指宿温泉	玉造温泉
熱い温泉（很热的温泉）	指宿温泉	万座温泉	登別温泉	
文学者がおとずれた温泉（文学家到访过的温泉）	吉野温泉	雲仙温泉	伊東温泉	大子温泉
作家に縁のある温泉（与作家有缘的温泉）	吉野温泉	雲仙温泉	伊東温泉	大子温泉
文人が訪れた温泉（文人到访过的温泉）	吉野温泉	雲仙温泉	伊東温泉	大子温泉
文豪が好きな温泉地（文学大师喜爱的温泉）	吉野温泉	雲仙温泉	伊東温泉	大子温泉

排名学习的结果最后反映在置信度（confidence）分数中。那么就让我们看一看搜索结果的置信度分数是如何变化的吧。在图形界面工具中使用 JSON 格式显示，就能看到 confidence 的值，如图 4.7.9（a）所示。可以看到，在进行排名学习前后，大子温泉的 confidence 值由 0.000318366336120193 变为了 0.311238955139817，如图 4.7.9（b）所示。

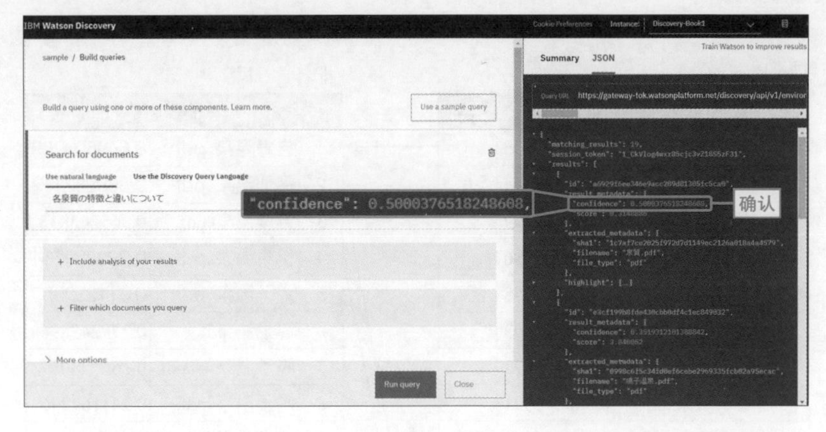

（a）排名学习前

results: [
{
id: "f24000ea78202efa3a9544e
410c0421e",
result_metadata: {
confidence:
0.000318366336120193,
 	
},
title: [
大子温泉
],
	results: [
	{
	id: "f24000ea78202efa3a9544e
	410c0421e",
	result_metadata: {
	confidence:
	0.311238955139817,
	
	},
	title: [
	大子温泉
	],

（b）排名学习后

图 4.7.9　用 JSON 格式显示搜索结果

4. 确认搜索结果

“文豪にゆかりのある温泉地（与文学家有关的温泉）”这句搜索词在进行排名学习产生的变化见表 4.7.3。

由表 4.7.3 可以看出，刚开始排在后面的“大子温泉”“雲仙温泉”“伊東温泉”全部都被排到了前面。

表4.7.3　排名学习前后的搜索结果和评价

排名学习前

排名	文件名	confidence	评价
1	吉野温泉.pdf	0.78174808	10
2	温泉.pdf	0.209688585	0
3	鳴子温泉郷.pdf	0.000439599	
4	指宿温泉.pdf	0.000406786	
5	玉造温泉.pdf	0.000381558	
6	塩江温泉.pdf	0.000370793	
7	泉質.pdf	0.000353691	
8	鳴子温泉.pdf	0.000346491	
9	川棚温泉.pdf	0.000320577	
10	大子温泉.pdf	0.000318366	10
11	山田温泉.pdf	0.00030311	
12	温泉分析書.pdf	0.000284327	
13	万座温泉.pdf	0.000283614	
14	大步危温泉.pdf	0.000282502	
15	温泉法.pdf	0.000282316	
16	雲仙温泉.pdf	0.000279731	10
17	伊東温泉.pdf	0.000260917	10
18	登別温泉.pdf	0.00020815	
19	花山温泉.pdf	0.000203833	
20	塩津温泉.pdf	0	

排名学习后

排名	文件名	confidence
1	吉野温泉.pdf	0.649500909
2	雲仙温泉.pdf	0.368232119
3	万座温泉.pdf	0.365262835
4	伊東温泉.pdf	0.329889664
5	大子温泉.pdf	0.311238955
6	温泉法.pdf	0.279247896
7	鳴子温泉郷.pdf	0.266728067
8	鳴子温泉.pdf	0.241167296
9	温泉分析書.pdf	0.23309477
10	川棚温泉.pdf	0.227213041

4.7.3　性能/仪表盘功能

Discovery中还提供了用于辅助改善搜索结果的性能/仪表盘功能。这个功能也可以用来改善排名学习的精度，下面我们将对此功能进行简要的讲解。

单击界面左侧的图表图标，可以打开性能/仪表盘界面，如图4.7.10所示。

图 4.7.10　**性能 / 仪表盘界面**

（1）Fix queries with no results by adding more data。对于没有返回搜索结果的搜索词，我们可以通过添加数据的方式使其返回结果。单击View all and add data就会切换到添加数据的数据集合选择界面，在这里上传作为搜索词的回答文档。

在目前的练习中，“中大兄皇子と聖徳太子”这句搜索词显示是没有返回结果的。针对这个问题，我们可以采取添加“道後温泉”的方法来解决（但并不是说准备了一个专门的界面用于添加）。

（2）Bring relevant results to the top by training your data。在进行排名学习后，我们还可以改善搜索结果的评分。单击View all and perform relevancy training就会看到我们在第4.7.2小节中用来执行排名学习的训练（Train Watson）界面。

（3）Query overview。这个部分显示的是如下的数据。

- 用户搜索的总次数。
- 有一个或一个以上结果被单击的搜索结果（Queries with one or more results clicked）所占的比例。
- 结果没有被单击的搜索结果（Queries with no results clicked）所占的比例。
- 没有返回结果的搜索（Queries with no results）所占的比例。
- 将这些搜索结果按时间序列显示的图表（Queries over time）。

通过这些数据，我们可以对添加文档和排名学习所带来的性能改善程度进行确认。

添加文档后，“没有返回结果的搜索”所占的比例是否减小了，排名学习后“结果没有被单击的搜索结果”所占的比例是否减小了等类似问题都可以很简单地进行确认了。

MEMO

关于对搜索结果所采取的动作

是否有一个以上的结果被单击过的数据是通过事件API（Events API）来收集的。收集搜索结果中哪些文档被单击过的数据，可以在排名学习的判断中加以利用。

4.8 通过API使用Discovery进行排序学习

Discovery 的排名学习不仅可以通过图形界面工具使用，还可以通过API 调用来执行。

在本节中，我们将对通过API 执行排名学习的方法进行讲解。

4.8.1 排序学习的准备

> **注意事项**
>
> **利用API进行排名学习的前提**
>
> 使用API执行排名学习的前提条件是必须订购付费套餐。到目前为止，我们所使用的Lite套餐中是无法通过API调用的，在实际操作中需注意。

与以前一样，数据的加载可以通过API调用很简单地实现。具体的实现步骤请参考ch04-08-01.ipynb中的代码。这里我们只对处理的概要进行讲解。

（1）从维基百科创建文本数据一览表。项目的载入方法与第4.7节中的方法是一样的。

（2）载入从维基百科获取的数据。使用我们在第4.6节中讲解的代码，可以一次性地加载多份维基百科文档。

训练数据的删除

到目前为止，还未出现过的API功能之一就是删除全部的训练数据，程序4.8.1中展示了这个API的使用方法。

除了数据本身以外，在Discovery中的学习过程中所使用的查询语句也被作为训练数据保存了下来。如果试图对同一个查询语句进行重复学习，API调用时就会报错，这种情况下就需要调用程序4.8.1中所展示的API。

程序 4.8.1 删除所有的训练数据 (ch04-08-01.ipynb)

In

```
# 程序4.8.1
# 删除所有的训练数据
discovery.delete_all_training_data(environment_id, collection_
id)
```

Out

```
<ibm_cloud_sdk_core.detailed_response.DetailedResponse at
0x1055723c8>
```


自然语言查询

排名学习与自然语言查询必然是成对出现的。因此，我们将从自然语言查询的API调用开始进行编程的说明。

程序4.8.2中展示的是通过API进行自然语言查询的具体实现方法。我们在第4.6节中所介绍的搜索是使用query关键字实现的，而这里我们使用的是natural_language_query关键字。

程序 4.8.2 自然语言查询 (ch04-08-01.ipynb)

In

```
# 程序4.8.2

# 自然语言查询
query_text = '温泉の特徴や泉質などの分類'    # 温泉的特点和水质等分类
return_fields = 'app_id,title'

query_results = discovery.query(environment_id, collection_
id,
    natural_language_query=query_text,
    return_fields=return_fields).get_result()
res2 = query_results['results']
```

examples 数组的组建

在程序4.8.3中展示的是查询结果的概要信息，此外还执行了一个动作，那就是examples 数组的组建。这个数组在进行排序学习时是不可或缺的。程序4.8.3的代码同时组建了这个数组的雏形。

程序 4.8.3 查询结果的显示以及 examples 数组的组建（ch04-08-01.ipynb）

In

```
# 程序4.8.3

# 查询结果的显示及examples数组的组建
examples = []

for item in res2 :
    document_id = item['id']
    metadata = item['result_metadata']
    score = metadata['score']
    confidence = metadata['confidence']
    app_id = item['app_id']
    title = item['title']
    example = {
        'document_id': document_id,
        'cross_reference': app_id,
        'relevance': 0
    }
    print(document_id, title, app_id, score, confidence)
    examples.append(example)
```

Out

```
2eace74c-63d5-4d52-a955-51fe04186f00 温泉 2
4.8137145 0.5811455283381883
e95bd110-12c6-4d1d-85bb-95d490d7f598 泉質 1
4.624061 0.5579880590281154
912859f6-db79-44bc-8dc1-56d1778cfea4 鳴子温泉 17
1.8692434 0.22161354431128308
2047653e-12fa-465e-b012-06e52512cf55 塩津温泉 9
1.6625433 0.19637461530581254
```

```
9f66d9c9-4260-42a3-8016-61b80dd3f695 伊東温泉 6
1.637922 0.19336825370887867
bbea0e15-20b6-4a08-9c16-d7c44007a7d7 万座温泉 5
1.4662988 0.17241235789416123
335ce47d-a297-4230-9e53-eff1db7f4030 登別温泉 14
1.1656604 0.13570317761839817
9b26e92a-731d-4b15-9894-08037b030adf 鳴子温泉郷 18
0.3208681 0.03255057689847514
4e364997-b5cf-4c5c-8bb1-1d70db56e69e 指宿温泉 12
0.31273198 0.03155712331495008
3cca59f9-e394-43e0-b3bd-2abfcb8ea106 塩江温泉 8
0.29632935 0.029554294994726713
```

MEMO

关于example 数组的项目cross_reference

example数组的键document_id是由Discovery自动编号的ID，应用程序是无法控制的。应用程序这边可以作为键值使用的是可选项cross_reference。在示例程序中，将这个项目设置成了app_id的值，用于指定原文档中的某一项对应的是example数组中的哪一项。

● example 数组的完成

接下来将一开始全部被初始化为0的relevance 设置为正确的值。

刚才的查询语句所对应的正确答案是app_id=1的“泉質”和app_id=2的“温泉”，因此这两个项目被设置为10（参考MEMO）。程序4.8.4中展示了具体的实现代码。

MEMO

relevance 值设置的概念

使用图形界面工具进行排名学习时，学习过程中正确答案数据所对应的relevance 通常都是10，但是通过API调用时，可以设置为

0到10之间的任意整数值。这也是使用API比图形界面工具更有优势的一个地方。然而，正如本节最后的Discovery中的注意点中所提到的，为relevance设置不同的值时，还需要同时对精度进行更为精密的评价。这一点直接影响到学习的成本，因此刚开始的时候还是推荐使用0或10这样简单的方法进行学习。通过这一方式，我们还可以将图形界面工具的学习与API结合在一起使用。

程序 4.8.4 examples 数组的完成 (ch04-08-01.ipynb)

In

```
# 程序4.8.4

# examples数组的完成
examples[0]['relevance'] = 10
examples[1]['relevance'] = 10

for example in examples:
    print( example )
```

Out

```
{'document_id': '2eace74c-63d5-4d52-a955-51fe04186f00',
'cross_reference': 2, 'relevance': 10}
{'document_id': 'e95bd110-12c6-4d1d-85bb-95d490d7f598',
'cross_reference': 1,'relevance': 10}
{'document_id': '912859f6-db79-44bc-8dc1-56d1778cfea4',
'cross_reference': 17, 'relevance': 0}
{'document_id': '2047653e-12fa-465e-b012-06e52512cf55',
'cross_reference': 9, 'relevance': 0}
{'document_id': '9f66d9c9-4260-42a3-8016-61b80dd3f695',
'cross_reference': 6,'relevance': 0}
```

```
{'document_id': 'bbea0e15-20b6-4a08-9c16-d7c44007a7d7',
'cross_reference': 5, 'relevance': 0}
{'document_id': '335ce47d-a297-4230-9e53-eff1db7f4030',
'cross_reference': 14, 'relevance': 0}
{'document_id': '9b26e92a-731d-4b15-9894-08037b030adf',
'cross_reference': 18, 'relevance': 0}
{'document_id': '4e364997-b5cf-4c5c-8bb1-1d70db56e69e',
'cross_reference': 12, 'relevance': 0}
{'document_id': '3cca59f9-e394-43e0-b3bd-2abfcb8ea106',
'cross_reference': 8, 'relevance': 0}
```


4.8.2 学习的实施

至此，我们就完成了学习的准备工作。学习的实施是将提问时使用过的文本query_text与刚才组建好的用于学习的数组examples作为参数，调用add_training_data函数（程序4.8.5）。

程序 4.8.5 排名学习的实施 (ch04-08-01.ipynb)

In

```
# 程序4.8.5

# 排名学习的实施
train_results = discovery.add_training_data(environment_id,
collection_id, natural_language_query=query_text,
examples= examples).get_result()
```

确认排名学习的结果

最后，让我们对排名学习的结果进行确认（程序4.8.6）。学习过的每份文档中都对cross_reference、relevance、created、updated进行了记录。其中，最后的两项保存的是执行学习时的时间戳信息。

程序 4.8.6 确认排名学习的结果 (ch04-08-01.ipynb)

In

```
# 程序4.8.6

# 确认排名学习的结果
res2 = train_results['examples']
for item in res2:
    print(item)
```

Out

```
{'document_id': '2eace74c-63d5-4d52-a955-51fe04186f00','cross_
reference': '2', 'relevance': 10, 'created':'2019-08-
05T10:40:51.760Z', 'updated':'2019-08-05T10:40:51.794Z'}
{'document_id': 'e95bd110-12c6-4d1d-85bb-95d490d7f598','cross_
reference': '1', 'relevance': 10, 'created':'2019-08-
05T10:40:51.760Z', 'updated':'2019-08-05T10:40:51.798Z'}
{'document_id': '912859f6-db79-44bc-8dc1-56d1778cfea4','cross_
reference': '17', 'relevance': 0, 'created':'2019-08-
05T10:40:51.760Z', 'updated':'2019-08-05T10:40:51.801Z'}
{'document_id': '2047653e-12fa-465e-b012-06e52512cf55',
'cross_reference': '9', 'relevance': 0, 'created':'2019-08-
05T10:40:51.760Z', 'updated':'2019-08-05T10:40:51.803Z'}
{'document_id': '9f66d9c9-4260-42a3-8016-61b80dd3f695','cross_
reference': '6', 'relevance': 0, 'created':'2019-08-
05T10:40:51.760Z', 'updated':'2019-08-05T10:40:51.806Z'}
{'document_id': 'bbea0e15-20b6-4a08-9c16-d7c44007a7d7','cross_
reference': '5', 'relevance': 0, 'created':'2019-08-
05T10:40:51.760Z', 'updated':'2019-08-05T10:40:51.809Z'}
{'document_id': '335ce47d-a297-4230-9e53-eff1db7f4030','cross_
reference': '14', 'relevance': 0, 'created':'2019-08-
05T10:40:51.760Z', 'updated':'2019-08-05T10:40:51.811Z'}
{'document_id': '9b26e92a-731d-4b15-9894-08037b030adf','cross_
reference': '18', 'relevance': 0, 'created':'2019-08-
05T10:40:51.760Z', 'updated':'2019-08-05T10:40:51.814Z'}
{'document_id': '4e364997-b5cf-4c5c-8bb1-1d70db56e69e','cross_
reference': '12', 'relevance': 0, 'created':'2019-08-
```

```
05T10:40:51.760Z', 'updated':'2019-08-05T10:40:51.817Z'}
{'document_id': '3cca59f9-e394-43e0-b3bd-2abfcb8ea106','cross_
reference': '8', 'relevance': 0, 'created':'2019-08-
05T10:40:51.760Z', 'updated':'2019-08-05T10:40:51.819Z'}
```


COLUMN

Discovery中的注意事项

下面让我们对Discovery中的注意事项进行说明。在实际开发Discovery项目时，可以在注意以下要点的前提下推进各项任务。

1. 当无法搜索专业术语时

在Discovery中登记包含专业术语的文本时，可能会遇到无法使用这一专业术语进行搜索的问题。

向Discovery中登记日文文档时，内部是采用我们在第3.3.3小节中讲解过的语素分析引擎和各种各样的过滤器进行处理的。而这些组件的影响几乎是造成无法实现我们预期搜索的主要原因。第4.6.3小节中所介绍的“新幹線はやぶさ”就是其中典型的例子。这种情况下，我们就需要使用第4.6.4小节中所讲解的Discovery语素字典的登记功能来改变语素分析引擎的处理效果。

如果需要分析引起问题的具体原因，可以考虑使用我们在第3.3.2小节中介绍的显示Elasticsearch分析结果的函数作为参考。

2. 在关键词搜索中无法使用AND搜索时

在Discovery中使用query关键字进行搜索时，搜索结果是按照评分的顺序排列的。而评分的具体算法是没有公开的，实际的算法公式与第3.4.2小节开头所展示的Elasticsearch的评分算法公式可以看成是类似的。

从这个公式中我们可以看出，当包含多个搜索词时，评分是对每个单词的评分相加得到的。也就是说，并不是AND搜索，而是OR搜索，使用query关键字时系统的动作是这样的。如果需要执行AND搜索，不要使用query关键字，而是应当使用filter关键字。

3. 排名学习与评价方法

虽然排名学习是一项非常方便的功能，但是使用这个功能，特别是在正式运营的项目中使用此功能进行追加学习时，请一定要同时执行精度评估操作。

在运营期间进行追加学习，可能会耗费额外的人工成本。因此，对于是否真的值得增加运营成本来进行追加学习是需要认证评估的。我们预先设置的目标精度与当前的值处于什么状况，经过追加学习后这一数值发生了怎样的变化是应当确认清楚的。

这种情况下，我们需要思考的问题是应当采用怎样的方法进行评估。常用的做法有以下两种。

第一种是一个非常简单的方法。前提是将查询语句所对应的正确答案文本设置为只存在一份。这种情况下，我们将正确答案的排名是处于第一名、前三名还是前五名等进行计算，并将这一概率作为评估指标。另一种是被称为NDCG（Normalized Discounted Cumulative Gain）的算法。这种情况下，一个查询语句对应的正确答案有多个，正确答案的匹配程度必须采用评分（good：5、fair：3等）进行规定。将理想的搜索结果（文档按照评分排序的结果）与实际的搜索结果按照下面被称为DCG的评分公式进行计算，并将它们的比值作为NDCG进行计算。

在下列公式中，第i个搜索结果的评分用$s(i)$ 表示。另外，有意义的搜索结果文档总共有m份，公式如下：

$$\mathrm{DCG} = s(1) + \sum_{i=2}^{m} \frac{s(i)}{\log_2 i}$$

虽然这个公式看上去比较复杂，而实际原理是很简单的。NGCD的D表示Discounted，也就是打折扣的意思。由于$\log_2 2 = 1$，因此搜索结果中排第一位和第二位的文章保持原有的评分不变。

而与其相对的是$\log_2 4 = 2$和$\log_2 8 = 3$，因此如果原本应当排在第一位的文档出现在搜索结果的第四位上时，它的评分就变成了原先的$\frac{1}{2}$，而要是出现在第八位上，评分就变成了原先的$\frac{1}{3}$了，也就是打了折扣。

采取这种方法计算评分，原本应当排在第一位的文章如果被排到了后面，评分就会打折扣，从而导致整体的评分降低。对于那些有意义的搜索结果文章（= 评分不是0）使用这个值进行计算，最后相加得到的值就被称为DCG。

在第4.7节和第4.8节中，我们分别对通过图形界面工具和API编程的方式使用排名学习的方法进行了讲解。

使用图形界面工具时，我们只能将评分设置为0和10之中的一个，而在通过API调用时，则可以进行更加灵活的设置。但是，使用后者实现的时候需要注意的是，采用比较细致的评分设置，如果不采用上面我们介绍的NGCD方法进行评估，就可能导致精度下降。如果采用了三种以上的分数进行学习，一定要首先确认采用这样的评价方式是否真的可行，再制定下一步的行动方针。

CHAPTER 5

Word2Vec 与BERT

大家对于我们在第4章中所介绍的运用商用API 代表之一的Watson 进行文本数据分析的感觉如何呢？相信大家已经了解到，Watson在传统开源技术的基础上进行了不懈的改进，并实现了很多类似机器学习模型等开源技术中没有提供的新功能。

在第5章中我们将再次回到开源技术的世界。2014年以来，**Word2Vec**在全球范围内引起了巨大的反响，甚至用“任何有关文本分析的商用API 中，在内部没有不使用这一技术的”来形容也不为过。Word2Vec 技术在很多领域中都得到了广泛的运用。在本章中，我们将对这一技术的基本概念和特点通过实际的练习进行讲解，然后再对其中一部分的应用场景进行进一步的介绍。

2018年10月，Google公司发布了被称为BERT 的具有突破性的自然语言处理技术。在本章的最后，我们将对为何说BERT 技术是如此地了不起进行简单的介绍。

MEMO

第5章的内容

在第5章的叙述中，我们使用了输入层、输出层、隐藏层、权重矩阵等与神经网络基础知识息息相关的术语。本书由于篇幅的限制，不再对此部分的知识进行详细的介绍，如果对这部分知识不太熟悉，建议读者参考其他相关的专业书籍。

5.1 Word2Vec 模型概要

在本节中，我们将对Word2Vec是基于怎样的概念构建的技术、其所包含的模型具有怎样的特点等问题进行简单的介绍。

5.1.1 Word2Vec 的学习方法

所谓Word2Vec，是指将庞大的自然语言文本信息作为学习数据，并将单词之间的物理性距离（如两个单词之前、一个单词之后等）作为依据进行学习的一种技术。其中所采用的创建模型方法包括被称为Skip-gram 和被称为CBoW（Continuous Bag-of-Words）的两种方法。

Skip-gram：当将某个单词作为对象时，创建通过概率对其他的单词能在多大程度上达到这一单词临近位置的可能性进行预测的模型。与CBoW相比，Skip-gram能够根据更少的学习数据实现精度较高的模型。

CBoW：可以看成是与Skip-gram相反的模型，即创建将某个单词周围的单词作为输入数据，对能够放入中心的单词进行预测的模型。

假设我们将“I eat an apple every day.”这句英语作为用于学习的对象文本。这种情况下，上述两种模型分别是用于对什么问题进行预测的模型呢？图5.1.1所示的就是这两种模型的不同。

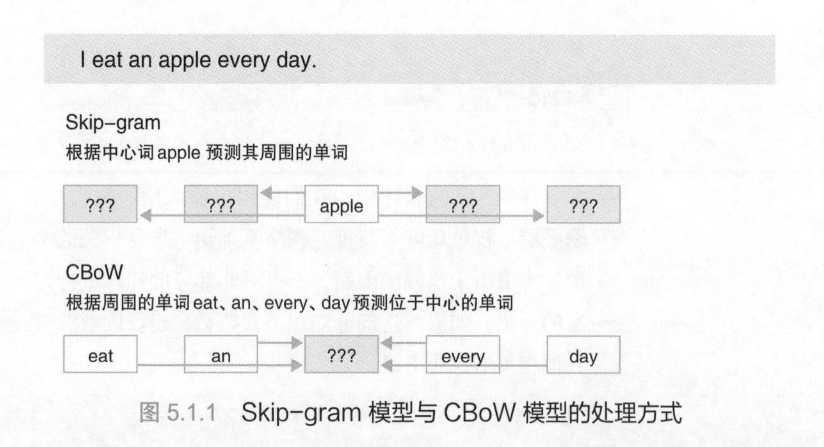

图 5.1.1　Skip-gram 模型与 CBoW 模型的处理方式

 5.1.2 Word2Vec 模型的结构

在第5.1.1小节中，我们通过只展示输入和输出数据的方式，对Word2Vec模型在概念层次上进行了简要的介绍。在本节中，我们将从更接近实际实现的层次上对其中所使用机器学习模型的结构进行讲解。

将输入文本数据的单词独热向量化

所谓独热向量(One Hot Vector)，是指将某个特定元素的值设置为1，将其余所有元素的值设置为0的一种向量表示方式。在使用机器学习模型进行文本数据分析时，需要将组成自然语言文本的一个个单词转换成能够在机器学习模型中使用的数值向量，而独热向量正是这种场合中常用的方法。关于具体的转换方式，可以参考如图5.1.2所示的内容。

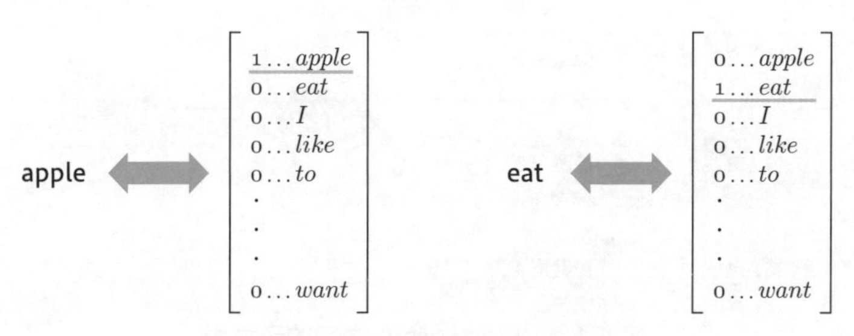

图 5.1.2 输入文本单词的独热向量化

神经网络的基本构造

如图5.1.3所示，其中展示的是Word2Vec神经网络的结构。整个网络是只包含一个隐藏层的简单网络。此外，输入层与输出层的维数相同，都是V个。通过这一简单的网络结构就能实现我们在第5.1.1小节中所介绍的根据单词预测单词操作的模型。

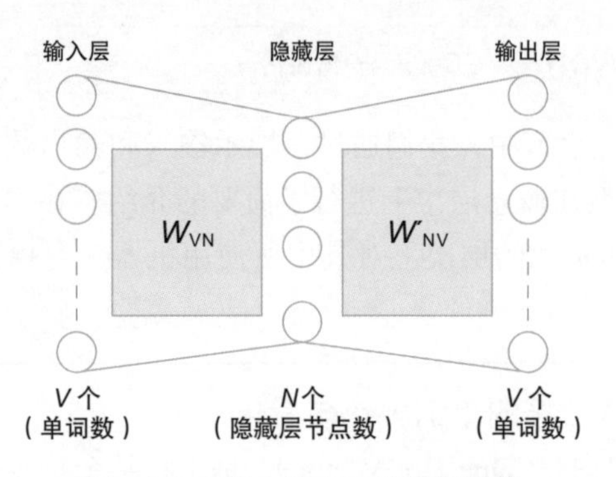

图 5.1.3　Word2Vec 的神经网络

关于Skip-gram和CBoW模型的学习方式可以参考如图5.1.4和图5.1.5所示的内容。

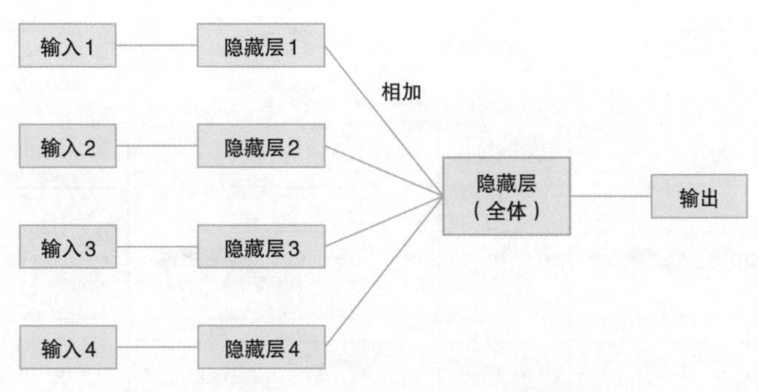

图 5.1.4　Skip-gram 学习的示意图

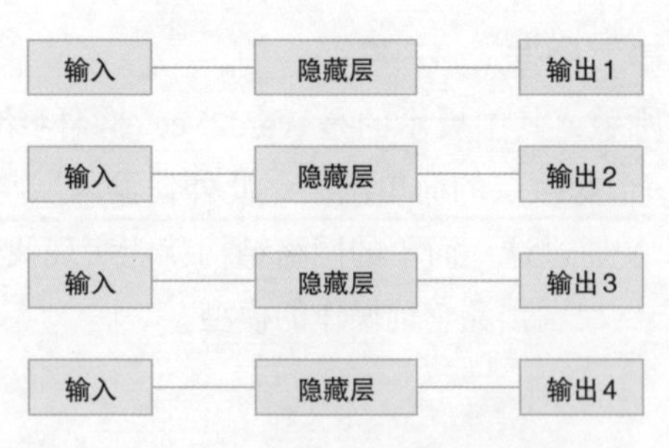

图 5.1.5　CBoW 学习的示意图

5.1.3 学习时的目的与真正的目标

下面我们将对Word2Vec学习的真正目标进行说明。

Word2Vec是使用如第5.1.1小节中所示的监督数据对第5.1.2小节中所定义的机器学习模型进行训练的。但是，有一点与普通的机器学习模型是不同的。通常机器学习的目标模型是要实现根据最终输入的数据对下一个数值进行预测的操作，但是Word2Vec的目标则完全不同。关于这一点，下面我们将通过具体的示例进行讲解。

如图5.1.6所示是一个单词数量V= 10000，隐藏层节点数N= 100的模型示意图。其中，输入到这个模型中的向量使用的是对应apple这个词的独热向量。

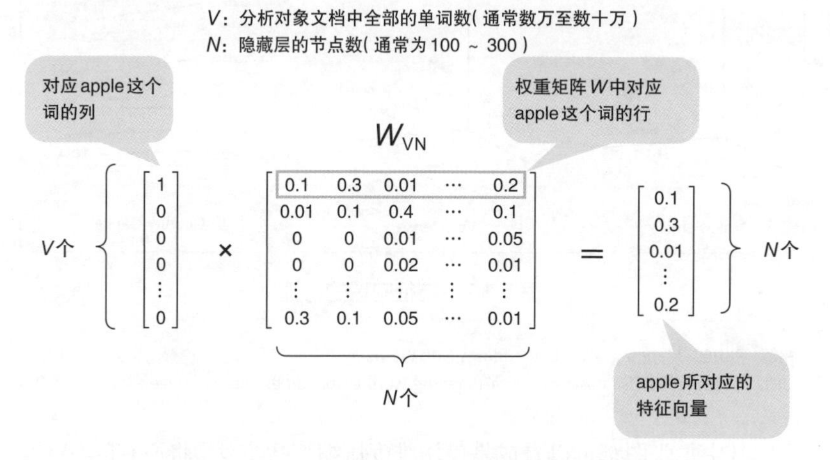

图 5.1.6 Word2Vec神经网络的部分示意图

然后原有的权重矩阵$\boldsymbol{W}$中，对应于apple 的行被提取了出来，并被作为隐藏层的输出。其中最重要的一点是此时隐藏层的向量是被当成表示原有输入单词的特征量使用的。也就是说，在Word2Vec中，重要的并不是最终的预测结果，而是在学习过程中所产生的权重矩阵中一行行元素的值。

通常隐藏层中会使用100 ~ 300个节点进行学习。由于每增加一个单词，输入的维数就会增加一个，因此对一定数量的文本进行学习时，通常输入向量的维数为几万到几十万。能够将数量如此庞大的输入维数压缩成100维左右的向量，从创建机器学习模型这一点来说，是一种非常优秀的特征量提取技术。

5.1.4 Word2Vec所生成特征向量的性质

在第5.1.3小节中，我们对Word2Vec中进行学习的真正目标是以单词为单位提取特征向量进行了讲解。在本节中，我们将对通过这种方法所提取的特征量具有怎样的特性进行介绍。

图5.1.7是从机器学习专用软件库TensorFlow的教程中引用的一张图，其中显示的是特征向量的特性示例。

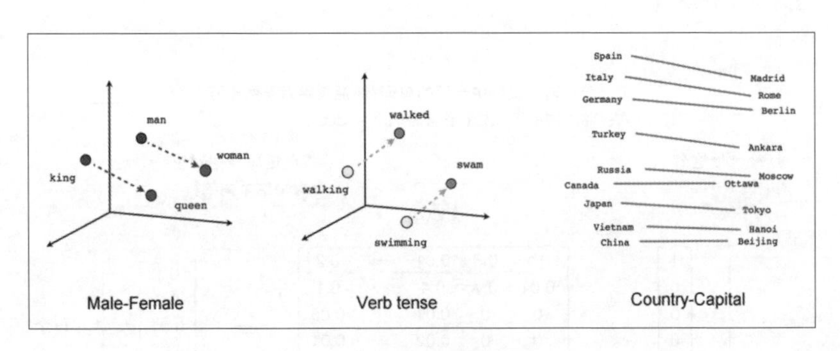

图5.1.7　特征向量的特性

来源　引用自「Mapping Word Embeddings with Word2vec」
URL　https://towardsdatascience.com/mapping-word-embeddings-with-word2vec-99a799dc9695

其中每张图都可以看成是使用维度压缩[※1]等方法，将原有的100维特征向量压缩为二维到三维的处理进行可视化的结果。

● Male-Female

这个是在介绍Word2Vec时被引用最多的示例。如图5.1.7(左)所示，king-queen的向量方向与man-woman的向量方向基本上是一致的。也就是说，可以认为这个向量是表示男性—女性的特征量。

※1　无监督学习模型中最为常用的机器学习方法。该方法从多维度的向量数据中提取变化最大方向上的向量，并对其成分进行可视化处理，以达到更容易携带多维向量信息的目的。

● Verb-tense

这张图显示的walking-walked与swimming-swam 的向量差几乎相同。也就是说，可以认为这个向量表示的是动词时态的差异。

● Country-Capital

这张图显示的是国家名与首都名的对应。这种情况下，从图中可以看出国家名—首都名所对应的向量几乎是相同的。

5.2 Word2Vec 的使用

在第5.1节**中，我们对Word2Vec 具体是怎样的一种技术进行了简单的介绍。在本节中，我们将尝试在Python 中对Word2Vec进行实际的运用。其中，我们将分别采用**自行学习**和**利用已完成学习的数据**这两种不同的方式进行尝试。**

5.2.1 自行学习的方法

下面将尝试采用自行学习的方法来运用Word2Vec。

预先准备

Word2Vec需要使用gensim这个软件库，因此在开始前，我们要预先导入这个软件库。此外，由于处理的是日文数据，因此还需要导入用于预处理的语素分析模块。在这里，我们导入使用最为方便的Janome软件库。

[终端窗口]

```
$ pip install gensim
$ pip install janome
```

学习数据的获取

我们首先需要解决的问题是用于学习的文本数据获取。具体的方法可以采用第2.1节中所介绍的任意一种方法，这里为了简化步骤，我们采用的是将青空文库中特定的小说（夏目漱石的《三四郎》）作为学习数据的方式。

在实际使用程序5.2.1中的代码时，有一点需要注意，那就是Word2Vec的特点是用于学习的数据越多越好。为了将代码数量和处理时间控制在最低程度，这段示例代码采取了"只使用一部小说"的简易处理方法，而我们在实际创建模型时，需要尽可能地采用大量的文本数据进行学习。

程序 5.2.1　Word2Vec 学习数据的获取（ch05-02-01.ipynb）

In

```
# 程序5.2.1
# Word2Vec 学习数据的获取

# 下载zip文件
# 下载对象是夏目漱石的《三四郎》
url = 'https://www.aozora.gr.jp/cards/000148/files/794_
ruby_4237.zip'
zip = '794_ruby_4237.zip'
import urllib.request
urllib.request.urlretrieve(url, zip)

# 解压下载的zip文件
import zipfile
with zipfile.ZipFile(zip, 'r')as myzip:
    myzip.extractall()
    # 从解压后的文件中读取数据
    for myfile in myzip.infolist():
        # 获取解压后的文件名
        filename = myfile.filename
        # 打开文件时指定encoding进行sjis的转换
        with open(filename, encoding='sjis')as file:
            text = file.read()

# 文件数据的整理
import re
# 删除header部分
text = re.split('\-{5,}',text)[2]
# 删除footer部分
text = re.split('底本：',text)[0]
# 删除“|”
text = text.replace('|', '')
# 旁注标记的删除
text = re.sub('《.+?》', '', text)
# 输入注释的删除
text = re.sub('[＃.+?]', '',text)
# 空行的删除
text = re.sub('\n\n', '\n', text)
```

```
text = re.sub('\r', '', text)

# 确认数据整理的结果

# 显示开头的100个字符
print(text[:100])
# 为了便于观察，输出空行
print()
print()
# 显示末尾的100个字符
print(text[-100:])
```

Out

```
一
　うとうととして目がさめると女はいつのまにか、隣のじいさんと話を始めてい
る。このじいさんはたしかに前の前の駅から乗ったいなか者である。発車まぎわ
に頓狂な声を出して駆け込んで来て、いきなり肌をぬい



評に取りかかる。与次郎だけが三四郎のそばへ来た。
「どうだ森の女は」
「森の女という題が悪い」
「じゃ、なんとすればよいんだ」
　三四郎はなんとも答えなかった。ただ口の中で迷羊、迷羊と繰り返した。
```

● 学习用数据的预处理

接下来，对经过上一步处理得到的用于学习的数据进行预处理操作。

接下来将要使用的gensim 的Word2Vec软件库是在其内部实现了从输入文本生成字典，并以单词为单位对输入文本进行独热向量化的处理。我们在使用时并不需要知道这些操作是如何进行的，但是在处理日文数据时有一点是必须要注意的。相信大家已经知道是什么了，就是与前面一样，需要先进行语素分析。为了简化步骤，这里我们只用最简单的方法进行语素分析，因此采用的是第2.2节中使用Janome进行分析的方法。

创建模型时最终学习数据是如下所示的“列表的列表”对象。进行学习时，是将位于输入单词周围的k个单词作为输出单词进行学习，但

是对于超过了句子的分界(在日文中是句号"。")连接在一起的情况则不予考虑。因此，我们并不是单纯地使用单词对文本数据进行分割，而是使用更高一级的结构——列表结构。

[分析结果的数组示例]

```
['一', 'する', '目', 'さめる', '女', '隣', 'じいさん', '話',
'始める', 'いる']
['じいさん', '前', '前', '駅', '乗る', 'いなか者']
```

程序 5.2.2　Word2Vec 学习用数据的预处理 (ch05-02-01.ipynb)

In

```
# 程序5.2.2
# Word2Vec学习用数据的预处理

# Janome的加载
from janome.tokenizer import Tokenizer

# Tokenizer实例的生成
t = Tokenizer()

# 定义将文本数据作为参数，使用数组对语素分析的结果、名词、动词、形容词的
原型进行提取的函数
def extract_words(text):
    tokens = t.tokenize(text)
    return [token.base_form for token in tokens
        if token.part_of_speech.split(',')[0] in['名词', '动
词','形容词']]

# 函数测试
# ret = extract_words('三四郎は京都でちょっと用があって降りたついで
に。')
# 三四郎由于在京都有点事情需要处理，因而就下车了。
# for word in ret:
#   print(word)

# 对全部文本数据使用句号进行分隔，并将结果保存到列表中
```

```
sentences = text.split('。')
# 将句子分别转换为单词列表（处理过程大约需要几分钟）
word_list = [extract_words(sentence)for sentence in
sentences]

# 对一部分的结果进行确认
print(word_list[0])
print(word_list[1])
```

Out

```
['一', 'する', '目', 'さめる', '女', '隣', 'じいさん', '話',
'始める', 'いる']
['じいさん', '前', '前', '駅', '乗る', 'いなか者']
```

●学习

当我们完成了对程序5.2.2结果中“列表的列表”中的数据加工后，学习的预处理操作也就结束了。

接下来调用gensim 软件库进行实际的学习操作。程序5.2.3中展示了实际的代码实现。在进行机器学习时，往往是预先准备阶段需要耗费大量的时间和精力，而实际的学习则像程序5.2.3那样，只需要两行代码就解决了。在进行学习时有很多参数可以指定，但是其中最为重要的参数有以下几项。

- size：用于指定隐藏层向量的维数，通常指定为100 ~ 300的值。如果不记得隐藏层具体是指什么，可以复习第5.1节中的内容。

- min_count：在执行模型内部最开始的操作(也就是创建字典)时需要使用到的选项。如果单词的出现频率太低，是不适合交由Word2Vec进行处理的，因此这里规定出现频率小于一定标准以下的单词将从字典中剔除。这里我们进行学习时设置的值为“5个”。

- window：在Word2Vec中是对位于输入单词前后的单词进行输出并学习，而对位于前后的几个单词进行处理则是由这个值决定的。这里我们进行学习时设置的为“前后5个”。

- iter：这个参数用于指定进行机器学习的重复次数，默认值为5次。当使用了大量的学习数据时，这个值是没问题的，但是当学习数据非常少时，很可能会学习不够充分。判断的基准之一是观察model.dict['wv'] 的值（权重矩阵的值）。如果学习不充分，几乎所有元素的值都接近于0。相反，如果学习充分，一部分的值就可能变成类似0.5这样接近于1的值。在学习的过程中，我们可以参考这个值来决定最合适的学习次数。在这次的示例中，比较合适的值为“重复次数=100”。

程序 5.2.3　Word2Vec 学习 (ch05-02-01.ipynb)

In

```
# 程序5.2.3
# Word2Vec 学习

# Word2Vec软件库的加载
from gensim.models import word2vec

# size: 压缩维数
# min_count: 剔除出现频率较低的单词
# window: 指定提取位于前后的单词时窗口的大小
# iter: 机器学习的重复次数(默认值为5)。如果无法进行充分的学习则需要调
整此参数
# 当model.wv.most_similar的结构几乎都接近于1，model.dict['wv']的
向量值几乎都很小时
# 可以认为学习次数太少
# 这种情况下，加大iter的值，并重新进行学习

# 使用预先准备的word_list进行Word2Vec的学习
model = word2vec.Word2Vec(word_list,size=100,min_
count=5,window=5,iter=100)
```

●评估

最后，我们将对创建好的模型的性能进行评估。

我们已经在第5.1节中对Word2Vec模型的最终目标进行了说明，其真正的目的并不是进行预测，而是将某个单词作为输入，并生成这个单词所对应的特征向量。因此，这里我们将先尝试对小说中所出现的一个单词“世間”的特征向量进行显示。此外，Word2Vec模型中还包含名为mos_similar 的函数，可以用于生成位于特定单词附近的单词一览表。同样地，我们将使用“世間”作为参数调用这个函数。

程序 5.2.4　Word2Vec 学习结果的评估 (ch05-02-01.ipynb)

In

```
# 程序5.2.4
# Word2Vec 学习结果的评估

# 调查“世間”的特征向量
print('“世間”的特征向量')
print(model.wv['世間'])

# 调查“世間”的相似词
print()
print('“世間”的相似词')
for item, value in model.wv.most_similar("世間"):
    print(item, value)
```

Out

```
“世間” 的特征向量
[-2.0631525e-01 -5.6427336e-01 -3.2860172e-01  2.7130058e-01
 -1.4650674e-01 -5.6322861e-01 -5.7701540e-01 -6.4514302e-02
 -6.9130504e-01 -4.2803809e-01  1.2176584e+00  1.7059243e-01
  1.7016938e-01  2.3009580e-02 -2.0271097e-01  1.7543694e-01
  1.9792482e-01 -3.1988508e-01  9.8915547e-02  8.7512165e-01
  4.8091620e-01  2.5157458e-01  5.6702924e-01 -3.2986764e-02
 -3.4418729e-01  2.7175164e-01 -3.9091066e-01 -3.9124191e-01
  2.6470554e-01 -2.4350600e-01 -4.4127497e-01  1.9356066e-01
 -1.5384039e-01  1.1554559e-01  6.6117182e-02 -8.1873648e-02
  2.3290139e-01  4.5451452e-04 -6.1180478e-01 -3.3622450e-01
```

```
 -3.7328276e-01  3.6296451e-01 -6.1185503e-01 -5.6463885e-01
 -1.8114153e-01 -6.9639504e-01  2.5032884e-01 -7.5367577e-02
  1.3428442e-01  8.3151048e-01  4.7039416e-01  3.3282265e-01
 -9.4558948e-01 -2.8775784e-01  8.4881711e-01 -6.2909859e-01
  5.2281074e-02 -2.0229411e-01 -5.9239465e-01 -6.2684155e-01
 -4.6715361e-01  7.0190609e-01  7.6323140e-01  7.0676637e-01
 -8.4571823e-02 -3.0729219e-01 -2.4358568e-01  1.2069640e-01
 -1.8513191e-01  4.9081993e-01 -4.5375638e-02 -7.0188218e-01
  8.4035158e-02  9.7700542e-01 -4.3892115e-01 -1.1591550e-01
  3.8525590e-01 -1.2127797e-01 -1.1576248e+00 -3.2102999e-01
  5.1057315e-01  1.3233759e+00 -4.9192399e-01  1.4837715e-01
  2.0822923e-01 -2.8493622e-01  1.1636413e-01  9.4450470e-03
  2.2692282e-01 -2.9766005e-01 -6.5336484e-01  1.3592081e-01
 -2.4801749e-01 -4.9959790e-02  2.6312914e-01 -2.8645983e-01
  1.8860237e-01  2.0711431e-01  1.6297732e-01 -4.1540596e-01]

“世間”的相似词
社会 0.5667678713798523
自己 0.5409939289093018
外国 0.5182678699493408
堪える 0.5180467963218689
喝采 0.5061111450195312
決心 0.4573252201080322
交渉 0.4497407376766205
進む 0.44786447286605835
村 0.44634300470352173
活動 0.44526973366737366
```

从上述结果可以看出，显示出来的是与“世間”有关系的单词。但是，有一点需要注意，那就是这里所说的“相似词”仅仅局限于《三四郎》这部小说的范围之内。至于更为普遍的形式究竟是怎样的，我们将在第5.2.2小节中进行讲解。

5.2.2　使用已经完成训练的模型

gensim的Word2Vec将单词的字典化、独热向量化等处理都很贴心地放在模型内部实现，因此使用起来是非常方便的。但是即便如此，从第5.2.1小节的内容中我们可以看出准备学习数据还是非常耗费时间和精力的。实际上，已经完成了这部分预先学习，可立即开始使用的Word2Vec模型也是可以公开下载的。在本小节中，我们将尝试实际地使用这个模型。

首先，下载模型，模型的公开链接在Google Drive上。我们到目前为止都是使用Python API来下载文件的，不过这里要使用Google Drive API下载比较麻烦，因此还是推荐直接从Google的图形界面工具中下载。

在浏览器中指定访问如下的链接。

URL https://drive.google.com/open?id=0B0ZXk88koS2KMzRjbnE4ZHJmcWM

短网址 http://bit.ly/2srnKoy

MEMO

已完成预先学习的模型

其他语言预先训练好的模型也可以公开下载。支持的语言一览表可以从下列链接中确认，请参考。

- Kyubyong/wordvectors

URL https://github.com/Kyubyong/wordvectors

访问上述URL会看到如图5.2.1所示的界面，然后单击界面右上角的下载图标。

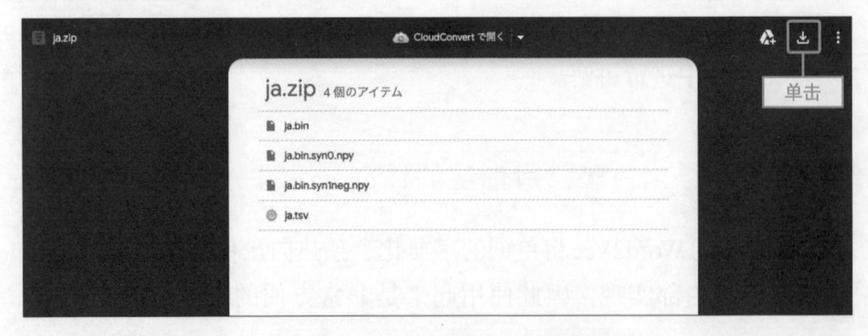

图5.2.1 Google Drive的界面

看到如图5.2.2所示的界面后，单击“下载”按钮。

Google ドライブではこのファイルのウィルス スキャンを実行することはできません。
ja.zip（193M）は大きすぎてウィルス スキャンを実行できません。このファイルをダウンロードしてもよろしいですか？
ダウンロード
单击
© 2019 Google - ヘルプ - プライバシー ポリシーと利用規約

图 5.2.2　确认界面

下载结束后会得到一个名为ja.zip的文件，将此文件解压缩。解压后得到4个文件，其中ja.bin、ja.bin.syn0.npy、ja.bin.syn1neg.npy 3个是后面将要使用到的，将它们移动到我们的工作目录中。另一个文件ja.tsv在后面的操作中不会用到。

加载下载得到的模型需要使用Word2Vec的load 函数。如程序5.2.5中所示，如果看到print()语句显示结果就表示模型加载成功了。

程序 5.2.5　载入已完成学习的 Word2Vec 数据 (ch05-02-05.ipynb)

In

```
# 程序5.2.5
# 载入已完成学习的Word2Vec数据

import gensim
model = gensim.models.Word2Vec.load('ja.bin')
print(model)
```

Out

```
Word2Vec(vocab=50108, size=300, alpha=0.025)
```

模型加载成功后，我们将测试使用加载的模型处理前，在第5.2.1小节中所训练的模型中曾经处理过的“世間”这个单词的结果(程序5.2.6)。

程序 5.2.6　测试已完成学习的 Word2Vec 模型的效果 (ch05-02-05.ipynb)

In

```
# 程序5.2.6
# 测试已完成学习的Word2Vec模型的效果

# 调查"世間"的特征向量
print('"世間"的特征向量')
print(model.wv['世間'])

# 调查"世間"的相似词
print()
print('"世間"的相似词')
for item, value in model.wv.most_similar("世間"):
    print(item, value)
```

Out

```
"世間"的特征向量
[ 0.6131652  -0.2896212   0.776548   -0.475821   -0.4167741
0.8441589
  0.47795737 -0.07609189 1.0181203  -0.42431003 -0.8806274
-1.3818576
 -1.3584263  -1.5511903  -1.0021498  -0.5208921   1.1081258
-2.1401818
 -0.00813829 -1.2243643  -0.38963357  0.03468641  0.56095827
-0.12100194
 -0.61975145  1.5818634  -2.1746323   0.30931807  0.13887411
1.2145163

(…略…)

 -1.5207038   1.895239    1.2524551   0.28625906 -0.5383064
1.115586
 -0.34714735 -1.8286247  -0.10481921  2.0312073   0.1655612
-1.3557276
 -0.4098822   1.2888823   1.2603663  -0.3615133  -1.4935875
0.5007627
  0.39650777 -2.1086187   0.07938221 -0.24983494 -0.1974076
-0.83053577
```

```
  0.622786   -0.7782983   2.1352546  -2.9176097   0.8099461
1.3650602 ]

"世間"的相似词
本心 0.5424479246139526
一般大衆 0.5371387600898743
一般社会 0.521824061870575
マスコミ 0.5033861994743347
一般人 0.49983930587768555
迷信 0.4850359559059143
言動 0.4823036193847656
心底 0.45768237113952637
偏見 0.45686984062194824
嫉妬 0.4561861753463745
```

从上述结果可以看出，与前面的结果有很大差别。这个已经事先完成学习的模型由于使用了大量维基百科的词条进行训练，因此结果中出现了很多维基百科中所特有的相对生硬的单词。

最后，我们将使用这个通用的模型对第5.1节中所讲解的通过向量间的计算推导出第4个向量是否真的可以进行确认。

Word2Vec中所提供的most_simular 函数非常适合此类应用，因为它支持positive 和negative 参数。例如，要对最接近wordA+wordB-wordC的单词进行确认，可以使用以下函数调用。

[函数调用的示例]

```
model.wv.most_similar(positive=['wordA', wordB],
negative=['wordC'])
```

那么就让我们立即使用这个函数，测试一下X中应该填入什么单词。

```
"日本"→"東京"
"フランス"→"X"
```

程序 5.2.7 根据“日本”→“東京”求取“フランス”→“X”(ch05-02-05.ipynb)

In

```
# 程序5.2.7
# 根据“日本”→“東京”（东京）求取“フランス”（法国）→“X”

model.wv.most_similar(positive=['東京', 'フランス'],
negative=['日本'])
```

Out

```
[('パリ', 0.5596295595169067),                        # 巴黎
('アムステルダム', 0.5044834017753601),                # 阿姆斯特丹
('ブリュッセル', 0.5014014840126038),                  # 布鲁塞尔
('ウィーン', 0.49867892265319824),                    # 维也纳
('ルーアン', 0.49242955446243286),                    # 鲁昂
('クラクフ', 0.48978927731513977),                    # 克拉科夫
('ストラスブール', 0.487936407327652),                 # 斯特拉斯堡
('ベルギー', 0.48785877227783203),                    # 比利时
('ナポリ', 0.4866703152656555),                       # 那不勒斯
('サンクトペテルブルク', 0.48542696237564087)] # 圣彼得堡
```

上述处理非常成功，程序正确地计算出了答案是“パリ”(巴黎)。下面我们继续对另外一个问题进行测试。

```
男→女
```

根据上述关系计算下面的Y应当填入什么单词。

```
Y→妻
```

程序 5.2.8 根据男→女求取Y→妻

In

```
# 程序5.2.8
# 根据男→女求取Y→妻

model.wv.most_similar(positive=['妻', '男'], negative=['女'])
```

Out

```
[('夫', 0.6135660409927368),
('雄', 0.5344775915145874),
('彦', 0.4987543821334839),
('娘', 0.479888379573822),
('郎', 0.4725583791732788),
('長男', 0.46775707602500916),
('らがいる', 0.4614781141281128),
('次男', 0.4535171389579773),
('三郎', 0.4491080045700073),
('後妻', 0.4475233554840088)]
```

从结果可以看出，该程序也正确地输出了"夫"这个答案。由此可见，第5.1节中所讲解的关系的确是可以成立的。

5.3 Word2Vec 应用案例

通过对第5.1节和第5.2节的学习，读者可以看到Word2Vec实现了到目前为止文本分析技术中未曾实现的新型技术。至于这一技术具体适用于哪些应用场景，主要取决于使用者自身的构思。本节将对具体的应用案例进行介绍，为大家构建自己的应用思路提供参考。

5.3.1 将Word2Vec作为简易分类器用于预处理

作为第5.3节的开头，同时也作为对本书中所介绍知识的总复习，本小节尝试将Word2Vec作为简易分类器在预处理中使用。本次练习的具体场景如下所示。

- 模型要实现的目标是实现对输入文本究竟是与历史有关的主题，还是与地理有关的主题进行分类的处理。
- 从维基百科分别获取与历史相关的主题和与地理相关的主题各20条，作为学习数据。
- 另外再分别准备不用于学习的历史主题和地理主题各两条，并将这些数据用于分类结果的评估。

由于本小节的练习代码比较长，因此我们先展示了程序整体的处理流程，如图5.3.1所示。在后面阅读代码的时候，对照图5.3.1这个流程图会更加易于理解。

此外，作为分类器使用的机器学习模型的结构如图5.3.2所示。图5.3.2中最为关键的就是名为Embedding的组件。这个组件负责根据Word2Vec的权重矩阵对数值化后的单词数据进行向量化处理。经过向量化处理的单词数据被称为LSTM，并作为适合处理时间序列数据的深度学习模型的输入数据。

通过在输入阶段引入Embedding机制，学习数据中不会作为单词出现的单词也会被解释为与学习数据相近的输入数据，这样就能构建出具有更高通用性的分类模型。

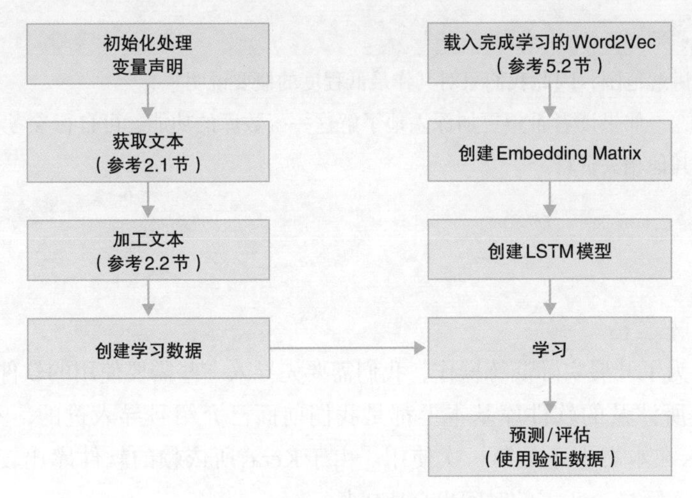

图 5.3.1　简易分类器的处理流程

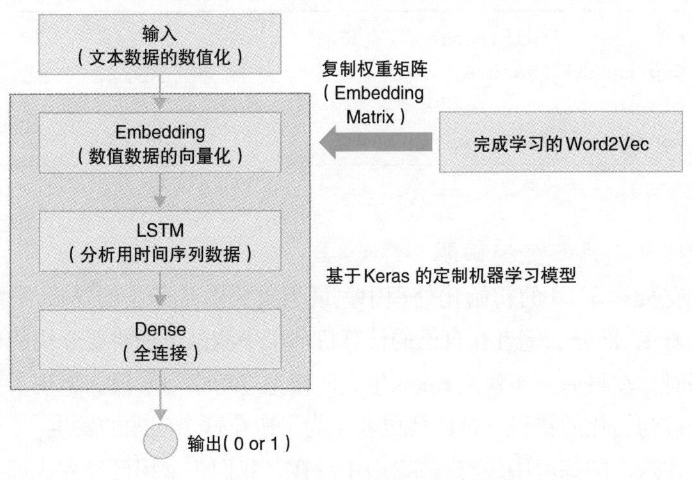

图 5.3.2　简易分类器的模型结构

注意事项

关于Keras 软件库

在本小节的代码中，大量使用了以前我们未曾进行任何讲解的Keras的软件库代码。关于这些软件库函数的详细介绍超出了本书的讲解范围，因此我们只对其作最低程度的概要说明。

如果读者希望更加深入地了解这一函数库的功能，可自行参考其他相关资料。

●预先准备

为了开展实际演练操作，我们需要先导入一些需要使用的软件库。这里所涉及的软件库基本上都是我们前面已介绍且导入过的，不过Keras在本书中还是第一次使用。由于Keras所依赖的软件库比较多，因此实际导入所需的时间也会比较长。

［终端窗口］

```
$ pip install wikipedia
$ pip install janome
$ pip install gensim
$ conda install keras
```

●初始化处理与变量声明

在程序5.3.1的初始化处理中，最为重要的是开头的“Mac系统问题的避免”部分。笔者在自己的计算机环境中测试下面将要介绍的这段代码时，在最后一步使用Keras生成的模型进行学习阶段，出现了变量已经被初始化的错误。这段代码就是为了避免这个问题的发生。

在这次的练习中，与第5.2节中一样，我们将采用已经完成训练的模型。变量中EMBEDDING_DIM 定义的是Word2Vec所使用隐藏层的节点数量，这里设置节点数为300个。MAX_LEN 是用于指定在LSTM模型内部保持多少时间序列数据（= 多少个单词）的参数值。这里我们通过对用于学习的文本数据进行确认后，选择将其值设置为50。当然，读者也可以根据自己的情况设置不同的值来构建模型。

程序 5.3.1　初始化处理与变量声明 (ch05-03-01.ipynb)

In

```
# 程序5.3.1 初始化处理与变量声明

# Mac系统问题的避免
import os
import platform
if platform.system()== 'Darwin':
    os.environ['KMP_DUPLICATE_LIB_OK']='True'

# 屏蔽warning
import warnings
warnings.filterwarnings('ignore')

# Word2Vec的隐藏层节点数量
EMBEDDING_DIM = 300

# 在LSTM中保持时间序列数据的数量
MAX_LEN = 50
```

文本数据的获取

文本数据的获取部分是从第2.1节所介绍的各种方法中，选择代码最为简洁的方案利用维基百科的软件库获取数据的方法来实现的。

具体的代码如程序5.3.2所示。

程序 5.3.2　文本数据的获取 (ch05-03-01.ipynb)

In

```
# 程序5.3.2 获取文本数据
# 使用维基百科的软件库

import wikipedia
wikipedia.set_lang("ja")

# 学习数据（历史）的标题
list1 = ['大和時代', '奈良時代', '平安時代', '鎌倉時代', '室町時
```

```
代', '安土桃山時代', '江戸時代', '藤原道長', '平清盛','源頼朝', '北条早雲','伊達政宗','徳川家康', '武田信玄', '上杉謙信', '今川義元', '毛利元就', '足利尊氏', '足利義満', '北条泰時']

# 学习数据(地理)的标题
list2 = ['東北地方', '関東地方', '中部地方', '近畿地方', '中国地方', '四国地方', '九州地方', '北海道', '秋田県', '福島県', '宮城県', '新潟県', '長野県', '山梨県', '静岡県', '愛知県', '栃木県', '群馬県', '千葉県', '神奈川県']

# 测试数据的标题
list3 = ['織田信長', '豊臣秀吉', '青森県', '北海道']

# 针对每个标题获取维基百科的摘要文本，并保存到数组中
list1_w = [wikipedia.summary(item)for item in list1]
list2_w = [wikipedia.summary(item)for item in list2]
list3_w = [wikipedia.summary(item)for item in list3]

# 将获取的全部结果集中到同一个列表当中
list_all_w = list1_w + list2_w + list3_w
```

文本数据的加工

这里的加工是指以单词为单位，将文本数据用空格进行分隔处理。我们将使用第2.2节中所介绍的语素分析技术。为了简化代码实现，我们采用的是Janome方法。

程序 5.3.3 以单词为单位用空格分隔文本数据 (ch05-03-01.ipynb)

In

```
# 程序5.3.3 以单词为单位用空格分隔文本数据
# 使用Janome进行语素分析处理

from janome.tokenizer import Tokenizer
t = Tokenizer()
def wakati(text):
    w = t.tokenize(text, wakati=True)
    return ' '.join(w)
```

```
list1_x = [wakati(w)for w in list1_w]
list2_x = [wakati(w)for w in list2_w]
list3_x = [wakati(w)for w in list3_w]
list_all_x = list1_x + list2_x + list3_x
```

●学习数据的创建

到目前为止，我们已经完成了带空格的文本数据准备工作。接下来，我们将其转换为学习数据。

在将文本数据输入机器学习模型时，常用的方法是采用独热向量（One Hot Vector）格式，将文本数据转换为由0和1所组成的向量数据。在本次练习中，由于我们在输入阶段引入了名为Embedding 的组件，因此不需要再进行转换。不过，这里我们需要将学习数据和验证数据中所包含的单词登记到字典中，并将每个单词转换为字典中对应index的整数值。具体的转换处理是调用Keras的库函数（texts_to_sequences）实现的。另外，我们还为文本数据分别准备了对应正确答案数据（历史：0，地理：1）的数组。

程序 5.3.4　创建学习数据 (ch05-03-01.ipynb)

In

```
# 程序5.3.4 创建学习数据

import numpy as np
from keras.preprocessing.text import Tokenizer
from keras.preprocessing.sequence import pad_sequences

tokenizer = Tokenizer()

# 将在学习和验证中需要使用的全部文本数据作为参数创建字典
tokenizer.fit_on_texts(list_all_x)

# 获取单词一览表
word_index = tokenizer.word_index
```

```
# 获取单词总数
num_words = len(word_index)
print('单词总数:', num_words)

# 确认进行转换前的验证用文本数据
print('转换前的文本数据:', list3_x[0])

# 文本数据的数值化
sequence_test = tokenizer.texts_to_sequences(list3_x)

# 确认转换结果
print('转换后:', sequence_test[0])

# 单词的填充(较短时填充0，较长时中间截断)
sequence_test = pad_sequences(sequence_test, maxlen=MAX_LEN)

# 确认转换结果
print('填充后:', sequence_test[0])

# 对于学习数据也进行同样的转换
sequence_train = tokenizer.texts_to_sequences(list1_x +
list2_x)
sequence_train = pad_sequences(sequence_train, maxlen=MAX_
LEN)

# 创建正确答案数据
# y = 0: 历史
# y = 1: 地理

Y_train = np.array([0] * len(list1_x)+ [1] * len(list2_x))
Y_test = np.array([0] * 2 + [1] * 2)
print('正确答案数据 (学习用):', Y_train)
print('正确答案数据 (验证用):', Y_test)
```

Out

```
单词总数: 1463
转换前的文本数据: 織田 信長 ( おだ のぶ なが 、1534 年 - 1582
年 ) は 、戦国 時代 から 安土 桃山 時代 にかけて の 武将 、戦国 大名 、
天下 人 。
```

```
转换后： [130, 98, 7, 1369, 296, 38, 13, 2, 1370, 21, 1371,
21, 8, 4, 2, 37, 16, 27, 189, 190, 16, 207, 1, 73, 2, 37,
43, 2, 136, 100, 3]
填充后： [   0    0    0    0    0    0    0    0    0    0
    0    0    0    0
    0    0    0    0    0  130   98    7 1369  296   38   13
2 1370
   21 1371   21    8    4    2   37   16   27  189  190   16
207    1
   73    2   37   43    2  136  100    3]
正确答案数据（学习用）： [0 0 0 0 0 0 0 0 0 0 0 0 0 0 0 0 0 0
0 1 1 1 1 1 1 1 1 1 1 1 1 1 1 1 1 1 1 1 1 1]
正确答案数据（验证用）： [0 0 1 1]
```

加载已完成学习的Word2Vec

至此，我们就完成了图5.3.1中左侧的生成学习数据部分的操作。

接下来，我们将进入图5.3.1中右侧流程的实现阶段。首先要处理的任务就是加载已经完成学习的Word2Vec数据。由于这个任务与第5.2节中所介绍的内容完全相同，这里我们就不再进行重复说明，只对代码进行必要的注解（程序5.3.5）。

程序 5.3.5　加载已完成学习的 Word2Vec(ch05-03-01.ipynb)

In

```
# 程序5.3.5 加载已完成学习的Word2Vec

# 关于ja.bin文件的准备方法，可参考第5.2节的内容

import gensim
word_vectors = gensim.models.Word2Vec.load('ja.bin')
print(word_vectors)
```

Out

```
Word2Vec(vocab=50108, size=300, alpha=0.025)
```

Embedding Matrix 的生成

为了创建出分类模型，下面我们需要先生成Embedding Matrix。用一句话概括这项任务，就是创建完全复制Word2Vec权重向量的矩阵。将这一点记在心里，然后阅读程序5.3.6的代码，就能理解这段代码具体所执行的操作了。

程序 5.3.6　Embedding Matrix 的生成 (ch05-03-01.ipynb)

In

```
# 程序5.3.6 Embedding Matrix的生成
import numpy as np

# num_words: 生成字典时检测出的单词数量（程序 5.3.4）
# EMBEDDING_DIM: Word2Vec 中隐藏层的节点数量（程序 5.3.1）
# 为了节省内存空间，这里使用float32类型
embedding_matrix = np.zeros((num_words+1, EMBEDDING_DIM),
dtype=np.float32)

# 将Word2Vec的权重向量值复制到Embedding Matrix中
for word, i in word_index.items():
    if word in word_vectors.wv.vocab:
        embedding_matrix[i] = word_vectors[word]
```

LSTM 模型的生成

下面我们将使用刚才生成的Embedding Matrix 完成对模型的定义。模型的定义是使用Keras的Sequential方法实现的。有关Keras框架的细节，可以参考其他相关的书籍和资料。

此外，执行程序5.3.7的代码会显示大量的警告信息，由于并不会造成任何实际影响，因此直接无视该类信息即可。

程序 5.3.7　LSTM 模型的创建 (ch05-03-01.ipynb)

In

```
# 程序5.3.7 LSTM模型的创建

from keras.models import Sequential
```

```
from keras.layers import Embedding, Dense, LSTM

model = Sequential()
model.add(Embedding(num_words+1,
                    EMBEDDING_DIM,
                    weights=[embedding_matrix],
                    trainable=False))
model.add(LSTM(units=32, dropout=0.2, recurrent_
dropout=0.2))
model.add(Dense(1, activation='sigmoid'))
model.compile(loss='binary_crossentropy', optimizer='adam',
metrics=['accuracy'])
model.summary()
```

Out

```
WARNING: Logging before flag parsing goes to stderr.
W0908 18:49:59.161878 4563539392 deprecation_wrapper.py:119]
From /miniconda3/lib/python3.7/site-packages/keras/backend/
tensorflow_backend.py:74: The name tf.get_default_graph is
deprecated. Please use tf.compat.v1.get_default_graph
instead.

W0908 18:49:59.232821 4563539392 deprecation_wrapper.py:119]
From /miniconda3/lib/python3.7/site-packages/keras/backend/
tensorflow_backend.py:517: The name tf.placeholder is
deprecated. Please use tf.compat.v1.placeholder instead.

(…略…)

_________________________________________________________________
Layer(type)                  Output Shape              Param #
=================================================================
embedding_1(Embedding)       (None, None, 300)         439200
_________________________________________________________________
lstm_1(LSTM)                 (None, 32)                42624
_________________________________________________________________
dense_1(Dense)               (None, 1)                 33
=================================================================
```

```
Total params: 481,857
Trainable params: 42,657
Non-trainable params: 439,200
```

使用Keras的plot_model 函数将这里所创建的模型绘制成图形后的结果如图5.3.3所示，仅供参考。

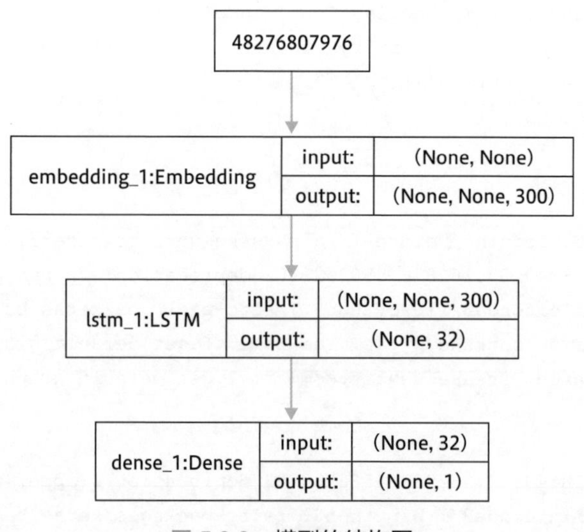

图 5.3.3 模型的结构图

●学习

通过到目前为止的实现代码，我们完成了对学习数据和学习模型的准备工作。接下来是进行实际的学习操作，具体的实现代码如程序5.3.8所示。

程序 5.3.8 学习 (ch05-03-01.ipynb)

In

```
# 程序5.3.8 学习

# 让模型开始学习
model.fit(sequence_train, Y_train,validation_data=(
```

```
    sequence_test, Y_test), batch_size=128, verbose=1,
epochs=100)
```

Out

```
Train on 40 samples, validate on 4 samples
Epoch 1/100
40/40 [==============================] - 6s 140ms/step -
loss: 0.7042 - acc: 0.5000 - val_loss: 0.5959 - val_acc:
0.5000
Epoch 2/100
40/40 [==============================] - 0s 4ms/step - loss:
0.6778 - acc: 0.5750 - val_loss: 0.5640 - val_acc: 0.5000
Epoch 3/100
40/40 [==============================] - 0s 5ms/step - loss:
0.6243 - acc: 0.6500 - val_loss: 0.5356 - val_acc: 1.0000
Epoch 4/100
40/40 [==============================] - 0s 5ms/step - loss:
0.5761 - acc: 0.7000 - val_loss: 0.5114 - val_acc: 1.0000
Epoch 5/100
40/40 [==============================] - 0s 5ms/step - loss:
0.5209 - acc: 0.8500 - val_loss: 0.4911 - val_acc: 1.0000

(…略…)

Epoch 96/100
40/40 [==============================] - 0s 5ms/step - loss:
0.0075 - acc: 1.0000 - val_loss: 0.0099 - val_acc: 1.0000
Epoch 97/100
40/40 [==============================] - 0s 7ms/step - loss:
0.0069 - acc: 1.0000 - val_loss: 0.0097 - val_acc: 1.0000
Epoch 98/100
40/40 [==============================] - 0s 5ms/step - loss:
0.0067 - acc: 1.0000 - val_loss: 0.0094 - val_acc: 1.0000
Epoch 99/100
40/40 [==============================] - 0s 5ms/step - loss:
0.0068 - acc: 1.0000 - val_loss: 0.0092 - val_acc: 1.0000
Epoch 100/100
```

```
40/40 [==============================] - 0s 8ms/step - loss:
0.0072 - acc: 1.0000 - val_loss: 0.0090 - val_acc: 1.0000

<keras.callbacks.History at 0x1a62441240>
```

预测与评估

最后，我们将使用创建好的简易分类器，对4份在学习中没有使用过的数据进行评估操作（程序5.3.9）。

程序 5.3.9　预测与评估 (ch05-03-01.ipynb)

In

```
# 程序5.3.9 预测与评估

# 验证数据的内容
for text in list3_w:
    print(text)

# 评估
model.predict(sequence_test)
```

Out

```
織田 信長(おだ のぶなが、1534年—1582年)は、戦国時代から安土桃山時代
にかけての武将、戦国大名、天下人。
豊臣 秀吉(とよとみ ひでよし )、または羽柴 秀吉(はしば ひでよし)は、戦国時
代から安土桃山時代にかけての武将、大名。天下人、(初代)武家関白、太閤。三英
傑の一人。
初め木下氏で、後に羽柴氏に改める。皇胤説があり、諸系図に源氏や平氏を称し
たように書かれているが、近衛家の猶子となって藤原氏に改姓した後、正親町天
皇から豊臣氏を賜姓されて本姓とした。
尾張国愛知郡中村郷の下層民の家に生まれたとされる(出自参照)。当初、今川家
に仕えるも出奔した後に織田信長に仕官し、次第に頭角を現した。信長が本能寺
の変で明智光秀に討たれると「中国大返し」により京へと戻り山崎の戦いで光秀を
破った後、清洲会議で信長の孫・三法師を擁して織田家内部の勢力争いに勝ち、
信長の後継の地位を得た。大阪城を築き、関白・太政大臣に就任し、朝廷から豊
臣の姓を賜り、日本全国の大名を臣従させて天下統一を果たした。天下統一後は
太閤検地や刀狩令、惣無事令、石高制などの全国に及ぶ多くの政策で国内の統合
```

```
を進めた。理由は諸説あるが明の征服を決意して朝鮮に出兵した文禄・慶長の役の最中に、嗣子の秀頼を徳川家康ら五大老に託して病没した。秀吉の死後に台頭した徳川家康が関ヶ原の戦いで勝利して天下を掌握し、豊臣家は凋落。慶長19年(1614年)から同20年(1615年)の大坂の陣で豊臣家は江戸幕府に滅ぼされた。墨俣の一夜城、金ヶ崎の退き口、高松城の水攻め、中国大返し、石垣山一夜城などが機知に富んだ功名立志伝として知られる。
青森県(あおもりけん)は、日本の本州最北端に位置する行政区画及び地方公共団体。県庁所在地は青森市である。県の人口は全国31位、面積は全国8位。令制国の陸奥国(むつのくに、りくおうのくに)北部にあたる。
北海道(ほっかいどう)は、日本の北部に位置する島。また、日本の行政区画及び同島とそれに付随する島を管轄する地方公共団体である。島としての北海道は日本列島を構成する主要4島の一つである。地方公共団体としての北海道は47都道府県中唯一の「道」である。ブランド総合研究所による「都道府県の魅力度ランキング」で2018年現在、10年連続で1位に選ばれた。道庁所在地及び最大の都市は札幌市。

array([[0.00697458],
       [0.01610938],
       [0.9919727 ],
       [0.9953871 ]], dtype=float32)
```

从上述结果可以看出，这4份数据不仅全部都判断正确，而且还是根据非常高的置信度进行分类的。我们可以认为，这是由于采用了Word2Vec进行模型的预处理所取得的效果。

5.3.2 在商用API内部的运用

访问下列链接中的新闻。这篇文章是关于在聊天机器人的商用AI中非常知名的微软公司中被称为“小娜”服务的内部结构报道。

- ITmedia NEWS：「**ついに**明**かされる**「**りんな**」**の**“脳内” **マイクロソフト**、「女子高生AI」**の**自然言語処理**アルゴリズムを**公開」

URL https://www.itmedia.co.jp/news/articles/1605/27/news110.html

如图5.3.4所示为“微软小娜”的内部结构。从这张图中我们可以看到，用于确定下一个主题的判断基准使用的是Word2Vec所生成的相似度。此外，还采用了第3.4节中所介绍的TF-IDF作为判断的基准之一。

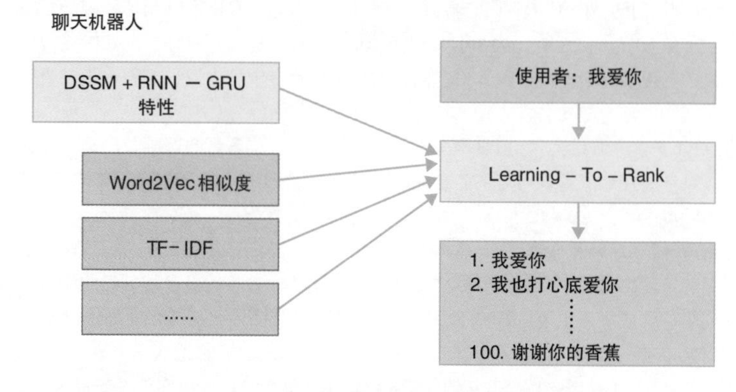

图 5.3.4 “微软小娜”的内部结构

可以说，几乎在所有的用于处理文本文档的商用API中，无一例外地在预处理中使用了Word2Vec或者我们在第5.4节中所介绍的具有与Word2Vec相同功能的服务。

5.3.3 在自动推荐系统中的应用

接下来，我们将要介绍的是在下列链接的文章所报道的实际业务中的应用案例。

- recruit式　自然语言处理技术的适应事例介绍

URL https://www.slideshare.net/recruitcojp/ss-56150629

其基本的原理是在普通的自动推荐系统中引入了Word2Vec相似度的概念，通过推荐Word2Vec中相似度高的商品来提升系统进行自动推荐的效果。

5.4 Word2Vec 的关联技术

虽然Word2Vec 是超越了传统文本分析技术框架的创新型技术，但是在其发布后又继续涌现出一批采用类似思路的新型文本分析技术。在本节中，我们将对其中具有代表性的技术进行介绍。

5.4.1 Glove

当Word2Vec的解决思路公开后，为了解决Word2Vec中所存在的不足而提出的新方案，就是下面我们将要介绍的Glove。

Word2Vec中无法实现的分析处理是对于那些超出了窗口范围的单词之间关系的表示。而在传统技术中所使用的解决方法之一是采用共现矩阵对同一份文档中两个单词同时出现的次数进行统计，见表5.4.1，然后使用所谓的奇异值分解（SVD）的数学方法对维数进行压缩。

[使用共现矩阵的文档示例]

```
● I like deep learning.
● I like NLP.
● I enjoy flying.
```

表5.4.1　共现矩阵的示例

counts	I	like	enjoy	deep	learning	NLP	flying	.
I	0	2	1	0	0	0	0	0
like	2	0	0	1	0	1	0	0
enjoy	1	0	0	0	0	0	1	0
deep	0	1	0	0	1	0	0	0
learning	0	0	0	1	0	0	0	1
NLP	0	1	0	0	0	0	0	1
flying	0	0	1	0	0	0	0	1
.	0	0	0	0	1	1	1	0

这个方法的缺点是随着数据量的增加，计算量也会随着暴增，从

而导致无法实现分析处理。

Glove 是兼容了Word2Vec和共现矩阵的奇异值分解这两种方法的长处而产生的方法，不仅能够对不同位置上单词之间的关系进行表示，而且能够在较短的时间内完成计算。目前，这项技术经常被作为Word2Vec的替代方案使用。

5.4.2 fastText

在Word2Vec和Glove中，分析对象的最小单位是单词。但是，遇到类似具有相同词根的单词含义也非常接近的情况时，如果能对单词的内部结构加以关注，就能实现更为细致的分析。基于这一思路而产生的技术就是fastText技术。

如图5.4.1所示的3个单词go、going、goes都是从同一个动词go派生出来的，在含义上的关系也非常接近。然而，使用Word2Vec时，这些单词都被识别成了完全不同的单词，因此就无法在分析过程中显式地运用这些关系。

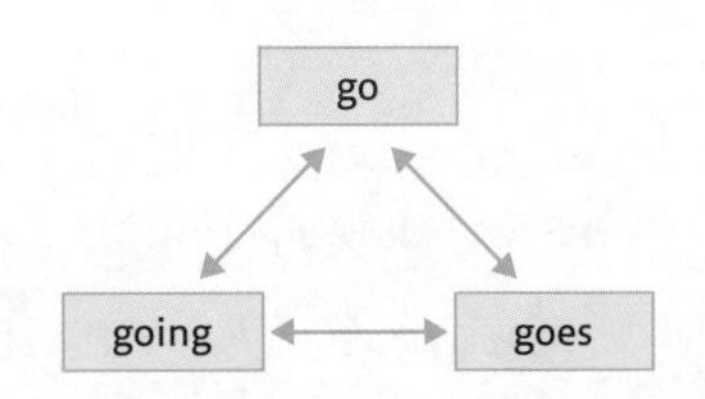

图5.4.1　与go相关的3个单词

解决这一问题的方法之一是用如图5.4.2所示将单词划分成短语的分组来使用的方法，被称为n-gram方法。

通过这样划分后，示例中所列举的3个单词就具有了共同的词根go，因此很容易对它们之间含义的接近程度进行表示。采用这种方法所实现的分析技术就是fastText。

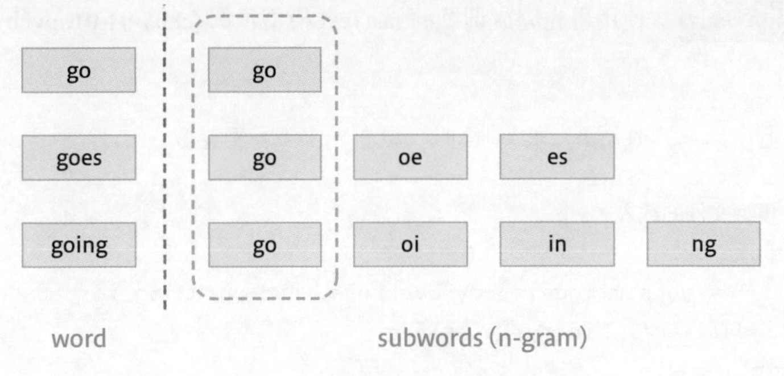

图 5.4.2 单词的 n-gram 表示

● 模型文件的下载

fastText针对日文事先训练好的模型是可以公开下载的，因此我们将利用这些模型来编写示例程序。从下列链接中可以下载公开的模型文件。具体的下载步骤与第5.2节中所介绍的方法相同，需要时可以参考。在将下载完的文件解压缩后，就会得到model.vec文件，请将这个文件移动到与Jupyter Notebook文件相同的子目录内。

- vector_neologd.zip

URL https://drive.google.com/open?id=0ByFQ96A4DgSPUm9wVWRLdm5qbmc

● 必需的软件库

示例程序需要用到的第三方软件库与第5.2节中的一样，是gensim。如果还没有导入，可以使用下列命令完成导入。

[终端窗口]

```
$ pip install gensim
```

● 示例代码的执行

完成前面的准备步骤后，我们就能够很简单地开始执行示例程序了。程序5.4.1中展示的是实际的实现代码及其执行结果。

程序 5.4.1　使用事先完成训练的 fastText 模型示例 (ch05-04-01.ipynb)

In

```
# 程序5.4.1 使用事先完成训练的fastText模型示例

# 模型文件的载入
import gensim
model = gensim.models.KeyedVectors.load_word2vec_format
('model.vec', binary=False)
print(model)

# 调查“世間”的特征向量
print('“世間”的特征向量')
print(model['世間'])

# 调查“世間”的相似词
print()
print('“世間”的相似词')
for item, value in model.most_similar("世間"):
    print(item, value)

# 根据日本→东京求取法国→X
# フランス意为法国
model.most_similar(positive=['東京', 'フランス'], negative=
['日本'])
```

Out

```
<gensim.models.keyedvectors.Word2VecKeyedVectors object at
0x1a361e2978>
“世間”的特征向量
[-1.1506e-01 -1.0583e-01 -2.4785e-01  4.7711e-02 -2.6220e-02
1.4092e-01
  1.9899e-01  1.4590e-01 -1.0638e-01  9.8768e-02  1.4652e-02
-5.8634e-02
  2.6814e-01 -1.0366e-01  3.5728e-01 -2.9486e-02 -7.3661e-02
-2.8939e-01
  2.7001e-01 -2.3144e-01 -5.9499e-02  2.2983e-01  1.9749e-01
2.0851e-02
  2.9852e-02  8.5426e-02  1.2522e-01  6.8352e-02  1.8051e-01
-5.1769e-02
```

```
  1.1419e-01 -1.6506e-01 -3.1969e-01  5.0779e-01 -5.8382e-02
2.5845e-01
  1.5132e-01  1.8439e-01  8.1836e-03  5.0382e-02 -4.9251e-02
5.4424e-02

(…略…)

  1.5644e-01  2.9172e-01 -7.9055e-02  1.0167e-01 -3.7584e-01
-2.4217e-02
  3.6736e-01 -6.6060e-02  1.9501e-02  1.0949e-01 -1.8656e-01
2.2306e-02
  2.8240e-01  1.9600e-01  3.2765e-01 -5.2493e-01  2.1396e-01
1.3809e-01
 -1.4817e-01  8.6668e-02  1.0810e-01 -1.3650e-01 -1.2574e-01
-3.9307e-01
 -1.1807e-01 -7.2563e-02  1.1017e-01 -6.0860e-02  6.8336e-02
-5.8128e-02]

“世間”的相似词
マスコミ 0.5943871140480042
耳目 0.5603636503219604
騒がせ 0.5433274507522583
一般社会 0.5300251245498657
世の中 0.524024486541748
世人 0.5222028493881226
一般大衆 0.5205386877059937
騒がせる 0.5155889987945557
マスメディア 0.5078743696212769
知れ渡っ 0.5003979206085205

[('パリ', 0.6681745052337646),                # 巴黎
('トゥールーズ', 0.5696516036987305),
('コートダジュール', 0.5662188529968262),     # 蓝色海岸
('パリ郊外', 0.5582724809646606),            # 巴黎郊外
('ストラスブール', 0.5577619671821594),       # 斯特拉斯堡
('リヨン', 0.5561243295669556),              # 里昂
('サン=クルー', 0.5510094165802002),          # 圣克卢
('ディジョン', 0.5456872582435608),           # 第戎
('ボルドー', 0.5447908639907837),             # 波尔多
('マルセイユ', 0.5429384112358093)]           # 马赛
```

与第5.2.2小节的结果相比，虽然使用的是同一个测试案例，但是这次的结果更加接近我们感受的实际，相信读者也能看出程序更倾向于返回我们所习惯的结果。

5.4.3 Doc2Vec

采用Word2Vec进行向量化处理的方式在文本数据分析中是非常方便的，但是在现实中我们常常不仅针对单词，而且需要使用更大的单位将文章或者段落作为向量化的对象进行处理。能够满足这类需求的解决方案就是下面我们将要介绍的Doc2Vec。

Doc2Vec与Word2Vec类似，也有两种不同的实现方式。

图5.4.3展示的是其中的一种方式，即PV-DM（Paragraph Vector–A distributed memory model）方式的示意图。在这个模型中是将文档ID与若干单词作为输入数据，并学习如何预测下一个单词。

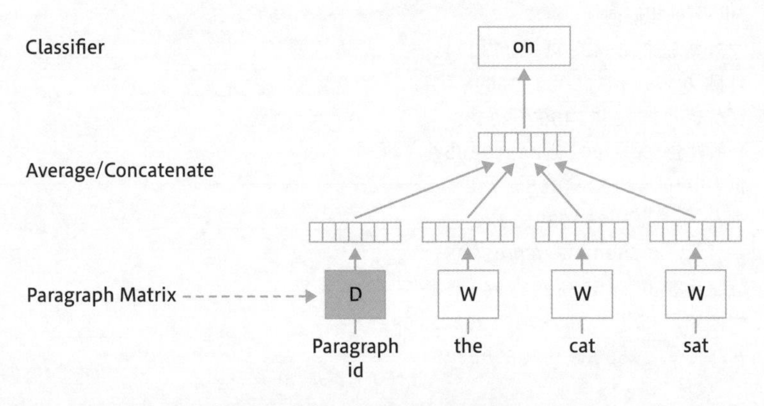

图 5.4.3 PV–DM示意图

- Distributed Representations of Sentences and Documents

URL https://cs.stanford.edu/-quocle/paragraph_vector.pdf

另外一种方式示意图如图5.4.4所示，这是被称为DBoW（Distributed Bag of Words）的方式。在这种方式中，是将文档ID作为输入数据，再学习如何从文档内随机地选择单词进行预测。

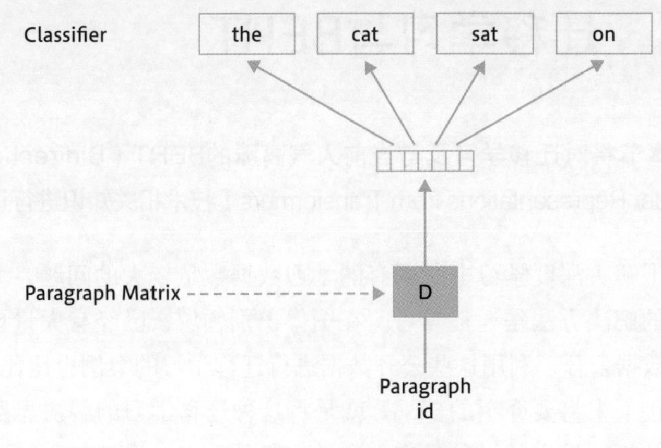

图 5.4.4　DBoW 示意图

通常情况下，PV-DM方式实现的模型精度更高，而DBoW则允许使用更少的内存来实现。在实际中，我们可以根据自身的需求有选择地使用。

5.5 迁移学习与BERT

本节将对迁移学习及与当前人气高涨的BERT（Bidirectional Encoder Representations from Transformers）技术相关知识进行讲解。

为了解决深度学习中所固有的学习数据数量较大的问题，大家普遍采用的解决方法是迁移学习。在图像识别领域，已经有大量预先训练好的数据公开，利用这些公开数据进行迁移学习的案例也比比皆是。

而接下来将要介绍的BERT 就是将这种迁移学习的解决思路移植到文本分析领域中的一种具有革命性意义的技术。由于其中包含了大量复杂的概念，虽然对其整体的组成进行简单的讲解不太现实，但是本节将在篇幅允许的范围内，对其中涉及的一部分概念和相应的处理结果进行讲解。

5.5.1 图像识别与迁移学习

深度学习通过创建深层次的神经网络可以实现具有高度自由性和高精度的模型，因此近年来受到了广泛关注。但是，深度学习中也存在着与生俱来的缺点，那就是需要学习的数据数量庞大的问题。神经网络的层次越深，所需使用的学习数据也会更加庞大，以至于难以实现。作为深度学习这一最大难题的解决方案所提出的就是已经创造了大量成功案例的迁移学习技术。如图5.5.1所示是一个典型的进行图像识别（图像分类）的神经网络模型。

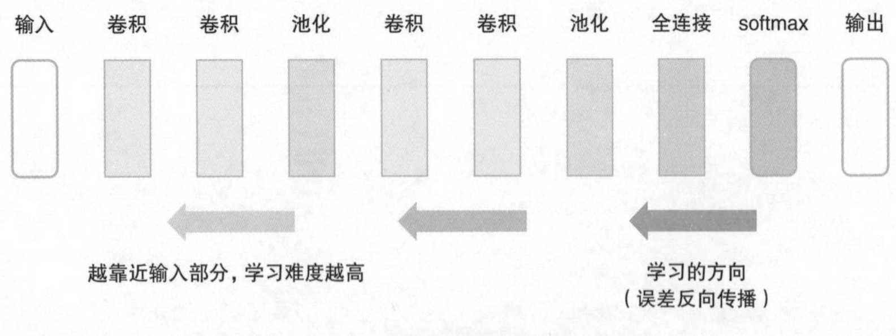

图 5.5.1　深度学习神经网络模型

在图像识别的神经网络中，中间层的节点负责对直线和图形等用于图像识别的元素所对应的部分进行特征量提取处理。这些提取出来的特征量具有通用性，即使是对于完全不同的识别任务，直接使用完全相同的中间层网络也一样可以解决问题。而这实际上就是迁移学习的基本原理。

迁移学习原理的模式图如图5.5.2所示。

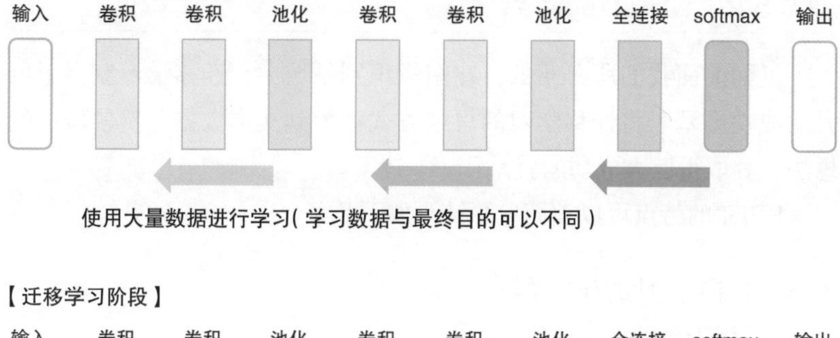

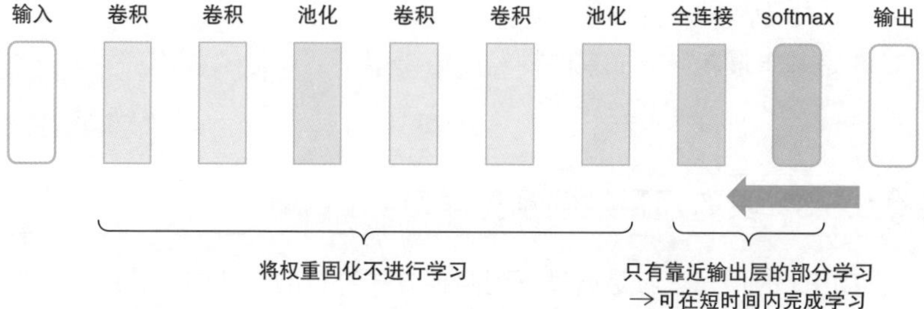

图5.5.2　迁移学习中的预先学习阶段与迁移学习阶段

在预先学习阶段中，利用大量的数据进行普通的分类任务处理来实现预先学习。其中的重点是预先学习所执行的分类任务并不介意模型最终的目的是用于分类还是其他处理任务。

在迁移学习阶段中，进行学习的最终目的是解决分类任务。此时，靠近输入层的部分网络层是不进行任何学习的。原本深度学习中最耗费学习时间的地方就是靠近输入层的网络层，如果能省略掉这部分的学习过程就可以降低模型的学习时间和学习量。

以解决图像识别问题为目的且已经预先完成学习的模型有很多是可以公开下载的。其中最为常用的就是被称为VGG19的模型，其特点如下所示。

- 神经网络的网络层深度：19层。
- 学习中所使用的图片数量：100万张。
- 学习的分类任务中的任务数量：1000个类目（键盘、鼠标、铅笔、动物等）。

5.5.2 BERT 的特点

正如前面我们所介绍的，在图像识别领域中，迁移学习获得了巨大的成功。基于将迁移学习的思维方式移植到文本数据分析领域中的想法，并取得巨大成功的就是BERT技术。

BERT的特点可以被简单总结为如下几条。

- 具有通用性的预先学习。
- 适用于多种不同的领域。
- 是基于最新研究成果的神经网络模型。

5.5.3 具有通用性的预先学习

BERT的预先学习是通过下列两种方式进行的。其中的关键在于无论是哪种方式采用的都是监督学习，而且只要能够提供庞大的自然语言文本数据，模型就能自动创建出监督数据。这就解决了监督学习中最大的难题，即"如何才能创建出监督数据呢？"这一问题。在进行实际的学习时，会同时进行下列两种形式的学习。

学习方式1：猜单词游戏

在对象文档中，按特定的比例随机选取单词进行遮盖。然后采用同样的方式按照一定的比例故意将一部分单词替换成其他单词。再将这些被遮盖或者替换的单词作为正确答案，让模型进行"猜单词游戏"的学习。通过大量的此类学习，模型就能实现对文档整体，以及其构成单词间关系的学习，如图5.5.3所示。

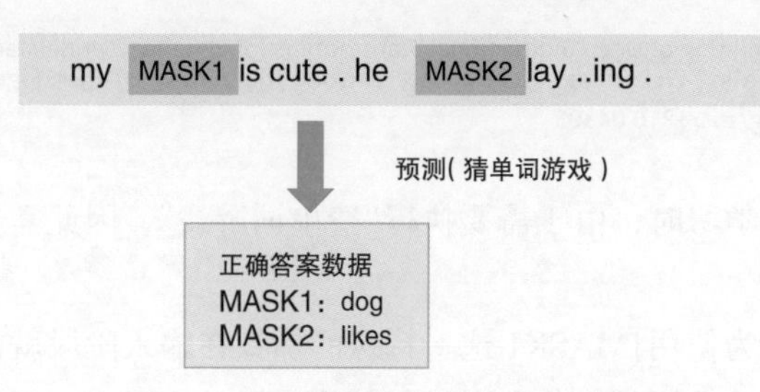

图 5.5.3　遮盖学习的预测

●学习方式2：猜相邻句子游戏

当遇到某句话时，对紧接的下一句话进行预测的"猜相邻句子游戏"进行学习。具体的做法是将正确答案的句子与随机的毫无关系的句子按照对半的概率交给模型，对"是否是相邻的句子？"这一分类问题进行学习。通过大量的此类学习，上下文中所对应的信息就会逐渐被存储到神经网络中，如图5.5.4所示。

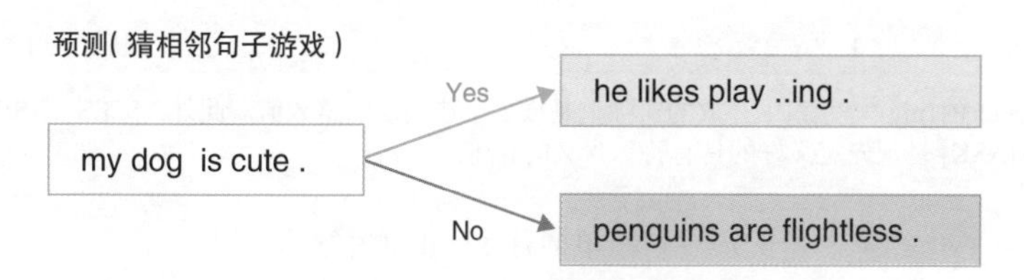

图 5.5.4　相邻句子的预测

图5.5.5展示的是具体的学习数据的示例。输入文本经过Token、Segment、Position 这3个Embedding的数值化处理后，作为实际的模型输入数据使用。

Input	[CLS]	my	dog	is	cute	[SEP]	he	likes	play	##ing	[SEP]
Token Embeddings	$E_{[CLS]}$	E_{my}	E_{dog}	E_{is}	E_{cute}	$E_{[SEP]}$	E_{he}	E_{likes}	E_{play}	$E_{\#\#ing}$	$E_{[SEP]}$
	+	+	+	+	+	+	+	+	+	+	+
Segment Embeddings	E_A	E_A	E_A	E_A	E_A	E_A	E_B	E_B	E_B	E_B	E_B
	+	+	+	+	+	+	+	+	+	+	+
Position Embeddings	E_0	E_1	E_2	E_3	E_4	E_5	E_6	E_7	E_8	E_9	E_{10}

图 5.5.5　输入文本的编码

来源 引自BERT: Pre-training of Deep Bidirectional Transformers for Language Understanding』(Jacob Devlin, Ming-Wei Chang, Kenton Lee, Kristina Toutanova, 2019) 的Figure 2
URL https://arxiv.org/abs/1810.04805

在实际进行学习时，由于需要执行“猜单词游戏”，因此需要对这些数据进行遮盖。

遮盖可以分为使用[MASK] 这一特殊的标签在输入阶段就能判别出来的遮盖，以及采用随机的文字进行替换产生的无法立刻识别出来的遮盖，见表5.5.1(其中Position = 2的[book] 就属于后者)。通过对被遮盖的单词和被随机替换的单词执行“猜单词游戏”的处理，达到将监督数据传递给模型的目的，见表5.5.2。

表5.5.1 学习数据的示例

Input		my	dog	is	cute	.	he	likes	play	..ing	.
Token	[CLS]	[my]	[book]	[is]	[cute]	[SEP]	[he]	[MASK]	[play]	[..ing]	[SEP]
Segment	0	0	0	0	0	0	1	1	1	1	1
Position	0	1	2	3	4	5	6	7	8	9	10

※Token的[my] 等元素中存放的实际上是根据字典确定的整数值。此外，[CLS]、[SEP]、[MASK] 是预先定义好的具有特殊含义的ID值。

表5.5.2 “猜单词游戏”正确答案的示例

n	0	1
masked_lm_positions	2	7
masked_lm_ids	[dog]	[likes]

※除此以外，两个单词之间存在联系（=0）、不存在联系（=1）的信息也作为与“猜单词”不同种类的正确答案交给模型。

图5.5.6展示的是进行预先学习时的神经网络。其中标注为T的部分输出的是Token，标注为C的部分输出的是数值。使用输出Token的部分对“猜单词游戏”进行学习(Mask LM)。使用输出数值的部分对“猜相邻句子游戏”进行学习(NSP)。

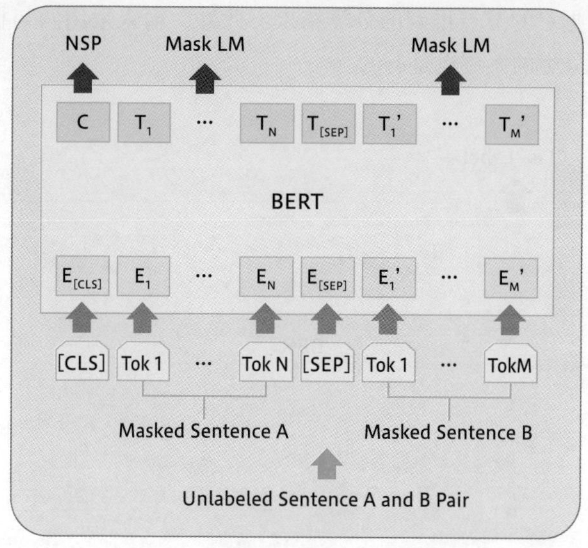

图 5.5.6　进行预先学习时的神经网络

来源　引用自 BERT: *Pre-training of Deep Bidirectional Transformers for Language Understanding*(Jacob Devlin, Ming-Wei Chang, Kenton Lee, Kristina Toutanova, 2019) 的 Figure 1(左侧部分)

URL　https://arxiv.org/abs/1810.04805

5.5.4　各种适用领域

完成了预先学习的BERT机器学习模型具有以下形式。

- 输入：连续的两个自然语言句子。
- 输出：数值向量(C)和文本数据($T_1, T_2, \cdots, T_N$)

如果能充分地运用这一模型的输入和输出形式，并引入迁移学习[有时也称为微调(Fine Tuning)]，就能灵活地适用于各种不同的应用场景。下面让我们一起看几个具体的示例。

分类型应用

这是所有应用类型中最容易理解的一种，图5.5.7展示的是作为分类型模型使用的示例。在这种应用场景中，输入的是单一的句子，输出的是根据C的节点得到的分类结果。此外，输入采用两句相邻的句子来实现分类的案例也是有的。

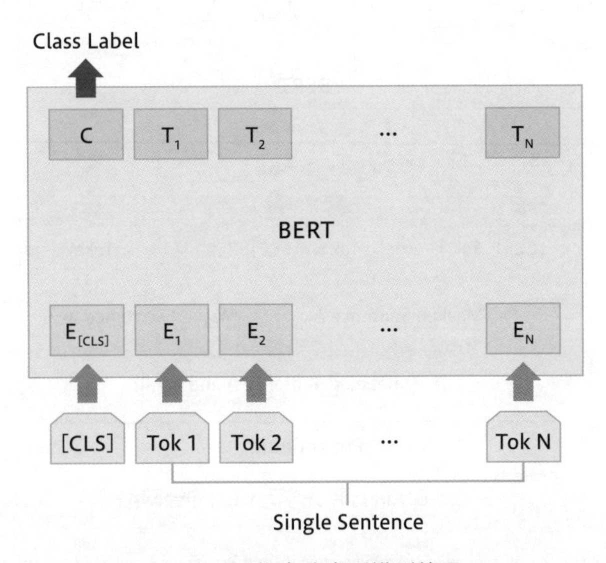

图 5.5.7　作为分类型模型使用

来源　引用自BERT: *Pre-training of Deep Bidirectional Transformers for Language Understanding*（Jacob Devlin，Ming-Wei Chang，Kenton Lee，Kristina Toutanova，2019）的Figure 4（右上部分）

URL　https://arxiv.org/abs/1810.04805

●贴标签应用

如图5.5.8所示的输入与图5.5.7中类似，也是单一的句子，输出的则是Token部分。这是我们在本书第4.2节的NLU中讲解过的作为设置标签模型使用的方式。由此可见，使用BERT也可以实现对实体的提取操作。

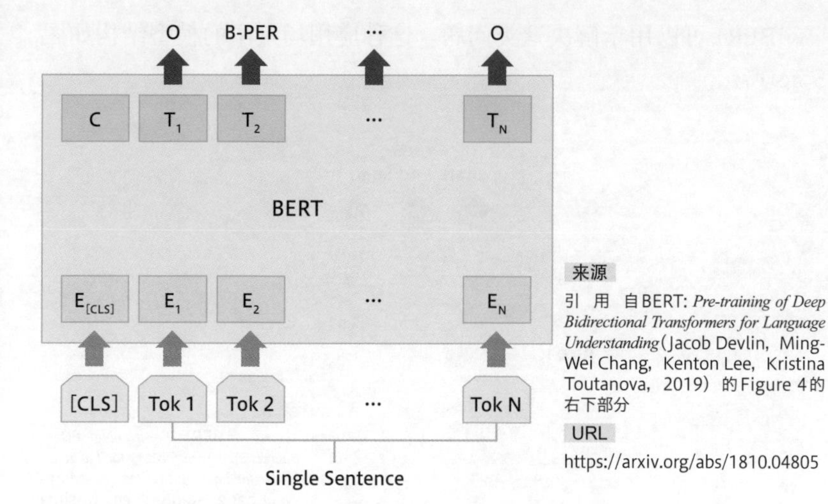

来源

引　用　自BERT: *Pre-training of Deep Bidirectional Transformers for Language Understanding*（Jacob Devlin，Ming-Wei Chang，Kenton Lee，Kristina Toutanova，2019）的Figure 4的右下部分

URL

https://arxiv.org/abs/1810.04805

图 5.5.8　作为贴标签模型使用

●问答型应用

最后，我们要介绍的是问答型应用。输入数据是参考文档和用于提问的文本数据，模型负责针对提问从参考文档中提取正确的答案。例如，下面是这类应用的具体示例。

[文本数据]

```
In meteorology,
precipitation is any product of
the condensation of atmospheric water
vapor that falls under gravity.
```
（气象学的观点：降水是由于重力而导致大气层中的水蒸气凝结并形成降雨造成的。）

[提问]

```
What causes precipitation to fall?
```
（引起降水的原因是什么？）

[回答]

```
gravity
```
（重力）

BERT可以用于解决这类问题。这种应用场景中的模型结构如图5.5.9所示。

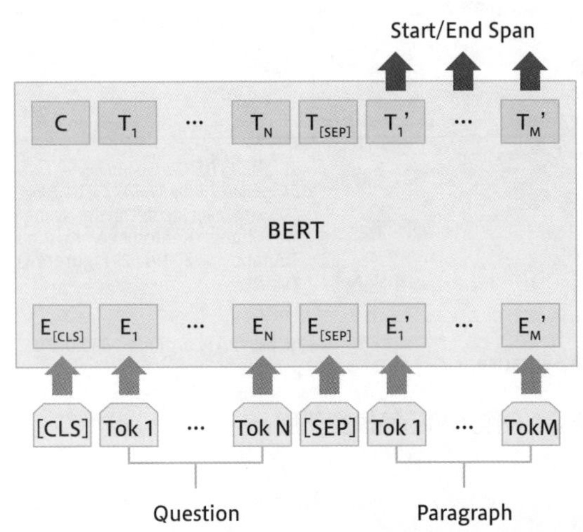

来源 引用自BERT: *Pre-training of Deep Bidirectional Transformers for Language Understanding*(Jacob Devlin, Ming-Wei Chang, Kenton Lee, Kristina Toutanova, 2019)的Figure 4(左下部分)

URL https://arxiv.org/abs/1810.04805

图5.5.9 作为问答型应用的模型使用

BERT最了不起的地方不仅在于其能够灵活地作为通用型的预先学习模型来使用，而且在这些不同的应用领域中，BERT所达到的优异精度是传统的机器学习模型所能达到的最高精度无法企及的。

BERT的原版论文中所公布的针对各类不同任务进行精度比较的结果见表5.5.3。位于表中最后一行的BERTLARGE记录的就是BERT针对这些不同任务所达到的精度。

表5.5.3 传统机器学习模型与BERT模型精度的对比

System	MNLI-(m/mm)	QQP	QNLI	SST-2	CoLA	STS-B	MRPC	RTE	Average
	392k	363k	108k	67k	8.5k	5.7k	3.5k	2.5k	—
Pre-OpenAI SOTA	80.6/80.1	66.1	82.3	93.2	35.0	81.0	86.0	61.7	74.0
BiLSTM+ELMo+Attn	76.4/76.1	64.8	79.8	90.4	36.0	73.3	84.9	56.8	71.0
OpenAI GPT	82.1/81.4	70.3	87.4	91.3	45.4	80.0	82.3	56.0	75.1
BERTBASE	84.6/83.4	71.2	90.5	93.5	52.1	85.8	88.9	66.4	79.6
BERTLARGE	86.7/85.9	72.1	92.7	94.9	60.5	86.5	89.3	70.1	82.1

来源 引用自BERT: *Pre-training of Deep Bidirectional Transformers for Language Understanding*(Jacob Devlin,

Ming-Wei Chang，Kenton Lee，Kristina Toutanova，2019）的Table 1
URL https://arxiv.org/abs/1810.04805

位于BERTLARGE上一行的BERTBASE虽然其模型结构和学习方法都是BERT，但它是减少了学习数量的简化后的BERT模型。这个模型比传统的模型所产生的精度要高。

从BERTLARGE精度的统计结果可以看出，几乎在所有的应用案例中其模型精度都要远远超过传统的机器学习模型。

MEMO

8个测试案例的含义

表5.5.3中用于评估性能的8个测试案例的概要见表5.5.4。

表5.5.4 评测中所使用的8个测试案例的概要

测试案例	概要
MNLI（Multi-Genre Natural Language Inference）	对含义、矛盾、中立这类文本之间的关联性进行判断
QQP（Quora Question Pairs）	判断两个问题的意思是否相同
QNLI（Question Natural Language Inference）	判断指定的文章里是否包含问题的答案
SST-2（Stanford Sentiment Treebank）	对电影的评论进行positive/negative的情感分析
CoLA（The Corpus of Linguistic Acceptability）	判断文章中是否存在语法错误
STS-B（The Semantic Textual Similarity Benchmark）	对指定的两条新闻标题的相似性进行判断
MRPC（Microsoft Research Paraphrase Corpus）	对两条新闻报道的含义是否相同进行判断
RTE（Recognizing Textual Entailment）	判断两篇文章的含义之间的关系

5.5.5 基于较新研究成果的神经网络模型

BERT的性能如此出众，那么其内部具体是采用怎样的机制来实现的呢？ BERT中囊括了大量的先进神经网络研究成果，如果对这些技术进行完整的说明，估计用一整本书的篇幅也写不完，而且都是比较深奥的内容。

下面我们只对其中的关键点和基本概念进行简要的介绍。

双向性

在BERT的众多特点中，很重要的一个关键词就是双向性※1。传统的RNN和LSTM等用于处理时间序列数据的神经网络模型中，与时间相关的节点间关系都是单向的。而在BERT中，则是如图5.5.10所示具有双向性的特点，因此其构建模型的能力也就更高。

在对双向性进行讲解前，让我们先从上下文的角度对第5.4节中所介绍的Word2Vec与BERT的区别进行简要的说明。

以bank这个单词为例，这个英文单词不仅具有银行的意思，还有堤坝的意思。在Word2Vec中对单词bank进行分析，仅仅从字面上是无法区分这两种不同的含义的，结果就导致了两种含义的单词生成的向量混在了一起。这类分析方法也被称为context-free（上下文无关）。而注重单词之间的联系进行分析的方法被称为contextual（上下文相关）。在上下文相关的模型中，同样是bank这个单词，对于bank account（银行账号）和bank of the river（河堤）可以实现区别对待。

由此可见，为了更为正确地理解自然语言的含义，采用上下文相关的模型要更具优势。然而，传统的上下文相关模型只能对上下文间的关系进行单方向的把握。例如，对I accessed the bank account.这句话的分析。如果使用单向的上下文进行理解，得到的分析结果就是I accessed the与bank是相关联的。而对于同一句话使用双向的上下文进行理解，得到的分析结果就是I accessed the ...account.与“...”部分所置入的bank是相关联的。很明显，后者能够更为准确地把握上下

※1 BERT中的B是Bidirectional的缩写，意思是双向性。

文之间的关系。

既然如此，为什么在BERT以前都没有出现能够在双方向上对上下文关系进行分析的机器学习模型呢？

让模型理解上下文之间的关系，实际上就是让模型根据周围的单词对相应的单词进行预测。然而，使用双方向的深度学习模型对此进行预测就相当于是根据自身的单词信息对自身进行预测了。而为了防止这一问题的产生所提出的学习方法就是上文中所提到的“猜单词游戏”（Mask LM）。正是由于这一方法的成功，研究者才首次实现了双方向的上下文相关模型的构建。

图5.5.10是BERT与在它出现以前上下文相关模型的结构对比。其中，名为OpenAI GPT的模型虽然是上下文相关的模型，但同时也是单方向的。名为ELMo 的模型虽然引入了双方向的元素，但是仅在最上面的节点中使用，因此效果并不是很理想。与此相对，位于图5.2.10最左边的BERT 模型则采用的是完整的双向连接。

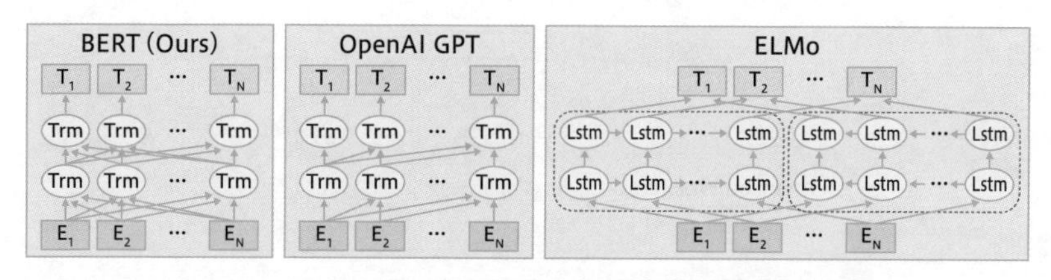

图 5.5.10　BERT 与以前上下文相关模型的结构对比

来源　引用自BERT: *Pre-training of Deep Bidirectional Transformers for Language Understanding*（Jacob Devlin，Ming-Wei Chang，Kenton Lee，Kristina Toutanova，2019）的Figure 3

URL　https://arxiv.org/abs/1810.04805

关注机制与Transformer

BERT的神经网络是基于Transformer[※2]机制构建的。Transformer的基本功能是基于关注机制（Attention）实现的，因此我们先对关注机制进行简要介绍。

关注机制是传统的时间序列数据分析中所采用的RNN和LSTM这

※2　BERT中的T是Transformers的缩写。

类模型的替代技术。

在创建传统的机器翻译模型时，通常是使用矩阵乘积计算将翻译前原文（例如“我是猫”）中的特定单词我与翻译后译文（例如I am a cat）中的I的对应关系进行表示而构建的模型。

如图5.5.11所示是2017年发表的论文*Attention Is All You Need*（URL https://arxiv.org/pdf/1706.03762.pdf）中所公开的关注机制原理示意图。关注机制中最关键的就是Query、Key、Value这几个概念。

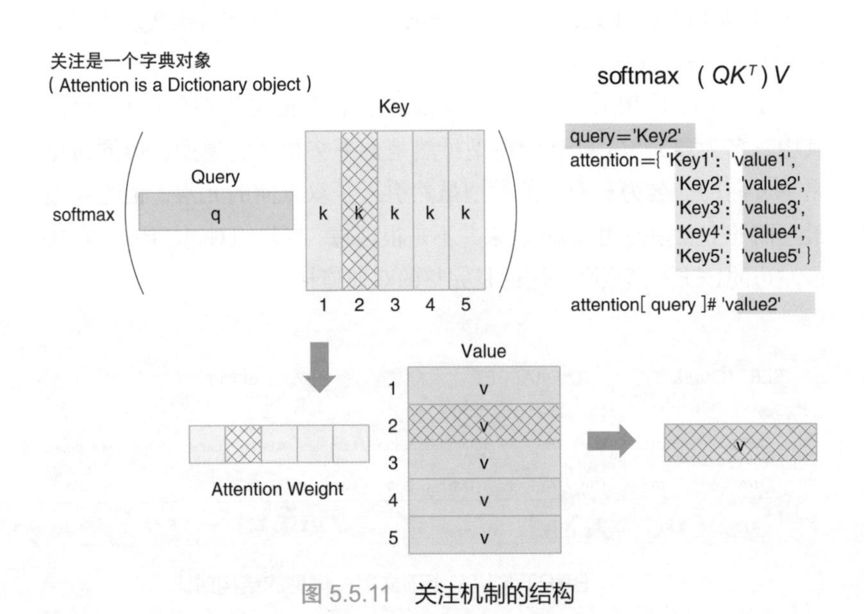

图 5.5.11 关注机制的结构

来源 引用自深度学习博客：论文讲解*Attention Is All You Need (Transformer)*
URL http://deeplearning.hatenablog.com/entry/transformer

这里的Query 对应的是查询所使用的向量，Key 和Value 则分别是通过学习产生的矩阵。通过对Query 和Key 进行矩阵乘积运算来决定矩阵Value中应当对哪一行进行关注（Attention），然后根据Attention与Value的矩阵乘积，从Value矩阵中选择表示Query的特定Key所对应的值。也就是说，仅使用矩阵乘法来实现key-value 类型的检索操作。

关注机制原本是专门针对机器翻译应用所设计的一种分析机制，通过将输入文本与输出文本进行统一，以实现对文本内的单词间关系进行分析的目的。像这种对输入和输出数据的统一性进行关注的机制也被称为自注意力（self attentim）机制。

上述论文中还对采用自注意力机制后能从例文中发掘出怎样的关系进行了展示。

[例文]

```
It is in this spirit that a majority of American governments
have passed new laws since 2009 making the registration or
voting process more difficult.
```

[译文范例]

正是本着这种精神，自2009年以来，大多数美国政府机构通过了新的法案，使得注册和或投票过程变得更加困难。

如图5.5.12所示，使用自注意力机制对例文进行分析后，发现making 这个单词与more 和difficult 等单词之间存在着较深的关联。

如图5.5.13所示的是另一个示例，也同样采用了自注意力机制。其中，输入给完成学习后的模型的文本数据如下。

[例文]

```
The Law will be perfect, but its application should be just
- this is what we are missing, in my opinion.
```

[译文范例]

法律本身是完善的，但是法律的执行也必须公正——而依我看，这正是我们所缺乏的。

从its这个单词所对应的自注意力机制的分析结果可以看出，its所引用的单词Law 和its的修饰词application 被非常完美地对应了起来。

Transformer，就是自注意力机制的一种。而BERT正是基于Transformer 构建而成的神经网络。

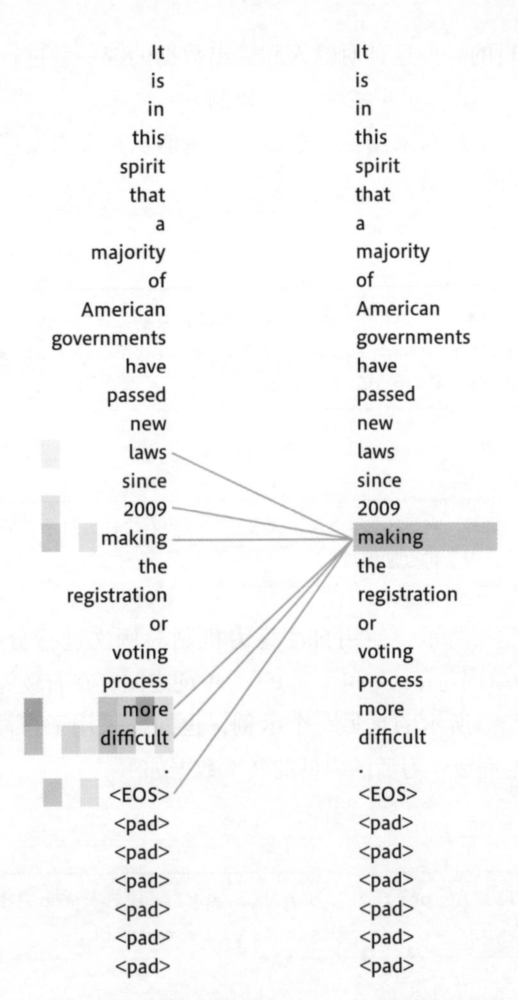

图 5.5.12　与单词 making 相关联单词的示例

来源　引用自*Attention Is All You Need*(Ashish Vaswani，Noam Shazeer，Niki Parmar，Jakob Uszkoreit，Llion Jones，Aidan N. Gomez，Łukasz Kaiser，Illia Polosukhin，2017）的 Figure 3

URL　https://arxiv.org/pdf/1706.03762.pdf

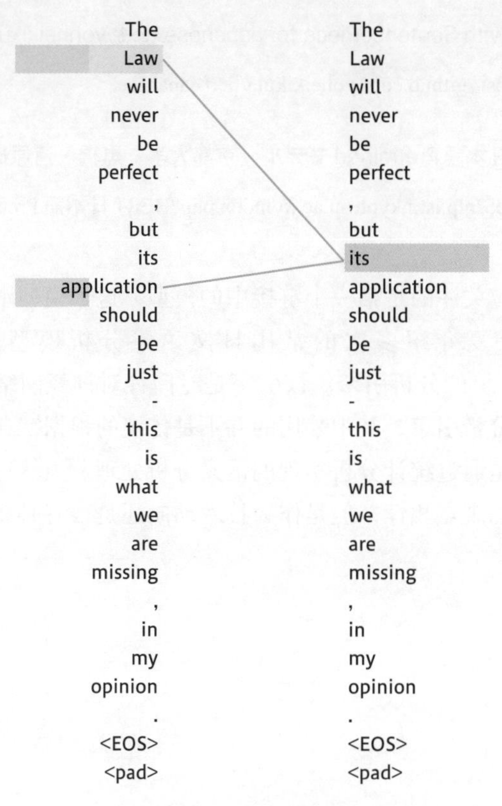

图 5.5.13　正确发现代词关联性的示例

来源 引用自*Attention Is All You Need*（Ashish Vaswani，Noam Shazeer，Niki Parmar，Jakob Uszkoreit，Llion Jones，Aidan N. Gomez，Łukasz Kaiser，Illia Polosukhin，2017）的Figure 4

URL https://arxiv.org/pdf/1706.03762.pdf

5.5.6　使用预先学习模型

在实际运用BERT的过程中，预先学习所需耗费的计算机硬件资源是非常庞大的※3，因此使用预先训练好的模型几乎是不可避免的事情。到本书截稿为止，可以公开下载的日文预先学习模型如下所示。

※3　在两种已完成预先学习的模型中，性能较高的BERT_LARGE模型需要使用16块TPU（比GPU性能更高且适于深度学习的高性能芯片）连续进行四天的并行计算。

- BERT with SentencePiece for Japanese text./yohheikikuta

URL https://github.com/yoheikikuta/bert-japanese

- BERT日本語Pretrained**モデル**　京都大学　黒橋・河原研究室

URL http://nlp.ist.i.kyoto-u.ac.jp/index.php?BERT日本語Pretrainedモデル

我们最应关注的是第一个链接中的模型，这个模型中采用的并不是本书中反复介绍多次的常用日文语素分析模型，而是采用Sentencepiece的分析引擎。该引擎是专门针对神经网络的处理进行优化的语素分析引擎，其中采用的并不是传统的根据字典进行语素分析处理，而是通过统计分析实现的语素分析处理。虽然这一技术与本书中所提倡的观点相悖，但是作为技术动向还是很有必要进行简要介绍的。